医学美容技术专业双元育人教材系列

美容店务运营管理实务

主　编　迟淑清　周晓宏　王　卓

副主编　唐　颖　陈慧敏　傅润红

编　委（按姓氏拼音排序）

陈慧敏　广州市安植企业管理股份有限公司
迟淑清　黑龙江中医药大学佳木斯学院
傅润红　广东伊丽汇美容科技有限公司
洪　涛　宁波市美苑美容科技有限公司
胡增青　广东茂名健康职业学院
花　婷　江西中医药高等专科学校
黄辉辉　广东伊丽汇美容科技有限公司
黄晓惠　深圳市梦圆皇宫管理顾问有限公司
江文婕　美丽田园医疗健康产业有限公司
连金玉　西安海棠职业学院
廖　燕　江西中医药高等专科学校
刘余青　湖南中医药高等专科学校
秦国祯　广州浦资国际贸易有限公司
饶丹妮　深圳市梦圆皇宫管理顾问有限公司
孙静静　中华全国工商业联合会美容化妆品业商会皮肤管理教育专委会
宋　婧　美丽田园医疗健康产业有限公司
唐　颖　美丽田园医疗健康产业有限公司
王　卓　西安海棠职业学院
汪晓晴　广东轻工职业技术学院
吴　菁　香港雅姬乐集团有限公司
张红梅　石家庄医学高等专科学校
张婷婷　北京泌源堂中医医学研究院
周晓宏　辽宁医药职业学院

復旦大學出版社

内容提要

本教材为医学美容技术专业双元育人教材系列之一。内容包括美容门店形象与安全管理、员工管理、顾客管理、店务运营管理、物料耗材管理、财务管理6个模块、15个单元及35个学习任务。教材编写突破传统教材的知识系统性结构，理论知识以够用为度，突出目标岗位的典型工作任务要求，实现对接岗位、工作流程和工作任务的有效衔接。课程以医学美容技术专业毕业生主要就业岗位的能力要求为依据，确定课程标准，结合学生认识规律，按完成典型工作任务的要求来设计学习项目。通过每一个任务的学习，让学习者了解美容门店的工作流程、项目服务流程、服务规范、标准化管理及注意事项，熟悉企业经营的日常工作内容及管理制度，具备门店运营与管理的基本素质及能力。

本教材适用于中、高职医学美容技术专业、美容经营与管理等美容相关专业及专业群或各类美容培训机构及企业培训使用。

本套教材配有相关课件、视频等教学资源，欢迎教师完整填写学校信息来函免费获取：xdxtzfudan@163.com。

序 Preface

党的二十大要求统筹职业教育、高等教育、继续教育协同创新，推进职普融通、产教融合、科教融汇，优化职业教育类型定位。新修订的《中华人民共和国职业教育法》（简称“新职教法”）于2022年5月1日起施行，首次以法律形式确定了职业教育是与普通教育具有同等重要地位的教育类型。从“层次”到“类型”的重大突破，为职业教育的发展指明了道路和方向，标志着职业教育进入新的发展阶段。

近年来，我国职业教育一直致力于完善职业教育和培训体系，深化产教融合、校企合作，党中央、国务院先后出台了《国家职业教育改革实施方案》（简称“职教20条”）、《中国教育现代化2035》《关于加快推进教育现代化实施方案（2018—2022年）》等引领职业教育发展的纲领性文件，持续推进基于产教深度融合、校企合作人才培养模式下的教师、教材、教法“三教”改革，这是贯彻落实党和政府职业教育方针的重要举措，是进一步推动职业教育发展、全面提升人才培养质量的基础。

随着智能制造技术的快速发展，大数据、云计算、物联网的应用越来越广泛，原来的知识体系需要变革。如何实现职业教育教材内容和形式的创新，以适应职业教育转型升级的需要，是一个值得研究的重要问题。“职教20条”提出校企双元开发国家规划教材，倡导使用新型活页式、工作手册式教材并配套开发信息化资源。“新职教法”第三十一条规定：“国家鼓励行业组织、企业等参与职业教育专业教材开发，将新技术、新工艺、新理念纳入职业学校教材，并可以通过活页式教材等多种方式进行动态更新。”

校企合作编写教材，坚持立德树人为根本任务，以校企双元育人，基于工作的学习为基本思路，培养德技双馨、知行合一，具有工匠精神的技术技能人才为目标。将课程思政的教育理念与岗位职业道德规范要求相结合，专业工作岗位（群）的岗位标准与国家职业标准相结合，发挥校企“双元”合作优势，将真实工作任务的关键技能点及工匠精神，以“工程经验”“易错点”等形式在教材中再现。

校企合作开发的教材与传统教材相比，具有以下三个特征。

1. 对接标准。基于课程标准合作编写和开发符合生产实际和行业最新趋势的教材，而这些课程标准有机对接了岗位标准。岗位标准是基于专业岗位群的职业能力分析，从专业能力和职业素养两个维度，分析岗位能力应具备的知识、素质、技能、态度及方法，形成的职业能力点，从而构成专业的岗位标准。再将工作领域的岗位标准与教育标准融合，转化为教材编写使用的课程标准，教材内容结构突破了传统教材的篇章结构，突出了学生能力培养。

2. 任务驱动。教材以专业（群）主要岗位的工作过程为主线，以典型工作任务驱动知识和技能的学习，让学生在“做中学”，在“会做”的同时，用心领悟“为什么做”，应具备“哪些职业素养”，教材结构和内容符合技术技能人才培养的基本要求，也体现了基于工作的学习。

3. 多元受众。不断改革创新，促进岗位成才。教材由企业有丰富实践经验的技术专家和职业院校具备双师素质、教学经验丰富的一线专业教师共同编写。教材内容体现理论知识与实际应用相结合，衔接各专业“1 + X”证书内容，引入职业资格技能等级考核标准、岗位评价标准及综合职业能力评价标准，形成立体多元的教学评价标准。既能满足学历教育需求，也能满足职业培训需求。教材可供职业院校教师教学、行业企业员工培训、岗位技能认证培训等多元使用。

校企双元育人系列教材的开发对于当前职业教育“三教”改革具有重要意义。它不仅是校企双元育人人才培养模式改革成果的重要形式之一，更是对职业教育现实需求的重要回应。作为校企双元育人探索所形成的这些教材，其开发路径与方法能为相关专业提供借鉴，起到抛砖引玉的作用。

博士，教授

2022 年 11 月

前　言 Foreword

在全国现代学徒制专家指导委员会和全国卫生职业教育教学指导委员会的支持指导下，由广东省卫生职业教育协会医学美容技术专业产教研联盟牵头，联合全国 50 多所相关院校或企业，共同开发了医学美容技术专业双元育人系列教材。《美容店务运营管理实务》是本套教材之一。

该课程是培养具备美容门店运营与经营实践能力的院校及企业课程。教材编写突破传统教材的知识系统性结构，理论知识以够用为度，突出目标岗位的典型工作任务要求，实现对接岗位、工作流程和工作任务的有效衔接。课程以医学美容技术专业毕业生主要就业岗位的能力要求为依据，确定课程标准。根据课程标准，结合学生认识规律，按完成典型工作任务的要求来设计学习项目。内容包括美容门店形象与安全管理、员工管理、顾客管理、店务运营管理、物料耗材管理、财务管理 6 个模块及若干个学习任务。通过每一个任务的学习，让学习者了解美容门店的工作流程、项目服务流程、服务规范、标准化管理及注意事项，熟悉企业经营的日常工作内容及管理制度，具备门店运营与管理的基本素质及能力。

本教材适用于中、高职医学美容技术专业、美容经营与管理、美容美体专业艺术等美容相关专业及各类美容培训机构和企业培训使用。

本书编写过程中，得到了全国十余所院校及美容企业的鼎力支持与配合，并为本书提供大量的真实案例及图片、视频等资料。在此深表感谢!

由于时间紧张和作者水平有限，书中难免出现疏漏和不足，恳请使用本教材的广大师生、美容企业和各位读者提出宝贵意见，以便今后进一步修订完善。

编　者

2021 年 5 月

目　录 Contents

模块一　美容门店形象与安全管理

模块二　员工管理

模块三　顾客管理

模块四　店务运营管理

模块五　物料耗材管理

模块六 财务管理

01

模块一　美容门店形象与安全管理

单元一　美容门店形象管理

内容介绍

美容门店是展示品牌形象的窗口，是品牌价值最直观的体现。门店形象管理涵盖视觉、听觉、嗅觉、触觉感受4个方面，具体包括店面（灯光、招牌等）、公共区域、功能区间的卫生、设施布置、功能区域的规划及物品摆放等。门店环境的布置、前台的环境卫生及氛围等，让顾客进门的瞬间有舒适的感觉，赢得顾客的赞美，并符合国家颁布的《公共场所卫生管理条例》要求，从而展示高品质的服务，才能吸引过往顾客的关注和信任。

学习导航

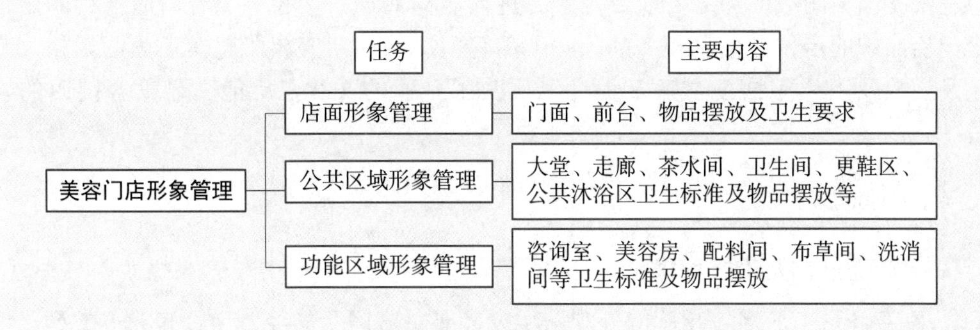

任务一 店面形象管理

学习目标

1. 能够保持大门、店牌、橱窗、前台等店面的清洁卫生。
2. 了解前台桌面物品摆放要求，保持前台整洁卫生。
3. 保持随时整理台面物品、前台桌椅归位的习惯。

情景导入

某小区内一家美容店，店面不足150平方米，开张不到半年，物业管理处告知单位宿舍不准在门口挂招牌。店面门口没有招牌后，店长通过从前台接待区域、房间的设施和布置、氛围营造及环境卫生来吸引和留住顾客，更加关注顾客进店后的感受，让到店的每一个顾客都感觉温馨、舒服，从而口口相传，老顾客介绍新顾客，使店里的顾客越来越多呈稳定增长趋势。想一想，保持什么样的美容店门面形象才能吸引顾客。

学习任务

美容门店的外观形象是吸引顾客进店的关键，良好的门面形象能获得顾客的认同，提升顾客的满意度。因此，美容门店的门面设计尤为重要，招牌、大门、墙体、玻璃、地垫等都是门面的组成部分。前台是顾客进入店内的第一印象，美容门店前台的定位与美容门店品牌的定位是息息相关的，一个美容门店的前台突出了整个店内的风格，前台的物品摆放及卫生整洁度在一定程度上反映了企业的文化，更能突显美容门店的管理规范。

一、门面形象

（一）门面装饰及设计要求

1. 突显特点　店名、招牌的外观图案设计要对应门店的经营项目和业务类型，使顾客一目了然。在此基础上，要突显本店特色和风格，在琳琅满目的店铺中吸引顾客，为顾客带来视觉上和精神上的美感。

2. 宣传文化　美容门店的门面设计是企业文化的直接诠释，能强化顾客的视觉印象，吸引对企业文化有认同感的顾客进店咨询消费。牌匾、门面区域的灯光色调、大门、墙

壁、玻璃装饰等设计风格要彰显门店的文化格局。

3. 搭配协调　门面设计中整体色调、字体、材质等要搭配协调，包括大门、防撞条、地垫等色调也要与整体风格色调一致。美容店的字体一般无须采用中规中矩的四方字体，容易给顾客传递过于守旧、死板的第一印象。

门面区设计示例

设置门店牌匾，应遵循所在城市市容和环境卫生管理条例、户外广告管理办法等有关规定，事先上报当地城市管理综合行政执法部门审查并申请许可。

（二）门面卫生要求

保持门店墙面、玻璃窗、大门、台阶、地面、地垫等区域干净整洁。

（1）保持招牌无污渍。

（2）橱窗内干净整洁，展品及展架无灰尘。

（3）玻璃或墙身不可粘贴除公司招聘海报外的任何广告。

（4）店面附近营业期间无垃圾，两米范围内不可摆放杂物，统一使用店面“欢迎光临”地毯，放置正门口外侧。

（5）结合城市管理“门前三包”（包环境卫生、包市政设施、包市容秩序）的要求，承担相应区域内的环境卫生、市容、设施的整洁和维护。

（三）维护设施功能

保证灯箱、门窗、灯光等设施的正常开启、橱窗灯光正常开启，无灯光色差。

（四）保证区域内设施安全

保证消防门、消防通道畅通，消防设施、指示标识齐全，监控等防盗设施开启。

1. 大门　正门营业期间均可关闭/打开，前台不可缺岗；营业结束后门窗须关闭上锁并开启防盗系统。后门/消防门在营业期间保持关闭，保证外面的人员无法进入，里面的人可正常出去；营业结束后保持关闭上锁并开启防盗系统（图 1-1-1-1）。

图 1-1-1-1　门店大门

2. 玻璃门　拉手（含套）保持对称，不可随意张贴无关内容。

3. 防撞条　使用公司统一款式、与地面统一高度的防撞条贴于玻璃门两侧，两边保持对称。

（五）确保区域设施完整

保证区域内牌匾字体无脱落，指示标识、灯光、门窗及修饰物完整无破损，如出现老化、破损等问题要尽快按程序上报维修。

二、前台设计

前台设计示例

（一）前台装饰及陈设要求

1. 色调要明亮轻快　轻快明亮的色调在感官上会有延展性，而暗哑的色调会缩小顾客对于空间的实际感觉而显得狭小。同时，前台在颜色选择上不要超过3种，这样既不显得单调，又不会过于喧嚣。

2. 家具要小巧实用　美容门店的前台家具选择不宜特别宽大，要遵循“宁小勿大”的原则，以实用小巧为主，根据不同门店前台的大小可摆放2～3把椅子。

3. 搭配要协调一致　前台的装饰、色调、装修材质要与店内整体装修装饰风格协调一致。

4. 功能要齐全合理　前台是接待顾客的地方，台面物品不宜摆放过多，一般只放置用于顾客管理的计算机、电话及少许装饰物品。抽屉区一般可分为若干功能性抽屉并贴上相应的标签。

（二）前台物品摆放及卫生要求

1. 台面　台面包括用于顾客管理的计算机、电话、其他装饰物品及资料等。资料要归类整理，如顾客预约表、顾客咨询表、宣传资料等需有序归类及摆放。禁止张贴广告，保持台面及周围环境干净整洁。另外，可摆放1～2个企业宣传广告牌，保证椅子及前台周边装饰物、广告牌等整齐摆放。

前台台面可划分为行政办公区、运营值岗区。行政办公区靠近仓库，方便进出，并将行政工作相关的电子设备摆放在该区域。运营值岗区适用于顾问、美容师值岗办公使用，人数不可超过2人。台面物品需摆放至直线内，所有电源线需捆绑整齐并收纳于隐蔽处（图1-1-1-2）。

2. 抽屉　前台的抽屉一般根据功能分区可分为若干的功能性抽屉，并贴上相应的标签（图1-1-1-3）。

（1）行政专用抽屉：设置在行政办公区内，用于行政摆放办公用品。

（2）预约专用抽屉：摆放预约本、计算器。

（3）轮筹专用抽屉：摆放轮筹板，若分店抽屉数量不够，可与预约本放一起或将轮筹板挂起。

（4）咨询专用抽屉：摆放接待新客物资，如咨询接待单、名片夹、宣传单张等。

前台物品摆放规范示例

3. 椅子　根据不同门店前台的大小可摆放2～3把椅子（宜摆放同款椅子）人离开要及时归位，保持椅子与前台平行成直线整齐摆放。另外，两侧可摆放装饰品。

4. 其他　可摆放小票/POS机打印纸、前台小音箱等，禁止摆放员工私人物品、学习资料、快递等。

图 1-1-1-2　前台物品摆放规范

图 1-1-1-3　前台抽屉物品摆放

任务分析

门面和前台的卫生及规范管理是门店的形象工程，也是门店的常规工作，前台和当班责任人要按照每日工作流程，严格执行《员工手册》《卫生管理规范》等制度，店长检查执行情况，随时保持门面和前台环境干净整洁，给顾客留下良好的第一印象，才有利于完成接待工作。计算机、顾客登记表等用物使用后要及时归位，整理好台面。但某些特殊情况，要特别注意提醒或临时安排专人负责，否则可能出现卫生、安全管理不到位，甚至出现安全问题等状况。如促销活动、客流量增加、有顾客带小孩进店等，因为小孩顽皮和好奇，可能损坏门店设施（如宣传画、玻璃门、墙体等）。

任务准备

1. 学习国家颁布的《公共场所卫生管理条例》。
2. 建立门店日常管理相关制度，如《卫生管理制度》《员工岗位职责》等。
3. 设置员工轮值排班表。

任务实施

1. *组织学习，加强责任意识*　通过岗前培训、在岗培训等形式，学习门店有关管理制度、卫生管理条例、岗位职责等，熟悉日常工作内容与管理要求，为制度管理奠定基础。如《公共场所卫生管理条例实施细则》对经营场所管理的有关规定。

2. *制度落实，责任到人*

（1）区域划分，明确责任人。将店内所有场所划分为若干区域，当班员工参与所在区域卫生、清洁管理及维护。店长随机抽查，确保责任到人，落实到位。如前台主要负责前台区域、美容师主要负责美容房间等。

（2）严格执行清洁卫生制度。如每天实行“三清洁”制度，即班前小清洁、班中随时清洁和班后大清洁。每周一次大清洁，每月一次大扫除。

保持门前、大堂区环境布置符合要求，环境干净整洁。前台物品摆放规范，前台物品依次为计算机、电话、验钞机、刷卡机、盆栽，电话整齐摆放在计算机左边，鼠标在右边；前台内椅子如无人入座，或离开时需要整齐摆放在桌子下面；前台抽屉所有物品整齐并分类摆放，私人物品均不可摆放在前台抽屉内（图 1－1－1－4）。

图 1－1－1－4　前台整理示例

3. 制度落实情况检查　店长或行政主管定期或不定期检查制度执行情况。如卫生清洁情况，店长每日随机抽查，每周小检查，每月大检查，对检查结果按公司奖惩制度执行。

（1）班前清洁：班前进行台面、地面及物品小清洁。

（2）安全检查：每日例行开展防火、防盗、安全通道、消防通道等检查，保证正常运营。

（3）氛围营造：开启并调试前台灯光、背景音乐及空气净化器等设备。

（4）台面整理：计算机、电话、刷卡机、电话记录本、顾客档案表等物品用后归类存放，整理台面物品至正常状态。

（5）环境保持：随时观察前台、地面及周围装饰物的位置及清洁状态，及时做好整理及卫生清洁工作。

（6）下班前做好前台物品的整理，将项目手册等放入指定抽屉。关闭前台灯光、音乐及空气净化器等设备。

▶ 案例　某美容店门面形象管理

1. 检查大门形象

（1）门店招牌、灯箱的悬挂是否牢固，字体是否残缺，灰尘是否太多。

（2）店外悬挂的横幅高度是否合适，海报内容是否容易理解、位置是否显眼合适。

（3）店外 3 米范围内是否清洁卫生，秩序是否良好。

（4）橱窗是否洁净，通透。

（5）顾客出入是否安全、方便。

2. 检查店内环境氛围

（1）地面是否清洁，用物用具是否摆放整齐。

（2）灯光是否齐备，光线是否充足，音乐播放是否符合规定。

（3）前台是否整洁，台面用品是否准备齐全，摆放是否有序。

任务评价

1. 走进不同风格的美容门店，说一说前台的整理给你的第一印象，你对前台及软装装饰的看法和建议。

2. 对场域管理是否符合管理规定进行点评。

能力拓展

1. 根据实地走访收集的资料，对门店管理存在的问题提出改进建议。制定符合门店实际情况的卫生管理制度。

2. 观察不同品牌、不同规模的门店，按门面标准化管理要求，对该店门面的招牌、装饰设计及卫生等进行点评，如有待改进之处，请提出改进建议。

知识链接

美容店的招牌设计美观，不但能吸引顾客上门，还能在顾客心中留下美好印象。而好的招牌、广告设计效果需要挑选装修材料及色彩搭配，材料和材质选择要充分考虑店内装修风格，整体要求颜色搭配要协调一致，风格融为一体。招牌、广告制作的材料非常丰富，有发光字招牌、喷绘招牌、吸塑字、霓虹灯招牌、水晶字招牌、PVC字招牌，不同材料各有优缺点。如喷绘招牌价格便宜，制作简单快捷，但褪色快，不适合中高档美容店；LED发光字招牌，是目前比较流行的招牌材质，白天美观、夜晚亮丽，主要特点节能环保，经久耐用，性价比高。

（周晓宏）

任务二 公共区域形象管理

学习目标

1. 了解美容店公共区域的清洁卫生及物品摆放要求。
2. 熟悉公共区域形象管理规范。

情景导入

随着物质生活水平的不断提高，女性爱美的天性表现得更加突出，对美容机构的需求不断增加的同时，她们更加注重美容环境的卫生与安全。人们对美容的需求使得美容店数量剧增，美容店生存的竞争也非常激烈。如何从这些美容店竞争者中脱颖而出？有必要了解一下美容店公共区域划分及其安全与卫生管理规范。

学习任务

美容店的公共区域是顾客出入频率最高的区域，此区域的清洁及日常维护是门店的常规工作，但其重要性却不容小觑，稍有松懈，展现在顾客面前的是“脏、乱、差”的环境，顾客进店后的第一印象不好，甚至会怀疑美容店的专业度。所以，坚持做好美容门店公共区域环境卫生的日常维护非常重要。

一、公共区域的范围

公共区域包括接待区、走廊、公共卫生间、沐浴间等，其中接待区是美容店和顾客接触最多的地方，它应以方便、快捷为主，通常设在左侧区域或进门后的正中央。

1. 接待区　在营业店中，接待区占据比较大的空间，该区设备主要包括：椅子、桌子、电话、预计登记表、供应饮品的设备、海报及产品陈列等。

2. 走廊　包括美容店内通道及消防器材等。

3. 茶水间　包括储物柜、清洗区、茶具、茶品等。

4. 更鞋区　包括鞋柜、拖鞋等。

5. 公共沐浴间　包括淋浴喷头、浴品、毛巾等。

6. 卫生间　包括手纸盒、马桶、垃圾桶等。

7. 洗手台　包括洗手盆、洗手液、纸巾盒等。

公共区域分布及陈设示例

二、公共区域管理的主要内容及要求

（一）公共区域管理总体要求

1. 卫生干净整洁　公共区域范围广，要时刻保持区域内无灰尘、无垃圾、无脏污、无水/油渍。

2. 物品无破损、色差　公共区域内的物品要无破损、无陈旧、无色差和无超出使用年限。

3. 仪器设备功能完好　营业期间，要保证公共区域内的香薰机、音响、消防设施等功能完好，能够正常使用。

4. 空气中无异味　营业期间，要保证门店不出现下水道臭味、食物异味、装修材料等刺激性气味。

（二）接待区整体形象

接待区的主要功能是为顾客及其陪伴人员提供休息和聊天的区域，需要营造一个舒适的环境，以便让顾客放松情绪，乐于耐心等待，还可以准备杂志、报纸、图书等供顾客翻阅，或放置电视机让顾客观看。

1. 设计　接待区设计应表现出简约、大方、温馨之感。

2. 灯光　接待区柔和的灯光，更有助于缓解顾客的情绪。

3. 装饰品　简单的摆放些绿植或者小工艺品，点缀整体氛围，令环境更加和谐优雅。

4. 产品陈列　产品陈列柜色调以浅色为主，灯光宜柔和，避免以强光直射，引起商品变质。位置摆放于门店进出口侧面，让顾客能够一目了然门店的产品、项目。

（三）走廊卫生管理要求

1. 通道　保持通畅，边角均不可摆放物品（图1－1－2－1）；营业期间保持消防通道门开启或关闭不上锁。

2. 消防器材（灭火器、防毒面具等）　摆放在指定位置，器材上无灰尘；消防喷淋头禁止悬挂物品或在下方蒸煮食物；指示灯/应急灯上无灰尘、无污渍；消防栓封条须保持完好，柜内不可堆放物资；防毒面具按消防标准配放。

3. 装饰物、广告画　要维护其完好无损及画面、画框清洁；壁灯、吊灯无尘、无蜘蛛网，配件完好；人造盆栽无尘、无损坏；绿植无黄叶、无灰尘。

图 1－1－2－1　走廊

（四）茶水间卫生管理要求

1. 储物柜　分为茶具柜与杂货柜，并在柜门右上角贴上标识。

（1）茶具柜：存放茶品、茶具、吸管等。

（2）杂货柜：存放保洁常用的消耗性物资。

2. 台面　物资整齐陈列，电器类应该与水区隔离，消毒柜尽量入柜摆放，保持干爽（图 1－1－2－2）。

3. 清洗区　用于倒弃茶水，待清洁的茶杯需摆放在洗消间。

4. 茶具茶品

(1) 茶品：整齐摆放，及时补充，早上上班沏新茶，下午要重新更换茶水以保持浓度，茶水禁止过夜。

(2) 饮水机/过滤器：靠近电源最边上摆放，做好每周一次排污处理并登记记录。

(3) 茶具：使用公司统一款式茶杯，一客一清一消毒，托盘放于饮水机上方（图 1－1－2－3）。

图 1－1－2－2　茶水间

图 1－1－2－3　茶具茶品

(五) 更换鞋区域的卫生要求

1. 鞋柜　区分“已消毒鞋区”“客户鞋区”。

2. 拖鞋　拖鞋款式统一，必须做到一客一清一消毒。始终放一双消毒好的鞋，鞋跟朝外整齐摆放。

任务分析

公共区域形象管理是门店的一项重要的日常工作，公共区域范围广，管理内容复杂，涉及多个岗位，包括店长、前台人员、美容师、顾问、配料师等，要求所有岗位的员工必须严格执行《员工岗位职责》《卫生管理规范》等制度，店长检查执行情况，互相督促，落实到位，才能保证公共区域的各项工作得以顺利完成。在遇到促销活动、会员沙龙等情况时，要求门店所在员工要重视团队协作，互相配合，从而保持公共区域整洁卫生的良好形象。

任务准备

1. 明确公共区域划分范围。
2. 依据公共场所卫生管理要求，制订本店卫生管理制度。

3. 落实公共区域卫生管理的相关责任人。

任务实施

（1）当班责任人每天上班时例行对走廊、楼梯、咨询间、茶水间、换鞋区、公共卫生间等区域进行卫生检查。

（2）每天上班后开启并检查灯光、皮肤检测仪、计算机、电视等设备的功能是否正常并调试至工作状态。

（3）工作期间，公共区域责任人随时观察地面、台面、展示柜、鞋架、多媒体设备、饮水机及装饰物等的清洁状态，及时做好整理及卫生清洁工作。

（4）每天下班前做好公共区域（如接待区、走廊、公共卫生间、沐浴间、茶水间等）物品的整理及清洁工作，将杂志、水杯等归类放入指定位置，清理垃圾，关闭灯光、皮肤检测仪、计算机、电视、饮水机等设备的电源。

（5）店长或行政主管加强随机检查力度，发现安全卫生不合格的情况，责令卫生区域责任人及时清理整改。

美容店呼吸道传染病的预防

冬季是呼吸道疾病的高发季节，美容店的环境相对封闭，更要做好防护工作。呼吸道传染病一般以空气飞沫传播为主，也可通过被污染的物品间接传播，美容店要注意环境的消毒，对走廊地面、楼梯扶手、门把手、开关等公共物品采用消毒液擦拭。对于密闭的环境，尽量少用75%酒精喷洒以免出现火灾隐患，多用配制的含氯消毒剂进行消杀，密闭30分钟后，要及时开窗通气，无开窗条件的要安装外循环通风设施。员工要佩戴口罩、勤洗手、勤消毒，最大限度地预防呼吸道传染病的发生。

任务评价

公共区域日常卫生维护检查评比（自评、互评）。

美容店公共区域管理评分表

能力拓展

美容店的装修设计对其形象的影响很大，好的装修设计可以给顾客留下好的印象。那么装修的材料既要精心挑选，不可贪图便宜选用劣质材料，又要节约成本。在装修材料和效果设计方面，您有什么建议。如大堂、卫生间等地面和墙面是否都选用知名品牌的装饰材料，哪些地方可以选择一般品牌，为什么？

（周晓宏，傅润红）

任务三 功能区域形象管理

学习目标

1. 熟悉美容门店各功能区的划分及设计要点。
2. 熟悉各功能区的主要功能、物品摆放规范及清洁卫生要求。

情景导入

根据美容店面大小合理布局各个功能区，突显门店温馨、自然的感觉才能产生良好的第一视觉印象。而且美容店功能区域规划合理，配置完善，有助于业绩提升，更便于管理，为日后经营打下良好基础。那么美容店的空间如何合理划分？首先要了解各个功能区的主要功能及配置。一般美容店的功能区包括：咨询室、检测室、护理间、配料间、清洁间等。

学习任务

美容店功能区域划分根据门店面积和规模大小不同有所差异。小型美容店由于店面面积的局限性，功能分区和配置较简单。而大型美容店功能分区和配置完善、装修高档精致。一般大型美容店的功能区域可分为咨询室、检测室、护理间、配料间、布草间、污物间、洗消间、仪器间、仓库、员工休息室等。功能区域必须根据实际情况来合理规划和设计，并严格按照各功能区卫生管理要求进行规范化管理，以保证美容店的日常运营。

一、咨询室

（一）咨询室主要功能

咨询室的重要作用在于了解顾客需求，并针对性地进行分析，为顾客提供合理的护理方案。

顾客进店后，需要对美容店做一个简单的了解，一般是在咨询室与美容顾问沟通了解。美容顾问在咨询室通过与顾客沟通，可以了解到顾客的一些生理与心理需求，掌握顾客的一些基本情况，并进行顾客信息建档处理。在顾客做完护理后，进一步了解护理效果、顾客需求。

（二）咨询室内配饰要求

咨询室墙壁、地面、家具等的配饰设计风格，以及布置和摆放是创造良好营销环境的开始，是销售成功的关键。

（1）咨询室的灯光、音乐调至舒适、柔和的状态，为顾客营造一种温馨的氛围。

（2）咨询室门保持开放，门帘两边需呈半开状态，白天吊灯调暗光，晚上调亮光。

（3）电视机保持开启状态，可以持续播放宣传视频及新顾客主推荐项目，增加顾客的信心。

（4）配置办公桌一张，桌面摆放纸巾盒、手镜、测试仪、计算机等，手镜的镜面朝下并压放于纸巾盒下方。计算机、键盘保持干净无灰尘，摆放于右侧，避免影响顾问与顾客面对面交流。

（5）配置2～3把同款椅子，椅子围绕桌子摆放，与桌子保持20 cm距离，太近不方便入座（图1-1-3-1）。

图1-1-3-1　咨询室桌椅摆放

（6）装饰物一般不可超过3种，可放置鲜花装饰物，有利于销售中的气氛烘托，但装饰陈列物不可阻挡视线，产品陈列保持整齐。

（7）一般沙发放在咨询桌对面，且摆放方正，依次整齐摆放抱枕。

总之，让顾客进入咨询室入座，看到环境整洁，工具摆放整齐有序，感觉到温馨的氛围，心情愉悦，从而为美容顾问与顾客之间的有效沟通做好铺垫。

二、检测室

（一）检测室主要功能

检测室是对皮肤进行检测分析的房间，主要存放皮肤检测、分析类仪器。顾客在做护理之前，通过这些仪器设备对身体状况或皮肤进行检测，专业的美容顾问会根据仪器检测结果，综合分析顾客的身体状况和皮肤问题，针对性地给出美容护理方案。

（二）检测室内设施要求

室内环境是否良好，直接影响到仪器的性能及使用寿命。

（1）仪器应摆放于干燥处，避免阳光直射。注意防尘、防潮。避免靠近易燃物或易燃性气体、磁场、杂物等。

（2）仪器设备前后左右有足够的散热空间。

（3）地面保持清洁少尘，禁止铺设地毯。

三、护理间

护理间是美容店必须配备的功能区，是顾客做项目护理的房间，又称美容房。护理间的设施配备是根据顾客需求或消费水平不同来设置的，如普通护理间、VIP护理间、单人间、双人间。护理间的数量则根据店面规模的大小来确定。

（一）护理间室内设施

（1）美容床配套床罩、毛巾、美容凳等。

（2）小推车配备化妆盒、纸巾盒、镜子等。

（3）衣柜/衣帽架配备衣挂、吹风机、浴衣等。

（4）休息区设施则根据不同房间配置包含沙发、小桌等。

（5）水区包括洗手台、洗手间、淋浴间、泡浴区等。

护理间环境布置标准示例

（二）护理间卫生及用物摆放

1. 房间卫生要求

（1）地面或地毯必须干净整洁，无脚印、尘土、头发、碎屑等污物。

（2）室内开关、灯具、装饰画、仪器上无灰尘。

（3）空气中无异味。

（4）水区的洗手盆、镜面干净明亮，无水渍、污渍。

（5）小推车干净整洁、无污渍、无杂物，车上物品分类摆放整齐。

2. 美容床及床上用品的摆放

（1）床上用品摆放整洁、美观。物品摆放顺序：①夏天：美容床→大毛巾→一次性床罩（床单）→床旗→床头巾；②冬天：美容床→大毛巾→一次性床罩（床单）→棉被→床旗→床头巾。

（2）大毛巾平铺在美容床上、露出床头洞，保持平整。

（3）一次性床罩/床单服帖铺于美容床，保持两边对称。

（4）布质床单平铺于大毛巾之上并完全遮盖大毛巾，露出床头洞，保持两边对称并无皱褶。

（5）被子折平铺于床的1/2处，不使用时折成长方形抱枕放入衣柜或床底。

（6）床旗放于美容床1/2处或被子商标正下方。

（7）床头巾与床头洞呈正方形，毛边不外漏。

（8）美容床放置稳固、干净整洁，无破损，不摇晃，双人房床品摆放平行呈一条线，床下无杂物，床罩无破损、无污渍、无褶皱。

3. 美容床的凳子摆放　凳子放置于美容床的床头洞正对的下方（图1-1-3-2）。

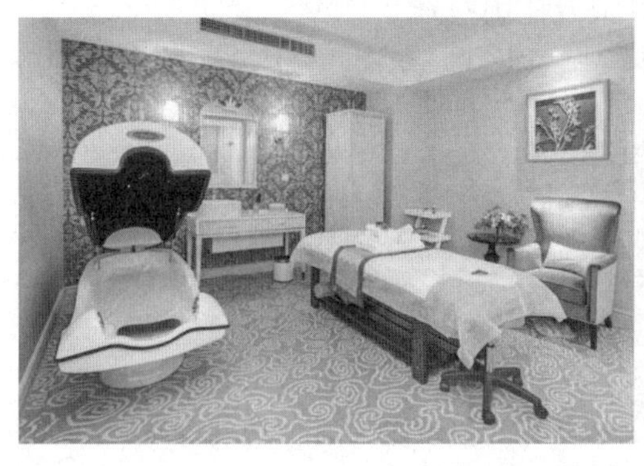

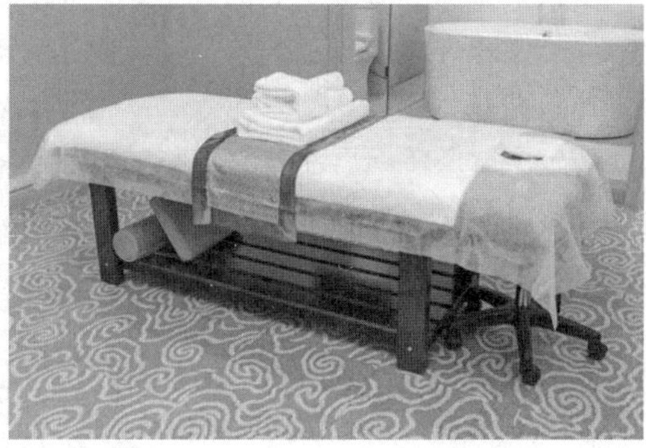

图1-1-3-2　美容床摆放

4. 小推车的摆放　小推车置于美容床侧边或靠墙摆放，离墙 3～5 cm。小推车上的物品可根据各美容店的分类要求，整洁有序地摆放（图 1－1－3－3）。举例如下。

第一层：左上侧化妆盒，右上侧首饰盒。化妆盒标准：发夹 1 个；棉签，不少于 6 根，平铺一层；酒精、消毒液各 1 瓶，液体不少于瓶子 1/3；棉片，不少于 3 片并不超过化妆盒盖面（图 1－1－3－4）。

第二层：左边为纸巾盒，纸巾量不少于 1/3，手镜的镜面朝下。

第三层：左边为保鲜膜，右边为一次性拖鞋/电插板，中间为吹风机（吹风机优先摆放于衣柜）。

图 1－1－3－3　小推车

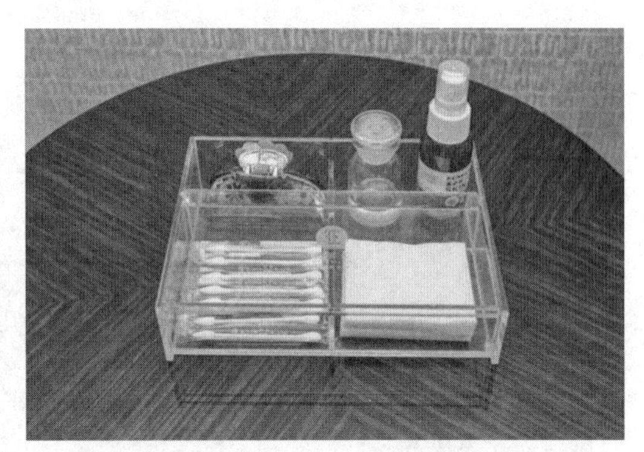

图 1－1－3－4　化妆盒

5. 休息区的设置　休息区茶几与沙发按床位数配置，供顾客休息使用；拖鞋一客一清一消毒，用一次性保鲜袋装好放于沙发左下方，鞋头向外并与沙发边缘保持同一水平线（图 1－1－3－5）。

6. 衣柜/衣帽架的设置　顶层摆放闲置棉被，中间挂放衣物，底层可摆放脚枕、头枕与吹风机等房间物品；衣架统一数量及挂放方向，闲置时衣架靠左边整齐挂放；吹风机放于抽屉内，无抽屉则放于底层（图 1－1－3－6）。

图 1－1－3－5　休息区

图 1－1－3－6　衣柜

7. 水区的设置　包括洗手台、洗手间、淋浴间、泡浴区等。

（1）洗手台（图 1－1－3－7）：①装饰花放于洗手盆左侧；②洗手液放于洗手盆左侧，

瓶口偏向洗手盆方向；③梳桶放于洗手盆右侧，配置梳子2把，梳柄朝上；④擦手纸到达安全线或低于1/3则需补充；⑤吹风机闲置时须断电并把电源线捆绑整齐放于墙架内；⑥垃圾桶靠右下方摆放。

(2) 卫生间：①纸巾筒安装于厕所的左侧，纸巾露出20 cm；②水箱定期清洁并保证正常出水；③厕所保持干净无异味，坐便需准备一次性坐便套；④垃圾桶须带盖，放在厕所右侧，需离墙3～5 cm，垃圾不能超过2/3；⑤玻璃门有推拉标识且能上锁，禁止粘贴海报。

(3) 沐浴区（图1－1－3－8）：①花洒挂放支架上，闲置时花洒头向内摆放；待客时向外摆放，花洒孔保持出水均匀。②水龙头需有冷热标识，使用后回正手把至正中位置。③洗浴用品瓶口统一朝向，瓶身保持干爽。④置物架无须上折保持平放，衣钩靠左边整齐移放。⑤墙身/地面保持干净干爽，墙面保持光滑。⑥浴帘闲置时拉开并靠左侧整齐移放；未清洁时需保持拉闭状态，帘脚保持无发黄无破损。

图1－1－3－7　洗手台

图1－1－3－8　沐浴区

(4) 泡浴区：①闲置时（图1－1－3－9）将花洒放置支架上，花洒孔保持出水均匀。水龙头需有冷热标识，使用后回正手把至正中位置。浴缸禁止移动，保持干净干爽。置物架用于摆放干净布草，放于浴缸的边上。地毯放于浴缸正前方，保持干净干爽。②待客时（图1－1－3－10）将干净大毛巾铺在浴缸内，再用一次性浴袋包裹浴缸，浴袋打结固定于浴缸右侧。泡浴时待客水量为浴缸容积的3/4。另外，提前准备一套干净的毛巾放于置物架上，方便顾客使用。

图1－1－3－9　闲置时

图1－1－3－10　待客时

四、配料间

（一）配料间主要功能

在做护理的过程中，所涉及的产品和物料，都需要在这个区间准备完备，例如：拆产品包装，调配产品（膜、粉、膏体、精油），也是护理物料准备工作间。配料间虽然不是直接展示给顾客的区域，但环境及用品的卫生管理不容忽视。

（二）配料间卫生要求

(1) 配料间应该干净、整洁、卫生。保持地面干净无纸屑；每周进行一次杂物的清理工作，所有物品、柜子干净、整洁、无污物，天花板、墙角无蜘蛛网、无灰尘。

(2) 物品有序摆放。各种配料分类摆放，产品标识一致朝外，以便配料师能在最短时间拿出相应的产品；配料、配料工具确保整洁、无污渍；配料间电器必须保持干净、无污渍（如电饭煲、水壶、微波炉等）。

(3) 配料台、水池及其周边保持无污渍、水渍；台面无杂物；配料工作台需要保持干净，计算机整齐摆放，机身及键盘无灰尘。

五、清洁间

（一）主要功能

这是美容店必须配备的房间，为了保证产品与仪器使用的安全性，每一次使用后都要经过消毒处理。除了产品仪器以外，还有美容店所使用的毛巾，床单、床罩都需要经过消毒处理，房间内也要定期进行消毒处理，保证每个空间的卫生、干净整洁。一般店面的清洁间分为布草间、洗消间和鞋柜 3 个部分。

1. 布草间　是指专用于存放干净布草的功能间。包括紫外线消毒灯、消毒柜、布草柜等。布草柜主要用于存放未消毒的干净布草或未开封的新布草。可根据店内布草库存上限量，配置柜数，四门的铁柜需有通风口。

2. 洗消间　设置消毒/清洁区，安装紫外线消毒灯、置物柜等。

3. 鞋柜　用于专门存放消毒后的拖鞋。消毒后用一次性塑料袋套好，鞋柜里摆放每层固定的拖鞋数，脚尖朝外，鞋柜应保持关闭状态。

（二）布草间卫生要求

1. 布草间　是存放干净毛巾、顾客服的地方。要求地面干净，无纸屑、无垃圾，天花板、墙角无蜘蛛网、无挂尘、无蟑螂、无蚊蝇；布草柜要求柜内干净无积尘，毛巾、顾客服按要求折叠、摆放整齐（图 1－1－3－11）。

2. 紫外线　消毒灯开启时人员需回避，每天早晚要定时开启消毒。

3. 消毒柜　消毒进行时，在门前手柄位置，挂放“消毒中，禁止打开”指示牌；左上方张贴“布草消毒时间登记表”及“消毒柜布草放置上限表”；禁止堆放至柜门无法关闭，柜顶禁止堆放杂物。

(三) 布草存放要求

布草柜（铁柜/木柜）的布草与一次性布草分类入柜，并张贴各类标识，“布草周转图”统一张贴在柜门右上方（上下出风口中间位置），“存放中、使用中”统一张贴在柜门左上角（对应贴在各类标识的下方），柜顶不堆放杂物（图 1－1－3－12）。

1. *棉质布草*　必须消毒后方可使用，消毒柜存放棉质布草（大毛巾、小毛巾、浴裙、浴裤）。

2. *一次性布草（一次性毛巾等）*　按美容店上限量备库存数；设独立柜子整洁摆放一次性布草；一次性用品必须附有相关证照。

图 1－1－3－11　布草间

图 1－1－3－12　布草柜

(四) 洗消间

洗消间分为洗涤和消毒两个部分。

1. *消毒/清洁区要求*

(1) 配置清洁水池 1 个；红色胶桶 1 个；鞋架 2～3 个；地拖至少 2 个，并对应张贴地拖所属区域的标识，严禁摆放微波炉、电饭锅、饮水机、员工物品等。

(2) 沥水架专用于水杯、碗碟清洗后的沥干。

(3) 杯架挂钩存挂水杯。

(4) 挂钩存挂清洗餐具的抹布，按颜色分几类挂放，并张贴各类用途的标识。

(5) 室内必须安装紫外线消毒灯并保持正常使用，每次开启时间不少于 30 分钟，消毒灯开启时人员需回避（图 1－1－3－13）。

2. *消毒柜/储物柜*

(1) 布草消毒柜：用于毛巾、顾客服的消毒，卫生要求是柜里柜外干净，柜内毛巾、顾客服按要求折叠并整齐摆放。

(2) 茶具、碗消毒柜：要求柜里柜外干净，无水渍无污渍，茶具、碗放入消毒柜之前应清洗干净，用干毛巾擦干后按要求摆放在消毒柜内进行消毒。

(3) 紫外线美容工具消毒柜：专用于美容工具的每天消毒，不用时需断电；工具盒放置眉刀、眉剪及眉钳各一个；“问题皮肤专用”工具盒 1 个，并有标识粘贴。

(4) 储物柜：可存放清洁用品、保洁工具等分类摆放（图 1－1－3－14）。

3. 洗涤间垃圾袋的放置　已开封的区分大小，折叠后用收纳盒装置，便于领取。未开封的用橡皮筋捆绑，卷状靠角落放置。

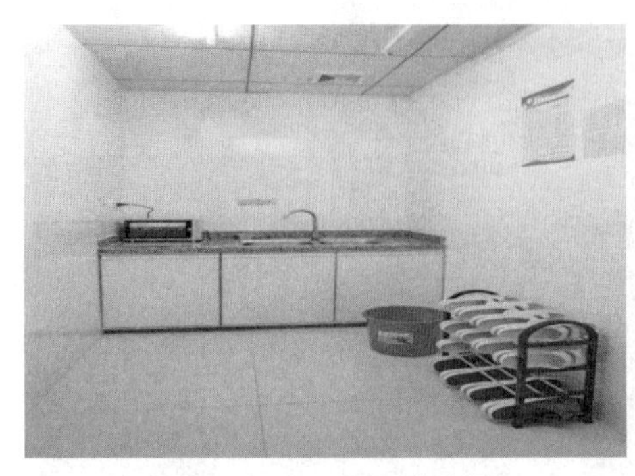

图1-1-3-13　洗消间

图1-1-3-14　储物柜

4. 洗涤间台面卫生要求

（1）保持干爽，每次使用完后擦干水渍、污渍。

（2）戊二醛消毒液、洗洁精、消毒粉按序摆放，不能出现任何杂物。

（3）消毒粉使用说明需张贴在显眼处。

（4）顾客用后的水杯不能堆在洗水槽或消毒柜旁，即用即洗，并放入消毒柜。

5. 洗涤间卫生要求

（1）洗涤间里的洗衣机、毛巾桶、顾客服桶内外干净，洗衣机定期清洗。

（2）洗手池台面无水渍污渍，池内外无垃圾无杂物，地面要求干净，无纸屑、无垃圾。

（3）天花板、墙角无蜘蛛网、无挂尘、无蟑螂、无蚊蝇。

清洁间环境布置示例

六、污物间

设置分类污物桶，用于存放使用过的布草、拖鞋。

（1）配置3个或以上有盖的污物桶，桶身粘贴标识：干毛巾、湿毛巾、拖鞋桶等，桶盖上或地下不可放置任何物品，拖鞋桶需装有1/3的消毒水（换水频率为1次/周）。

（2）污布草、拖鞋及当天待送洗的脏污布草，以及待消毒的拖鞋放入污物桶内并盖上桶盖，物品不能溢出桶沿。

（3）重污布草需用保鲜袋装好方可放入桶内。

七、仪器间

（一）摆放标准

根据使用频率、仪器功能或体积等进行分类，视实际空间划区放置（正常使用、闲置、待维修、待报废），摆放时需留过道，方便推动仪器（图1-1-3-15）。

（二）仪器配件管理

分仪器配件、小仪器两个区域。按层架从上到下、从左到右的原则进行标识粘贴。摆放顺序为常用→不常用，常用放于方便拿取位置。按配件/小仪器的尺寸、类别，统一用收纳盒 1 台/盒装置后，分类放置在对应的层架。每一个收纳盒均需粘贴标识：仪器名称（收纳盒正面）+所属配件名称（收纳盒右侧身），整齐分类摆放（图 1－1－3－16）。

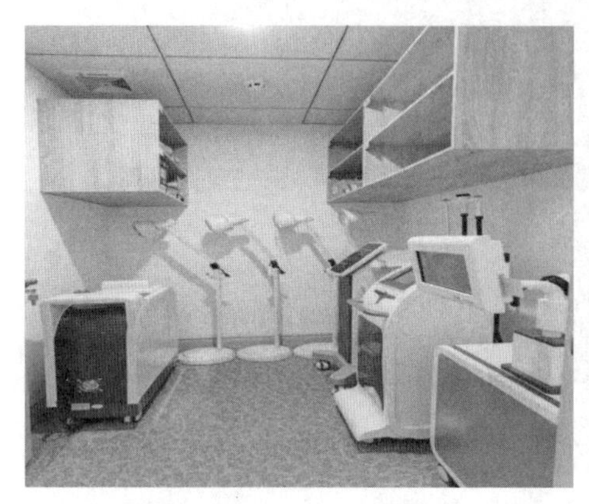

图 1－1－3－15　仪器间

图 1－1－3－16　仪器配件

（三）仪器证照管理

放置仪器间的仪器，必须粘贴有产品合格证及电源标识。仪器商家营业执照、卫生许可证建档。

（四）仪器各类标识

固定资产标签（编号、名称、规格型号、启用日期）：属于固定资产的仪器，均需张贴。

1. 大件仪器　贴仪器右上角
2. 小件仪器　贴仪器底盘或用挂牌挂在仪器上。

（五）仪器维护与保养

（1）轻拿轻放，不能倒放、倾斜。

（2）使用后需拔掉电源线并捆绑整齐。

（3）做好一客一清和定期清洁（1 次/周）保养。

（4）仪器的保修卡、说明书由分店行政统一保管。

（5）无仪器间的分店：根据分店房间使用频率或项目所需仪器，分散放在每个美容房，需粘贴仪器标签，便于辨识仪器；仪器异动状态，需做好标识管理。

八、仓库

除行政管理人员外，其他人员不可随意进入仓库。合理规划区域与摆放，设置办公区、产品区、配料区、杂货区、配料前置区、杂货备料区、其他区等。仓库不可出现非公司的产品、仪器及员工私人物品（图 1－1－3－17）。

（一）仓库办公区

行政办公使用，禁止做与工作无关的事情。

1. 文档架　可根据需要放置文档架，顶层摆放储备类文具与不常使用的维修配件，

二层摆放文件、打印纸等。

2. 桌面　分别放置文具收纳盒、计算机、打印机，文具要分类摆放（图 1-1-3-18）。

3. 抽屉　摆放当月需上交文件或资料。

4. 柜子　存放店内运营票据并上锁。

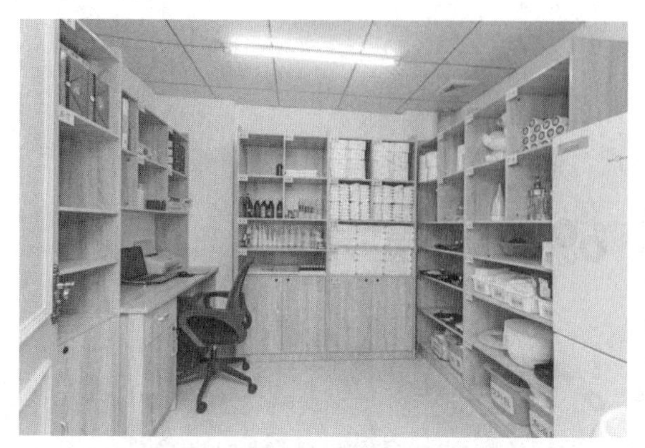

图 1-1-3-17　仓库

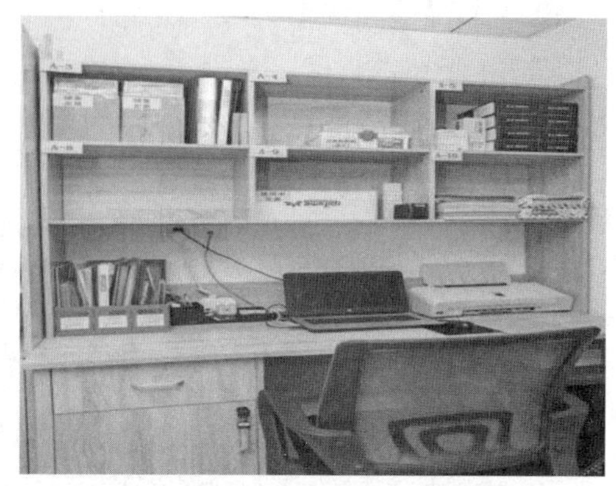

图 1-1-3-18　办公区

（二）产品区

1. 产品入柜管理　按项目、品牌、品类等要求进行摆放，遵循“先进先出”原则（图 1-1-3-19）。

2. 特殊产品　“已开启”与“未开启”产品需区分摆放；气味较大、挥发性强的产品应单独摆放；产品要求低温保存时应存放于冰箱。

（三）配料区

（1）区分精油区、非精油区与配料工具区，精油类应与霜、乳、膏类产品分开摆放。

（2）产品拆分后需贴上“拆分条”，标明拆分产品、日期、经手人。

（3）配料工具保持一客一清一消毒，整齐干爽放于配料工具区（图 1-1-3-20）。

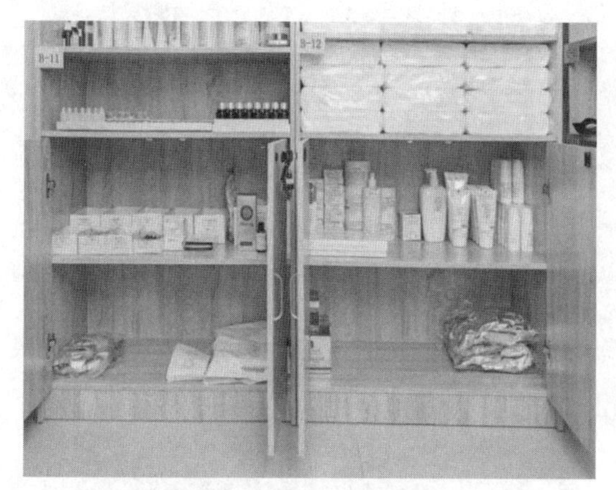

图 1-1-3-19　产品区

图 1-1-3-20　配料区

（四）杂货区

（1）遵循“先进先出”原则并分类摆放。

（2）设置杂货上下限管理，库存低于下限时需及时补充。

（3）柜子需进行储位管理，储位号统一贴于左上方，方便识别拿取。

（4）针对体积较小的杂货需要收纳盒收纳（图 1-1-3-21）。

（五）配料前置区

（1）用于摆放已预约顾客的疗程产品。

（2）每一份产品应该用托盘装好，并在盘内做好标识（图 1-1-3-22）。

图 1-1-3-21　杂货区

图 1-1-3-22　配料前置区

（六）杂货备料区

（1）常用杂货及时拆分放于收纳盒中，并定期补充。

（2）未拆分杂货不可存放在本区域。

（3）疗程中美容师常用工具应分类摆放整齐并贴上明显标识，方便拿取（图 1-1-3-23）。

（七）其他区

用于摆放赠品、营销布置物资等其他杂货（图 1-1-3-24）。

图 1-1-3-23　杂货备料区

图 1-1-3-24　其他区

（八）药箱

（1）常用配备过氧化氢溶液、通络油、云南白药、创可贴、医用棉签，其他医用用品或药品均不可出现。

（2）在药箱正面贴上“门店员工药箱”标识。

（3）此药箱仅用于轻微伤痛，较为严重者需立即送往医院或拨打120电话求救。

（九）监控系统

（1）保持正常使用，时间保持精准。

（2）需设置密码，由分店行政人员负责管理。

（3）发生异常时需第一时间将异常时间段的视频下载保存至计算机或U盘中备用。

（十）保险柜

（1）安装于仓库办公区的隐蔽处。

（2）用于存放门店运营营业款项与贵重物品，仅限分店行政使用。

（3）需设置密码，锁匙由行政人员随身携带保管。

（十一）锁匙箱

（1）安装于仓库任意一面墙壁，用于存放店内所有门锁的钥匙，每一把钥匙需粘上对应的标识。

（2）除行政人员外，其他人员不可随意拿放。

（3）员工有需要领用钥匙时必须做好登记。

（十二）冰箱

（1）禁止存放有异味或员工私人物品。

（2）忌断电源，避免发生产品变质。

（3）在冰箱右上角贴上冰箱管理标示。

（4）长期储备冰块，供顾客疗程过敏时紧急处理。

九、员工休息室标准

（一）员工柜

（1）需上锁并拔下钥匙，柜门外侧不可随意粘贴。

（2）员工姓名用代号代替，代号统一贴于右上角。

（3）整齐存放员工私人物品，如学习资料、手提包、化妆品等，具体要求详见员工柜使用说明。

（4）员工柜使用说明统一贴于柜门内侧左上方。

（二）置物架

（1）设定水杯区、饭盒区、日常用品区、文件区。

（2）水杯区及饭盒区一人一区域，做好标识管理。

（3）文件架中照片/文件摆放整齐并定期更新（图1－1－3－25）。

图 1-1-3-25　置物架

（三）厨房区

1. 微波炉　区分员工饭餐与产品加热，标注各物品加热所需的时间。
2. 电饭煲　仅供煲煮顾客饮用的糖水、汤水使用。
3. 储物柜　可摆放一次性碗、杯、吸管、花茶、糖水材料、汤料。
4. 饮水机　供员工使用，定期做好排污管理。

（四）公告区

1. 白板区　区分张贴区与板书区，设定专人管理并在右下角张贴管理人姓名。
2. 张贴区　可分为制度类、优惠通知类、日常通知类等，并定期清理及更新。
3. 板书区　用于店内培训或临时通知使用，禁止乱写乱画。

（五）更鞋区

1. 鞋架　用于摆放员工鞋，一人一区一管理。
2. 清洁　鞋更换后整齐摆入柜内，不可出现堆放；鞋子应该做到勤换洗，保持无异味。

（六）就餐区

1. 餐桌　桌底、桌面保持干净干爽，禁止摆放资料或杂物。
2. 餐椅　椅子按顺序叠放整齐并靠角落摆放。
3. 其他　使用过的饭盒及时清洁，禁止过夜。食物及时处理，不过夜，避免鼠患。

任务分析

美容店各功能区的物品摆放、清洁卫生及整个环境维护是员工日常的基本工作，一般通过入职培训、例会等形式，让员工认识到环境卫生管理与服务的重要性，从而保持各功能区域的整洁、卫生，用物、用品使用后及时整理归位等。如果这些要求没有养成员工的行为习惯，一旦出现客流高峰期，有可能发生门店不清洁、物品整理不及时等管理不到位的情况。因此，美容店应依据国家的法律、法规和行业的规范，根据门店实际情况建立卫生管理制度及岗位责任，每个员工都有自己的责任区域，店长定时或不定时进行检查，在企业文化熏陶和严格制度管理的约束下，员工才会逐步养成随时保持和维

护门店功能区卫生的好习惯，并自觉遵守规章。

任务准备

1. 美容门店员工排班表。
2. 店务管理流程及表格。
3. 了解本公司卫生管理制度。
4. 对所有员工进行严格的卫生管理培训，并掌握功能间卫生管理标准。

任务实施

▶ 案例 1

护理间环境维护及卫生检查。

1. 美容师上班打卡后，进行美容房间及包干区域的环境卫生清洁、布置及检查工作，并在“每日仪器及美容区域卫生检查安排一览表”上签名确认，以备主管查验。

2. 对护理间室内卫生、灯光、空调、仪器设备进行例行检查与调试。

3. 对房间地面、床铺、毛巾、衣柜、小推车、沐浴室、卫生间进行卫生整理，以备随时进入服务状态。

4. 检查护理间所需物品并及时补充，如护理间所需的消耗品（消炎水、棉花签、酒精棉、卸妆液、洗发水、洗手液、沐浴液等）。

5. 每次护理项目操作完成后对相应区域卫生进行维护，物品归位，保持操作区域整洁卫生。为顾客服务结束后要及时清理美容床，换床单、毛巾、浴巾等美容物品，保证“一客一换一消毒”。及时整理小推车、床铺、卫生间、沐浴间，做到干净整洁。及时通气、换气，使房间空气清新、无异味。及时补充手纸、棉签等消耗用品，以保证用品用量充足。

6. 每天下班前整理护理间卫生，关闭灯光、空调、音响及收纳仪器设备。

7. 每日检查记录登记。

▶ 案例 2

根据功能间的不同区域，由当值美容师、配料师、前台、店长等人员担任本部门卫生与安全管理员，承担卫生管理和监督责任。

1. 遵照门店《员工岗位职责》及店内分配的个人在功能间分担区相关工作内容明确卫生与安全负责人。

2. 当班责任人每日清晨例行开展布草间、配料间、办公区域、生活区域的卫生安全检查。

3. 每天上班后例行开启并检查消毒柜、紫外线消毒灯、监控设备的正常使用情况，如发现异常应立即填写《设备维修申请书》，并上报维修。

4. 区域负责人随时观察负责区域的地面、台面、收纳柜、鞋架、污物桶、置物架等区域的清洁状态，及时做好整理及卫生清洁工作。

5. 配料区域内要及时检查临近保质期的产品或消耗品，保证用品用料安全。

6. 每晚下班前区域负责人要将布料、产品、仪器设备进行清洁整理和备案，检查水、电开关及消毒设施，杜绝安全隐患。

7. 实行“一检一扫一清”管理准则，即每月一次卫生大检查，每周一次大扫除，各区域工作人员每天一次区域卫生清理。同时，店长或行政主管加强随机检查力度，对不符合要求的要及时清理。

任务评价

功能间卫生安全检查表

对功能间不同区域，如布草间、污物间、洗消间、仪器间、仓库、员工休息室等进行卫生和物品摆放整理，练习结束后分别对照不同区域评分表进行小组自评、组间互评及老师评价，对易出现的问题进行归纳总结并予以改正。

想一想：

美容店的用物用品清洁消毒是正常运营的基本保障，在美容店的清洁消毒过程中，哪些细节容易被忽略，如何避免一些重要细节出问题。

每日仪器及美容区域卫生检查安排一览表

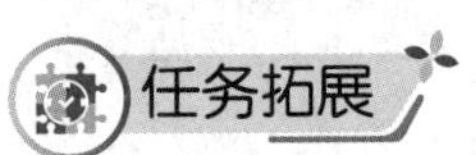

任务拓展

1. 仪器的管理繁杂琐碎，请你结合仪器管理规范和注意事项，为仪器管理操作提出建议。

2. 细节决定成败，顾客进入美容房间所见的房间和床上摆设，最能体现门店经营者的细心、用心、贴心。假设今天预约来做美容的顾客恰好过生日，请您查阅相关资料并发挥自己的想象力，为顾客设计一个温暖、贴心的生日美容房。

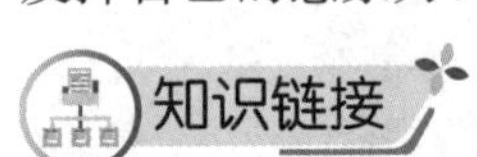

知识链接

紫外线消毒灯使用的注意事项

1. 在使用过程中，应保持紫外线灯表面的清洁，一般每2周用酒精棉球擦拭一次，发现灯管表面有灰尘、油污时，应随时擦拭。

2. 采用紫外线灯消毒室内空气时，房间内应保持清洁干燥，减少尘埃和水雾。温度＜20℃或＞40℃，相对湿度＞60％时应适当延长照射时间。

3. 用紫外线消毒物品表面时，应使照射表面受到紫外线的直接照射，且应达到足够的照射剂量。

4. 不得使紫外线光源照射到人，以免引起损伤。

（周晓宏，吴　菁）

01

模块一　美容门店形象与安全管理

单元二　安全管理

内容介绍

美容店安全管理工作的中心是防止人为的不安全动作，消除机械、物质及化学的各种危害，而人为的失误常常是安全事故的直接原因，也是问题的关键。因此，安全管理必须针对人的失误。美容店安全管理涉及门店设施设备、人员、财物、化妆品及仪器的安全管理规定。而各项安全管理的要点着重在事前预防、事中处理、事后检讨改善，尽量避免安全事故的发生。

学习导航

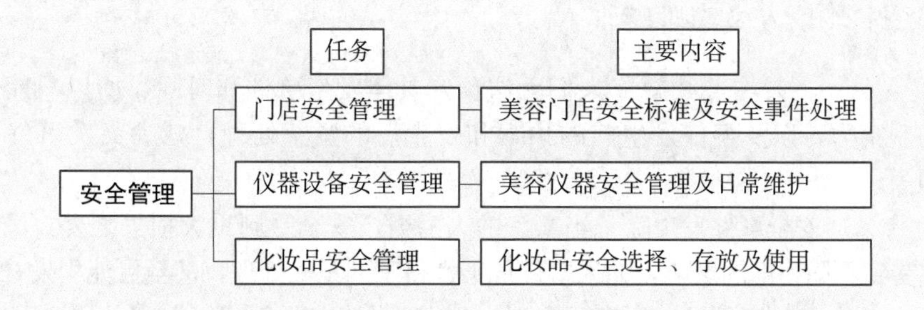

任务一 门店安全管理

学习目标

1. 了解美容门店安全管理的主要内容及实施。
2. 熟悉美容门店安全防范及突发状况的应对措施。

情景导入

某美容门店正在营业中，因所在地段突发情况，突然停水、停电，经向有关部门了解当天的故障不能排除，于是只能关门停业。遇到这样的情况，如果员工安全意识不强，有可能存在哪些安全隐患？员工离店前应该怎么做？特别是正在操作中的美容师更要注意哪些环节，才能防患于未然，将安全问题扼杀在摇篮中。想知道怎么做，必须了解美容店为何要高度重视安全隐患问题，实施安全责任制。

学习任务

美容门店作为公共场所，其安全事件的发生对门店的信誉不仅会造成一定程度的影响，甚至会造成人身安全事故。安全管理包括防损、防水、防火、防盗、防诈骗及意外伤害等。

一、公共场所安全事件特征

1. 突发性、高度不稳定性　人们无法预知具体发生事件和时间，所以只能依靠当事人敏锐的观察力，以及事件发生前的预案和发生后的紧急处理，减少突发事件可能造成的各类损失。

2. 危害性　安全事件发生除了当事人的人身财产安全受到重大损失之外，民众的生活都会因此受到不同程度的影响，如果事件危害性得不到正确处理，甚至可能引发社会动荡。

3. 紧迫性　对待突发性事件必须在第一时间做出处置对策，处置不及时，会严重破坏社会公共秩序。

二、安全事件处理的原则

1. 速度第一　一方面是指处理突发事件要迅速，力争把事件损失控制在最小范围；另一方面是指事件发生后社会上流传的谣言和猜测过多，要快速及时与媒体和公众进行沟通，讲述事件真相，迅速控制事态。

2. 系统运行 突发安全事件发生后，要按预案由各部门分工配合，各司其职，临危不乱，使事件得以及时、妥善处理。

3. 权威证实 事件发生后，要请相关的权威部门处理，使顾客解除对美容门店的警戒心理，重获他们的信任。

4. 承担责任 安全事件发生后公众会关心利益的问题，因此对于顾客的损失，企业应该承担责任。

5. 真诚沟通 真诚沟通是处理安全事件的基本原则之一。顾客很在意企业是否在意自己的感受，因此企业应该站在受害者的立场上表示同情和安慰，真诚地向顾客致歉，解决深层次的心理、情感关系问题，从而赢得顾客的理解和信任。

三、美容门店安全事件处理要求

(1) 首先保持自我镇定。

(2) 迅速向上级汇报并与有关部门取得联系。

(3) 确保人员安全为首要任务，保护好公司的财产安全。

(4) 服从现场管理人员的指挥。

(5) 在采取抢救措施时，应本着“先救人后救物”的原则。

(6) 突发事件结束后应采取相应措施，如保护现场，通知公安机关、劳动部门、保险公司等进行相关勘查、裁定、理赔等，或听从管理人员安排，回各自工作岗位清点物品。

四、美容门店安全标准

(1) 员工应具备消防安全责任意识。通过定期培训和科普宣传，掌握一般灭火常识和简单避险、救护常识。工作中应加强消防、防盗等安全意识，确保人身及财产安全。

(2) 员工应具备安全操作责任意识。工作中按照要求使用设备、工具、严禁违规操作。严禁用湿毛巾擦拭带电设备、切忌将水渗入机身。严禁使用明火、乱接乱搭电线和超负荷用电。

(3) 定期检查供电、供水、空调等运行状况及各类设施、设备的使用状况，做好日常保养，消除安全隐患。

(4) 物品摆放严禁堵塞消防通道、消防器材、电闸和监控器。物品与照明灯、电闸、开关之间距离不少于 50 cm。

(5) 负责代管的物品要小心看护，人离开时要锁入柜内或与人交接，严防被盗。

(6) 接到停电通知，应提前 5 分钟关闭各种设备操作；如果有备用电，要提前做好备用电的切换工作，确保电脑、收银机等关键部位用电。

五、美容门店消防应急管理

(1) 当火灾发生时应保持镇定，不可惊慌失措。

(2) 若火灾情节严重，应立即拨打 119 报警电话，并及时发出火警警报。

(3) 通知店长或相关负责人。

(4) 利用就近灭火器材进行扑救。

(5) 切断所有电源开关。

（6）协助有关人员撤离现场。

任务分析

美容门店的安全是管理者对美容门店能够安全运营进行的有计划、有组织、有指挥、有协调和控制的一系列活动，每位员工都有责任按《公共场所安全管理条例》及企业内部制定的《安全制度》严格执行。店长及前台等人员根据工作分工做好相关检查管理工作，以保护美容门店运营中的安全，同时促进门店改善管理、提高效益。需要注意的是所有的功能区都必须要考虑周全，如水、电、暖气、空调、排风，以及每个位置和每件物品的实际尺寸。

任务准备

（1）各区域常备的安全应急设施及器材，如消防栓、灭火器、建筑防火及安全疏散设施、消防给水防烟排烟设施、急救箱等。

（2）美容店员工安全消防知识培训。

（3）美容店标准化安全管理规范及落实安全责任制的人员分工。

知识链接

火灾处置基本知识

一旦发生火灾如何处理？当发生火灾时，应迅速拨打119火警电话报警，报警时应做到镇静拨号并告知报警人姓名、工作单位、联系电话、失火场所的准确地理位置。尽可能地说明失火现场情况，如起火时间、燃烧特征、火势大小、有无被困人员、有无重要物品、失火周围有何重要建筑、行车路线、消防车和消防队员如何方便地进入或接近火灾现场等。报警后即派人到路口迎接消防队。

任务实施

安全设施配置及安装：消防设施配置通过消防部门检查并做好日常的维护。在门店重要的公共区域安装监控设施，以便及时发现安全隐患。

火灾预防及处理

案例1　火灾预防及处理（扫描二维码学习）

防盗

案例2　防盗（扫描二维码学习）

案例3　贵重物品保管（扫描二维码学习）

任务评价

贵重物品保管

进行不同安全事件的模拟管理练习，练习结束后进行评价并讨论总结，总结提炼在安全事件发生时的处理程序及注意事项以提升管理质量。

（周晓宏）

任务二 仪器设备安全管理

学习目标

1. 熟悉美容常用仪器的分类及特点。
2. 严格遵守仪器使用安全手册。

学习任务

随着社会、科技的发展，美容产业也发生了巨大的变化。高科技美容仪器在美容店的应用越来越广泛，仪器美容所发挥的作用也越来越大。美容仪器的使用提高了美容服务的效率和效果，也提升了美容服务行业的科学性和先进性，但是也带来了一些安全隐患。因此，应该高度重视仪器的安全性以及美容店仪器的操作安全等。

一、仪器设备安全管理

（1）设备、仪器购入后，要建立原始档案资料，进行登记编号。档案资料包括：购买日期、产品名称、数量、规格型号、价格、使用说明书、生产单位及电话号码等。

（2）仪器设备必须设专人分管，做好日常清洁、保养工作。

（3）操作人员必须掌握设备仪器的正确使用方法，严格按规定操作。

（4）闲置已久或破损严重无法使用的设备仪器，作报废处理。

（5）仪器设备使用、维修要记录在档案中，包括破损部件、负责人、维修费用等，便于财务计算折旧费用。

（6）建立仪器使用、维护与管理制度，对于违规操作、保养不当等造成仪器损坏的应追究当事人责任，情节严重者给予一定的处罚和赔偿。

（7）不得购买或使用不合格的仪器设备。

（8）非专业人员不得操作。

（9）严格执行仪器使用登记制度，定期进行维护保养。

二、仪器操作规范

（1）操作者操作前必须熟悉仪器操作手册。

（2）必须对操作者进行专门的仪器使用与操作规范培训，让操作者掌握仪器的安全性、作用原理，以及仪器的操作方法和使用规范。

（3）操作者必须严格按照仪器操作手册规范操作，认真填写仪器使用情况。

（4）仪器的使用和管理负责人，应对仪器的使用情况进行监督和管理。严格执行仪器使用登记制度。

三、仪器设备日常维护

（1）当班美容师负责检查美容仪器状况（使用前、使用后），如仪器是否按照指定位置摆放、开机检查仪器是否能正常运行。如有异常需及时上报，并积极配合查找原因，协助有关部门及时解决问题。

（2）美容师应按仪器使用管理规定，对仪器外观和配件进行保养维护，保证美容仪器和配件无尘、无油、无水、无污渍。

（3）每天检查美容仪器配件是否完好无损，是否整齐摆放。所有电线类的配件都需按规定方式摆放，严禁拉扯和缭绕，以免电源丝折断及损坏。

（4）仪器使用后，必须将治疗手具清洁干净放于仪器支托上，防止跌落损坏。

（5）每台仪器使用时配合稳压器使用，对仪器起到保护作用。

（6）与顾客皮肤直接接触的仪器部件，使用前、后要清洁消毒，保持部件干燥。

（7）仪器操作结束后，必须按操作规范关闭仪器的电源和开关，以免因仪器操作不当损坏仪器，缩短仪器使用寿命。

（8）仪器存放环境必须注意防潮、防湿，避免阳光直射，温度在10～35℃，相对湿度≤80%，不可放置在散热器及强磁场附近。

（9）移动美容仪器时，必须安全搬运，保持仪器平衡，避免将仪器主机倒置或摔倒地面，造成仪器损坏后漏水、漏电。

四、仪器管理注意事项

（1）待维修的仪器，贴上“待维修”标识后放置一边，待修好后把字条撕掉归位。

（2）闲置的仪器，将仪器清洁后用保鲜膜打包好并贴上“闲置”。

（3）报废的仪器，贴上“待报废已发单”标识，待流程完成后作报废处理。

任务分析

美容门店的仪器设备管理要求每位员工都要按《仪器设备管理制度》严格执行，每位仪器设备的使用者都要对所使用仪器设备全权负责，使用中严格按照仪器设备的使用程序进行，严禁违规操作。店长及仪器间管理人员要对相关仪器设备进行科学的维护、检查及管理，杜绝因管理和使用不当造成的仪器设备损坏及人员伤害等安全事件发生。

任务准备

1. 仪器档案及使用记录。
2. 与仪器配套的操作手册及使用说明书。
3. 仪器使用规范专项培训。

任务实施

1. 制定制度 管理好这些仪器对于美容店来说是至关重要的。如何管理好，需要美容店建立良好的物品管理制度，并认真地去贯彻执行。

2. 形成意识 要管理好美容仪器设备，首先要让员工形成一种管理的意识，每个员工都要有主人翁意识，自觉主动地对美容店内的仪器设备负责，让每一个员工都养成主动爱惜、维护仪器设备的好习惯。

3. 规范操作 美容店员工在工作中使用仪器设备时，要严格按照相关规定程序进行，禁止违章操作。使用中也要爱惜保管好物品，一旦出现问题，要及时向负责人反映情况，按照美容店制定的物品管理规章处理。如果纯属个人原因，一切后果由个人承担。

仪器维修记录样表

任务评价

进行不同仪器设备使用记录、档案管理检查及使用规范，例如，开机、清洁、换水等操作练习，练习后对照《仪器设备管理制度》进行自评、互评并讨论总结。

（周晓宏）

任务三 化妆品安全管理

学习目标

1. 能够认识到化妆品安全管理的重要性。
2. 掌握化妆品安全管理的方法和技巧。

情景导入

市场监管局执法人员对某美容店进行检查，在调配间发现有多款已经开封处于使用中的洁面奶、纤体膏等化妆品已超过使用期限。根据《化妆品监督管理条例》有关法律、法规的规定，该美容店将面临什么样的处罚？美容店化妆品的使用是为了满足顾客的美容需求，更加需要绝对安全的质量保障，化妆品的安全管理，关系着每一个顾客的切身利益。如果美容店使用过期或劣质化妆品，会有什么后果，你知道吗？

学习任务

美容店化妆品安全管理的目的是为了加强对化妆品应用的安全管理，明确化妆品采购、保存及使用的责任，防止和减少化妆品使用安全事故，保障顾客和企业员工的人身安全。

一、化妆品安全性的选择

化妆品是由多种原料制作而成的一种化学工业产品，常见的风险物质有重金属、甲醇、二烷、石棉、苯酚、农药残留等，都有可能经由原料带入化妆品中。

排除人为恶意添加因素，近年来，化妆品市场上出现的诸多安全事故都与化妆品原料的选择和控制不当有关。所以，预防和控制化妆品引起的不安全因素，是化妆品安全管理的首要前提。

（一）化妆品选择的要求

在化妆品的选择上，要确保每一份产品都经过完整的安全评估，主要包括眼刺激、皮肤刺激、皮肤致敏性、生殖毒性、光毒性、细胞毒性等检测，详细可以参考 2015 年版《化妆品安全技术规范》。第三方检测机构都能进行化妆品配方的安全性评估。因此，对于化妆品的来源渠道一定要进行认真评估、审慎考核。

在进货时，不购买及销售假冒、伪劣、无证化妆品。不销售、使用存在安全隐患的化妆品。不销售和使用无中文标识、无生产厂家、超使用期限、未标明许可证号、无标签标识或标签标识不完整、未经备案或备案成分不一致的化妆品。

如果是进口化妆品可以直接使用中文标签，也可以加贴中文标签；加贴中文标签的，中文标签内容应当与原标签内容一致，保证化妆品在恰当的使用有效期。

（二）美容店辨识化妆品质量“四步曲”

有的化妆品由于保存不恰当，就算没有过期也出现了变质的现象。在这种情况下，不能为了省钱或者舍不得丢弃还继续使用，否则可能会对皮肤造成很严重的后果。

1. 观颜色　化妆品原有颜色发生了改变，可能是由于微生物产生色素让化妆品变黄、变褐，甚至变黑，也可能是化妆品中某些成分的变质产生颜色改变。

2. 闻气味　化妆品产生气泡和怪味，是由于微生物的发酵，使化妆品中的有机物分解产生酸和气体。

3. 看稀稠　化妆品变稀出水，是由于菌体里含有水解蛋白质和脂类的酶，使化妆品中的蛋白质和脂类分解，乳化程度受到破坏，导致变质，也可能是由于配方不稳定、物理稳定性不佳或贮藏条件不妥当等导致的乳剂破裂，形成油水分离现象。

4. 察表层　化妆品出现绿色、黄色、黑色等霉斑，是由于霉菌污染化妆品所导致的结果。

二、化妆品安全存放及使用

1. 化妆品的保质期　一般情况下，常用化妆品的保质期一般为 2～3 年。因此，要养成“随买随用”的良好习惯，按需购买，尽量少囤货，并定期查看化妆品的过期时间，避免使用过期产品导致皮肤问题。

2. 化妆品的存放　注意化妆品外包装标签的存放提示，并按存放要求确保产品存放环境条件良好（如温湿度），完好保存。一般化妆品不需要放入冰箱冷藏，避光、干燥、常温保存即可。如面膜、芦荟胶等，即使没有要求，也可以冷藏，同时低温冰凉的触感还能起到一定镇静皮肤的作用；有的化妆品不宜放冰箱，如精油、卸妆油等以油为主的护肤品，在低温状态下容易出现分层、凝结；收缩水含酒精成分，有挥发性，加热或冷藏状态都会影响其品质。但有部分化妆品需要冰箱来“保持化妆品的活性成分”。

3. 化妆品的使用

（1）院装产品取用前要清洁手部，且不能用手直接挖取。

（2）如一次倒出的量太多，没用完的部分不要再放回瓶中。

（3）每次使用结束后，应该及时盖紧瓶盖，避免内部水分蒸发变干，防止微生物进入化妆品而导致霉变失效。

任务分析

美容店化妆品经营过程受到药品监督管理部门的监管，如有违法违规行为，视情节的轻重将受到相应的处罚，甚至法律制裁。因此，美容店经营管理者应加强化妆品安全知识培训，让员工自觉遵守化妆品安全经营相关法律法规，能清楚认识到从化妆品采购、库存保管及使用各环节，化妆品可能存在的安全隐患，知道如何避免发生因为缺乏安全意识和责任意识，导致顾客因为使用过期或劣质化妆品而受到伤害。更重要的是，通过化妆品安全教育，要让员工意识到安全无小事，一旦发生将会产生哪些严重后果。

任务准备

1. 进行化妆品安全教育，树立安全意识。
2. 进行化妆品安全使用培训。
3. 健全安全制度，强化安全纪律。

任务实施

化妆品安全管理是靠美容店所有员工一起努力才能完成的任务，首先必须先让员工充分树立安全意识，结合案例和图片展示进行，通过活生生的案例和图片，使每个员工高度警惕、深刻铭记。明确各岗位职责要求，务必将安全放在第一位。其次，美容店应组织员工对本企业化妆品安全问题和正确的使用技术进行培训。

1. 流程　熟悉配料师、仓库保管员岗位职责及工作流程。

岗位职责及工作流程

2. 实战演练　针对化妆品可能被污染的环节，以某一品牌化妆品为例，介绍如何识别合格化妆品并防止化妆品被污染。

(1) 查看产品是否具有化妆品生产企业卫生许可证号，注意产品的生产日期和保质期(或生产批号和限期使用日期)，容器、包装不能有破损或污迹。

(2) 仔细查看产品性状。了解化妆品被污染后可能发生的改变，良好的产品一般具备色泽纯正、香气怡人、剂型稳定的优点，如乳霜制剂外观润滑、手感细腻、乳化良好，水剂均匀润清，粉剂细腻光滑等。

(3) 在使用化妆品时，应注意使用卫生，养成良好的使用习惯，防止二次污染。

案例　演示化妆品取用正确与不正确的方法

● 情景1：清洁双手，将瓶盖打开后，使用玻棒或刮匙蘸取适量化妆品后，及时将瓶盖盖好。

● 情景2：不洗手，直接用手蘸取化妆品，将多余部分重新放回容器内（造成污染），瓶盖打开随便放在台面，且较长时间。

注意经常保持化妆品的清洁，每次使用完毕，应及时盖好容器，不能长时间暴露于环境中。

任务评价

1. 仓库管理员在存入化妆品时应该注意什么问题？
2. 美容师领取化妆品及使用过程中对于产品的安全性主要关注什么问题？

能力拓展

化妆品备案查询

深入了解最新出台的关于化妆品的法律法规。新《化妆品监督管理条例》已于 2021 年 1 月 1 日起施行，各美容企业应提高产品质量意识和自律意识，为公众提供更加健康有序的消费环境。

（汪晓晴，洪　涛）

02

模块二 员工管理

单元一 职业形象

内容介绍

美容店无论其规模大小，都面临顾客消费趋向更加理性、员工的综合素质提高等事关顾客满意度，直接影响门店生存的问题。美容店离不开员工，没有员工不能成为一个门店。但无论是管理层还是基层的员工，都必须摆正个人和门店的关系，树立正确的价值观，将个人价值的实现与企业的生存、发展有机结合，以积极的态度做好本职工作，不断提高自身素质和能力，提升服务的品质，使个人和门店都实现自身利益的最大化，才能获得更加广阔的发展空间，自我价值才会得到更好的体现，经营才可能形成良好的运营状态。

学习导航

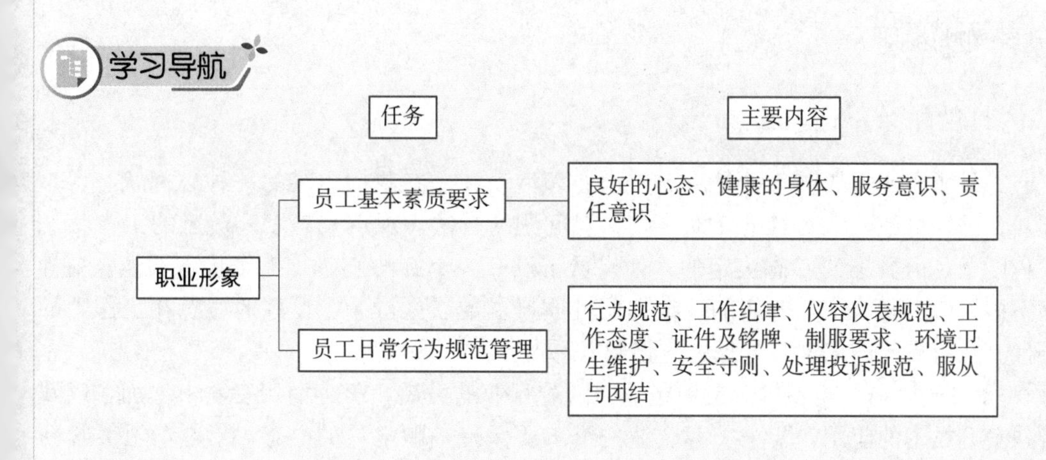

任务一 员工基本素质要求

学习目标

1. 了解员工基本素质的要求。
2. 理解工作中保证积极阳光心态的重要性。

情景导入

美容行业是一个以“美”为追求目标的服务行业，是服务行业中对员工综合技术水平和知识面要求较为广泛的职业，从业者自身的职业形象，直接影响顾客对门店的认可和信任。因此，如何塑造良好的职业形象，获得顾客认可，与顾客建立信任，是门店和员工共同关注的问题。如果你所在门店的服务和管理实现了规范化、专业化、标准化，对员工职业生涯发展规划及岗位标准是明确的，你应注意自己的言行举止，保持正确的职业道德与价值观念，自觉遵守日常行为规范、工作规范，如果能随时保持良好的德行，你将会获得门店为帮助员工成长提供的更多的各类学习晋升机会，进一步塑造一个完美的职业形象。同时，还应明白无论门店规模大小，都要将健康的身体素质、良好心态、服务意识视为从事美容行业最基本要求及聘用的前提。

学习任务

一、良好的心态

心态是所有能力的基础，是决定人们心理活动和左右我们思维的一种心理状态，是人们对自己、对他人、对社会、对事情、对问题的看法、观点及态度。员工的工作状态很大程度上是由员工的心态决定的，如果员工没有一个好的心态，工作状态不佳，精神萎靡不振，就会影响到美容店的业绩和服务质量，足以见得一个良好的心态在工作中的重要性。在对员工的培训或管理中应强调以下内容。

1. 学习的心态　美容行业发展迅速，随着行业的发展，美容消费者需求增加，以及高科技美容技术的应用，要求美容企业的员工要保持一颗学习的心态，不断学习美容新知识、新技术；同时要从每一次的经历中吸取经验，让自己获得进步和成长。根据自己的职业生涯规划和发展的目标定位，能够在自己日常的工作中有针对性地进行学习和自我提升。

2. *积极的心态* 让所有的员工都保持积极向上的心态，是每一个美容店所期望的。员工在工作中积极主动，能乐观地接受工作中遇到的挑战和困难，对自己的本职工作，以及门店的产品、服务、品牌和形象具有强烈的感情和浓厚的兴趣。让员工能全心全意地完成工作或处理事务，始终对未来充满憧憬和希望，对本职工作全力以赴地投入。

3. *感恩的心态* 每个人的力量都是有限的，工作中互相之间的帮助非常重要，常怀感恩之心，才能得到更多帮助。当你得到别人的帮助时，懂得感恩给予帮助的人，才能拥有良好的人际关系，从而使整个团队更加齐心协力，将美容店的业绩逐步提高。

4. *自信的心态* 自信是成就事业的基础，员工要有足够的自信，相信自己没有学不会和做不到的事情，只有从内心深处有了足够的自信，才能在工作中游刃有余，不轻易被困难打倒。

5. *务实的心态* 无论做什么事都必须脚踏实地，避免好高骛远，急于求成，特别是技术技能的提升。在对员工培训时，就应该强调务实的重要性，将员工从务虚的心态中转变过来，使其更好地为美容店服务。

6. *坚持的心态* 美容行业的从业人员流动性相对较大，很多员工流动的原因主要是缺乏坚持的心态，如果仅因为一点不如意就不能坚持，频繁流动的结果对个人和门店都会带来不利。对个人来讲，总是在适应新的岗位和环境，对门店来讲总在招新人。只有坚持下来，有足够的毅力，才会获得晋升和加薪的机会，最终走向成功。

美容店员工的心态培训，不仅能提高员工自身的素质，还能给门店带来利益，留住人才。员工的心态与员工个人性格有一定的关系，良好的心态是可以培养的。经营管理者要高度重视员工心态的培训，同时用自己最真诚的态度，与员工进行沟通，从而调动员工的工作积极性。将心态调整的理念贯穿于日常工作中，让员工的不良心态得到及时缓解和纠正。

二、健康的身体

根据国家《公共场所卫生管理条例》规定，美容行业直接从事服务的员工必须定期到具有健康体检资质的正规医院进行健康体检。有传染性疾病不得从事服务顾客的相关工作，如有以下身体缺陷时，不宜在美容师或其他美容岗位工作。

1. *口吃* 语言表达是美容行业各岗位常用的交流方式，特别是前台、美容师、顾问和店长等一线岗位，对语言表达要求较高，若有严重口吃者则难以适应此岗位工作。

2. *腋臭* 不能带给顾客舒适、温馨的感受，不适宜在美容一线岗位工作。

3. *四肢缺陷* 手部残疾、义肢等不适合操作岗位工作。

4. *五官不端正* 有缺陷，如兔唇、口齿不清，影响发音的准确性，一般不宜从事前台、美容师等一线岗位工作。

5. *身材瘦小* 如身高为 1.5 m 以下，体重 40 kg 以下者，大多数美容手法操作力度可能难以达到顾客的满意度要求，一般不安排操作岗位。

6. *视力缺陷* 高度近视、色盲等视力问题严重者，不宜从事美容操作岗位的工作。

三、服务意识

美容行业为服务行业，服务意识是产生并提高顾客忠诚度的前提条件，员工的服务意识对扩大品牌知名度和提升优质服务起到至关重要的作用。一般优秀的门店在服务方面都具有以下4个意识。

1. *超前服务意识* 服务用心，善解人意，体贴周到，在顾客未能说出自己的要求之前已为其想到，从而体现出主动服务和高效管理的理念。

2. *超值服务意识* 除了美容的环境和附加的服务以外，更关键的是提供服务的专业性。娴熟或独特的专业技术，才会让顾客有超值的感觉。因此，从开始的基本功训练到综合技能训练都应该引起重视。

3. *超常服务意识* 让顾客感受到超出行业标准的服务或超常规的服务项目。

4. *全程服务意识* 从迎接顾客到送客各个环节，环环相扣，做到“来有迎声、问有答声、走有送声”，让顾客感受到有序快捷、体贴周到的全流程服务。

四、责任意识

每一个员工都具有责任意识，企业老板赋予店长管理店面的权利，同时，店长应该对整个店面的员工负责，以及要承担把店面经营管理好的责任。只有每一个员工都有责任心，对待任何事情愿意承担责任，齐心想把工作做好，门店经营才会越做越好。

任务分析

1. *心态和健康* 这是树立良好职业形象的基础，越是竞争激烈越需要良好的心态和健康体质。管理者要时刻关注员工的心态，可以通过职业环境氛围和企业文化的熏陶，改变消极心态、不良行为，逐步养成良好的自律性，用职业道德规范要求约束自己。但是，培养的时间成本较高，在进入职场前，特别是在校学习期间，是性格形成的重要阶段，重视这方面的教育，为进入职场奠定良好的基础，才能很快适应。因此，企业校园招聘，把心态看得比知识和能力还重要，通常严格的制度约束，以会议、培训、优秀员工案例分享、树立榜样等多种形式，及时调适心态来规范职业行为。

2. *表达能力* 针对存在的问题，有目的、有计划地训练才能取得比较好的效果。有的因为性格内向、少言语、不自信；有的是习惯问题，如讲话的眼神、语速、语气。不同的问题训练方法不同，同样的训练方法未必效果一样。以结果为导向，结合岗位工作要求，以汇报工作、演讲、案例分享等形式进行训练，如新员工以常用礼貌用语、服务话术为例进行反复训练。面对顾客能自信、淡定地进行交流，对答自如，则需要在岗位不断实践中才能达成标准要求。

任务准备

1. 员工基本信息记录表（了解员工基本情况）。
2. 培训案例（诚信服务、优秀员工典型事迹等）。

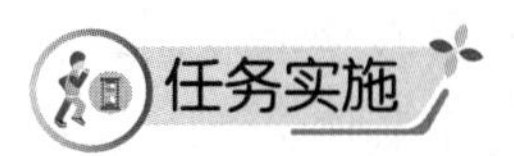

一、岗前训练

（一）军训

军训是很多美容店进行员工岗前训练的第一课，借助军事化训练和管理的理念，主要培养员工面对困难、克服困难的能力，培养坚强的毅力、超强的执行力，在团队中的良好沟通和协作力，百折不挠、压不垮的坚强意志及对待生活的态度等。军训的意义和价值是企业全面提升员工综合素质的一种有效途径，员工也逐渐意识到，从苦和累中学习，从磨炼中收获，从言谈举止中受益。

(1) 用严格的队列训练，规范员工的言行举止，培养员工的团队意识和集体主义精神。

(2) 用军事化的训练方法来培养员工的工作执行力度，强化纪律意识、服从意识，提升员工的综合素质。

(3) 通过用军人的言行举止来提升员工的团队精神面貌，增进向心力和战斗力，磨炼员工果断、勇敢、顽强、自制的意志品质。

（二）基本技能训练

以岗位基本技能训练为载体，把岗位工作基本要求与技能训练有机结合，强化员工基本职业素质要求，即爱心、感恩之心、责任心。让员工明白从事美容行业，首先应该热爱专业、热爱行业；懂得感恩，珍惜自己拥有的机会，掌握日常服务礼貌用语，熟悉基本的职业道德要求，能按岗位基本要求规范自己的日常行为。

二、“严格管理＋人文关怀”管理模式

把严格管理与人文关怀有机结合起来，刚柔并济、以人为本，以理解、尊重、依靠员工作为重要管理导向。一方面，通过组织结构和管理层次，健全严格细致、公正透明、操作科学的管理制度体系，制定实用有效的管理规章，规范和约束员工的行为。另一方面，用激励、感召、启发的方法，凝聚人心、鼓舞士气，挖掘员工的潜能，调动其积极性、创造性，促进员工理解企业的规章制度和行为规范，进而转化为积极上进、自觉遵守的实际行动。

三、案例分享

美容店管理的难点是对人的管理，也就是对人的心态管理。心态管理实质上是美容店的文化建设。努力使员工建立起与美容店相一致的文化和心理，是心态管理/文化建设的根本目的。因此，心态管理的内容不是统一的，而是因美容店而异。但是，优秀的职业化店长心态管理有共同之处，如积极阳光、主动热情地服务顾客，勤奋学习专业务实的基本功，以老板的心态从门店利益出发考虑问题等。心态管理/文化建设有很多具体的方法，例如企业文化宣讲、拓展训练等。但是，文化的教育与其他的教育不一样，最重

要的应该是一种身教而不是言教。所以，美容店店长这个管理者角色是身教的主体，店长处理与顾客、与员工、与个人等相关的问题时所秉持的原则和心态是其他员工关注和学习的焦点。店长能够以身作则、率先示范，其他员工就能够积极学习和模仿，即使难以完全做到，也会在门店内形成良好的文化氛围，而这种良好的文化氛围是吸引和留住人才的关键所在（图 2－1－1－1）。

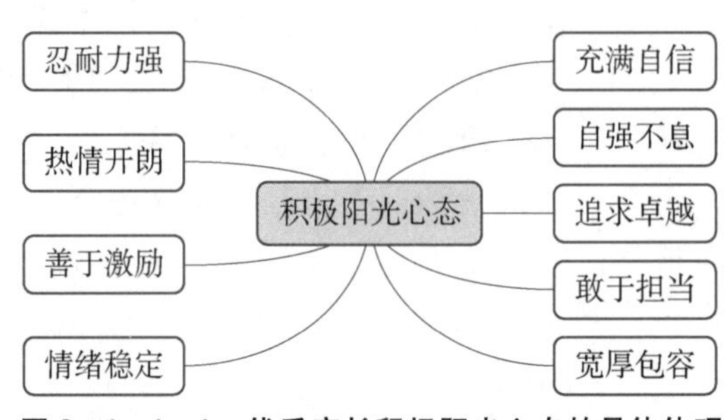

图 2－1－1－1　优秀店长积极阳光心态的具体体现

情景　店长心态培训

店长的工作内容类似于交响乐团的总指挥，既要按照乐谱正确指挥，还要协调全体成员的演奏。所以，店长不仅要认清自己的主导角色，明确自己的工作范围和职责所在，还要时刻调整好自己的情绪和心态，这样才能在门店这个舞台上发挥自己的优秀才能。

1. 积极阳光的心态　所谓积极阳光的心态，一方面是指店长的心理状态是阳光乐观的；另一方面是指店长的态度是积极主动的。

心态调整方法举例 1

2. 主动热情的心态　主动热情的店长总是受到老板的支持和员工的尊重，主动热情地去为门店创造良好的工作氛围和销售业绩，掌握实现自己价值的机会。

3. 专业务实的心态　专业务实就是以专业知识为基础，切实地执行销售管理工作，建立一支优秀的员工队伍和忠诚的顾客群，为门店创造稳定的销售业绩。广博的专业知识既可以随时指正员工的错误，在关键时刻还可以获得顾客的信心和领导的认可。

心态调整方法举例 2

4. 空杯学习的心态　人无完人，任何人都有自己的缺陷，自己相对较弱的地方。作为店长也许你在专业的销售技巧方面已经有了丰富的积累，但是在团队协作、同事关系、顾客维护等方面，还有很多需要学习和改进的地方。

心态调整方法举例 3

5. 老板的心态　店长只有具备了老板的心态，才会尽心尽力地去工作，才会去考虑门店的成长和门店的成本，才会意识到门店的事情就是自己的事情，就会知道什么是自己应该去做的，什么是自己不应该做的。反之，如果工作时得过且过，不负责任，认为自己永远是打工者，门店的命运与自己无关，那么，就肯定得不到老板的认同，自己的人生价值就无法得到体现。

总之，什么样的心态决定了什么样的生活。唯有心态解决了，才会感觉到自己的存在，才会感觉到生活与工作的快乐，才会感觉到自己所做的一切都是理所当然的。

任务评价

1. 如何在工作中保持积极阳光的心态？

2. 如何及时调整员工的不良心态（如功利浮躁心态、心理疲劳提不起热情、面对顾客投诉及心情沮丧等）。

能力拓展

某美容店准备出台的员工管理制度中，规定以下情况的员工不录用。现根据岗位基本素质要求，对该美容店的规定进行落实。除此而外，还有哪些违反岗位基本素质的行为，请补充说明。

1. 工作期间玩手机的员工　上班时间玩手机，把工作当混日子，没有责任心，这样的员工会影响到整个团队，起到消极的作用。一旦录用，将影响整个美容门店的运营和发展。

2. 缺乏团队精神的员工　美容门店是服务场所，从经营管理者到工作人员，共同组成团队，团队要鼓励每一位员工认真对待工作，不轻易服输，用业绩说话。但是，如果某一位员工没有团队精神，喜欢在背后搞小动作，不顾门店的利益，自以为是，这样的员工，会带坏门店的风气，破坏团队的和谐。

知识链接

如何成为一个有威信的店长——锻炼“四力”

1. 无形的影响力　言行举止（价值判断、思维方式和行为方式）成为店员效仿的对象。

2. 巨大的感召力　令出则行，令禁则止，一呼百应，接受其领导的人所占比重大，且指挥灵敏度较高。

3. 向心凝聚力　店员以归属的心理围绕在你身边，心甘情愿地接受以领导为核心的组织。

4. 磁石般的亲和力　店员主动向你敞开心胸，聆听你的教诲，和你缩短心理距离（但别以“说教”为威信走入误区，言多必无信）。

（王　卓，连金玉）

任务二 员工日常行为规范管理

学习目标

1. 树立与体现美容店良好形象。
2. 掌握美容店员工的行为规范标准。
3. 提高员工整体素质，强化劳动纪律、规范员工行为、增强责任感、提高工作效率、提升服务质量。

情景导入

美美是美容店的一名顾问，对自己的要求非常高，每天把自己收拾得干干净净，妆容、发型、穿着都是按照公司的员工行为规范标准执行，语言沟通亲和力很好，整体看起来觉得很舒服，各方面表现得非常专业，顾客也非常喜欢这个顾问。

丽丽也是一名美容顾问，每天邋里邋遢，披肩散发、不化妆、衣服皱巴巴，在店里说话声音很大，和谁说话都像是在吵架，自我主观意识还很强烈，不愿意听取别人的意见，主管多次沟通要求她改进，但效果不明显，非常令人头痛。

美美、丽丽都是美容店的美容顾问，每天都在服务不同的顾客，但是她们的工作结果截然不同，这是为什么呢?

学习任务

在企业文化建设工作中，要让全体员工的行为与企业文化的要求一致，就要把企业文化变成相应的行为规范与管理制度，能落到实处，可以影响着员工的言行举止，这样才能真正让员工与企业同频共振、众志成城。

一、行为规范

（1）职业道德基本要求：爱岗敬业、遵纪守法、勤奋工作、学习创新。

（2）团结协作、诚信奉献、关心社会、遵守公德。

（3）严格遵守国家法律、法规和各级政府的有关政策，自觉遵守行业规则，遵守门店的各项规章制度，并忠实执行。

（4）热爱美容店，自觉维护门店荣誉与利益，时刻牢记自己是门店的一员，一言一行代表美容店的形象。

(5) 履行岗位职责，勤勉敬业。热爱本职工作，认真执行工作标准、岗位职责和工作程序。

(6) 不断提高自身专业技术水平。勤奋工作，干一行，专一行；用心做事，追求卓越；干一流工作，创一流业绩，做一流员工。

(7) 弘扬团队精神，互相尊重、互相关爱、互相帮助、互相支持，建立“大家庭”氛围；为人诚信正直，不弄虚作假，讲求诚信，信守承诺，不损害美容店及顾客的合法权益。

(8) 树立正确的人生观、世界观、价值观，自觉履行公民的社会责任；遵守公德，自觉维护公共秩序。

(9) 服从命令，敬业负责，尽忠职守，互相尊重，共同致力于优良作风及公共秩序的维护。主管人员应尊重所属员工的人格，致力于统筹和指导以增进其技能和工作效率，并应率先垂范。

(10) 友好相处，同心同力。不得有滋事生端、扰乱秩序、妨碍营运或毁坏公物等行为。

(11) 在承办事务或接待顾客时不得收受馈赠，若涉及本身或家族利害关系时应回避。

(12) 员工除办理本美容店业务外，不得对外借用本店名义及利用职务之便为自己或他人谋取利益。

(13) 员工不得携带违禁品（易燃易爆等物品）及与工作无关的用品进入工作场所。

二、工作纪律

(1) 基本要求：遵规守纪、恪尽职守。

(2) 提前到岗做好准备工作，以饱满的热情和良好的精神状态投入到工作中。

(3) 接待前来门店的顾客要和蔼可亲，热情、有礼貌，做到首问负责。

(4) 上班不迟到、不早退、不旷工，请假或公事外出严格按照门店规定履行审批手续，向主管领导提交申请，说明时间、事由，审批许可后方可离岗，杜绝有来访人或来访电话时不知当事人去向的现象。

(5) 工作期间不在工作场所说笑逗闹，不闲谈、不串岗、不大声喧哗、不干私活、不敷衍怠工，不擅离工作岗位，手机铃声适度，以免影响其他人办公。按时高效、保质保量完成当班工作，严格遵守安全操作规程，不在班前和工作期间饮酒。下班前认真检查、总结，做到日事日毕。

(6) 员工要充分利用网络提高办公效率，上班时间，不得上网查阅与工作无关的信息，不得利用网络办公设施进行娱乐活动；在网络上交流时，不得对别人进行人身攻击，不得传递虚假信息，不得利用计算机设备进行非法活动；下班或是离开门店前要将计算机关闭，离开座位 30 分钟以上要关闭计算机屏幕；注意保管好自己的专用登录密码，做好专业信息的保密工作。

(7) 对待合作、同事间应互相配合，不能相互拆台或搬弄是非。面对困难，应勇往直前，百折不挠。待人接物态度谦和，以促进同事的团结，获得顾客的信赖与支持。服从门店领导工作调动与安排。

(8) 管理人员在工作中应待人礼貌谦和，语速音量适中，不影响他人工作。

(9) 工作讲求效率、注重纪律，讲程序、讲规矩，按层级请示汇报。

(10) 自觉维护工作区域环境卫生。

三、仪容仪表规范

准备妆容

员工着装应当遵循稳重大方、整齐清爽、干净利落的原则。门店员工的仪表、仪容会直接影响公司的声誉及格调，必须充分认识到这一问题的重要性。

(1) 员工必须保持服装整洁，并按指定位置佩带员工证或员工铭牌，门店所发的工作制服、鞋袜等物品要自觉爱护，切忌衣装不整。

(2) 不得披头散发，宜保持清新淡雅之淡妆，不得浓妆艳抹，并避免用味浓的化妆品。

(3) 在集会、礼宾、涉外活动和其他有必要统一着装的场合，必须按要求规范着装。

(4) 在工作场所内，男员工避免穿背心、短裤；女员工避免穿无袖、露背、领口过低的上衣和超短裙。

(5) 女员工在工作时间可施淡妆，但不宜浓妆艳抹，不宜佩带过于耀眼的首饰。

(6) 男员工要做到定期理发，发型发色不怪异，保持清洁整齐，不宜留长发，不宜蓄长发留长胡须，不宜剃光头。

(7) 讲究个人卫生，不蓬头垢面，仪态自然得体。

四、言行举止

1. 行为举止规范　坐立行走姿势端正；工作场合与顾客、领导、同事见面要点头微笑致意，使用礼貌用语；工作期间杜绝吵架、无理取闹等不文明行为；在办公场所谈话，要以不影响他人工作为宜，保持安静、严肃的工作气氛；商务活动中时刻注意自己的言谈、举止，保持良好形象；面对顾客时保持适度的微笑；电梯、走道等处，应让顾客先行，女士先行，不挟碰顾客，养成礼让的风尚。

2. 电话礼仪规范　在接打电话时，应使用礼貌用语。要先道“您好”，并自报单位、部门名称和姓名；如拨错号码，应礼貌表示歉意，说声“对不起”；如接到打错电话，应客气告之；电话铃响3次以内应接听，如两部电话同时响，应及时接听一个后，礼貌请对方稍后，分清主次分别处理；未能及时接听的电话，要回拨电话，并表示歉意；对重要内容应复诵并做好记录；通话结束时，一般要等对方挂断后，再放回电话；使用办公电话应简明扼要，声音不宜过高，时间不可过长；不使用公务电话谈与工作无关的内容。

3. 会议礼仪　开会时，按会议通知要求，统一着装。在会议开始前按规定时间入场，不迟到、不早退；进入会场，应按规定依次入座，没有规定时，应先坐满前排后，再逐一入座；关闭手机等通信工具或设置为振动模式；认真听会并做好会议记录，会场内不喧哗、不交头接耳、不窃窃私语、不打瞌睡，不做与会议无关的事情；保持会场清洁；会议结束后待领导和来宾离场后，再按次序退场；保存好会议资料；对涉及门店会议决

议要无条件服从和执行，并按要求及时做好向上报告和向下传达落实工作；不打听和外传会议上未议定或议定尚未公开的事项。

4. 文明用语

问候语：您好、早、早上好、下午好、晚上好、您辛苦了。

告别语：再见、晚安、明天见、祝您一路平安、欢迎您再次光临。

道歉语：对不起、请原谅、打扰您了、失礼了。

道谢语：谢谢、非常感谢。

应答语：是的、好的、我明白了、谢谢您的好意、不要客气、没关系、这是我应该做的。

征询语：请问您有什么事吗？我能为您做什么吗？您有别的事吗？等等。

请求语：请您协助我们××××、请您××××好吗？

商量语：××××，您看这样好不好？等等。

5. 接待顾客礼仪

(1)“您好、请、对不起、谢谢、再见”十字文明礼貌用语不离口。

(2) 接待顾客有“三声”(来有迎声，问有答声，走有送声)。

(3) 服务时“四轻”(走路轻、说话轻、开门轻、拿放物品轻)。

(4) 员工不得对顾客无礼，不得讥讽顾客或对顾客不理不睬，不得与顾客争辩。

6. 态度礼仪

(1) 效率：要有高效率、快节奏的工作姿态，提供服务要快，解决顾客提出的问题要快。

(2) 责任：尽职尽责，不出差错，严格执行交接班制度，顾客反映的问题件件有回音，如有疑难问题，要及时向上级有关部门反映，以求圆满解决。

(3) 协作：各部门之间、员工之间要互相配合，通力合作，在顾客面前不得推诿扯皮。

(4) 忠实：有事必报，有错必改，不允许提供假情报，不准文过饰非，阳奉阴违，诬陷他人。

(5) 礼仪：这是员工对顾客和同事的最基本态度，要面带笑容，使用敬语，“请”字当头，“谢”字不离口；接电话时，先说问候语，做到顾客至上，热情有礼。

(6) 喜悦：最适当的表示方法是常露笑容，表现出热情、亲切、友好的态度，做到精神振奋、情绪饱满，给顾客以亲切和轻松愉快的感觉。

五、证件及铭牌

为建立企业形象、提高员工荣誉感，并配合人力资源管理需要，增进员工互相了解，由人力资源部制发工牌。

(1) 工牌一律带在上衣指定位置上，不得挂于其他位置或用外衣遮盖，违者以未带工牌处理。

(2) 工牌如有遗失或损坏，应向有关部门及人力资源部申请补发。

(3) 员工工牌不得转借他人。

（4）员工离职时应将工牌交还人力资源部注销。

（5）员工在美容店范围内必须佩带工牌，部门主管有权随时检查有关证件。

（6）各部门负责人应认真配合，督促属下员工遵守本规定。

（7）凡有下列情形之一者，视情节轻重予以适当处分、解雇或移交司法机关处理：①利用工牌在外做不正当的事情；②将工牌借给非本门店员工，而其在外肇事或破坏本门店名誉。

六、制服要求

（1）本门店除店长及店长特别批准人员外，其他员工上班必须着工服。

（2）员工制服由门店发放。员工有责任保管好自己的制服，同时应当爱惜使用，如有遗失或故意损坏，应向有关部门及人力资源部申请补发。

（3）员工离职时必须将制服交还给本门店，如未交还者，按制作成本赔偿。

（4）着装规定：①穿着工服即代表本门店之精神，必须保持整洁；②为方便工作，工服可以穿出门店以外；③员工在上班时间内，要注意仪容仪表大方、整洁、得体；④员工着装规定应参照人力资源部公布的着装照片标准为主。

七、环境卫生维护

1. 爱护公物

（1）爱护美容店的一切物品，按照相关规定进行设备的保养及环境的维护、资料的保护，节约用水、用电和易耗物品，不得乱拿乱用公物，不得把有用的公物弃置。

（2）公司职场内不接受代客保管物品。如有特殊顾客要求物品代管，应由员工及当班主管确认，并做专柜保管，物品缺失责任自负。

2. 维持环境卫生

（1）职场中不可放置其他私人物品及危险物品，应保持整洁。

（2）养成讲卫生的美德，不随地吐痰、丢垃圾，如在公共场所发现有垃圾应随手捡起。

3. 员工衣柜

（1）员工衣柜只存放工服及个人物品，不得存放食品或其他危险品，并应保持清洁。

（2）请勿将贵重物品存放在衣柜内，若有遗失本门店将不负任何责任。

（3）员工衣柜钥匙只限使用人拥有一把，本人及其他任何人都不得私自配制。

八、安全守则

1. 安全要求

（1）员工发现存在安全隐患，应立即报告部门主管，使之提早预防。

（2）员工因工受伤，需立即通知部门主管、人力资源部门，并及时治疗，由主任级以上人员及时填写《工伤事故报告单》，将事故经过、原因报人力资源部核实。

2. 火警及防火措施　如遇火警，必须落实以下措施：①保持镇静；②与上级部门及同事取得联系，紧密配合，及时关闭电源；③使用灭火设备将火扑灭；④如火势扩大，导致生命危险，必须撤离现场；⑤及时通知消防队及其他有关部门；⑥组织疏散。

3. 消防安全规范

（1）灭火器是消防专用的重要工具之一，各经营场所、货仓等均应按规定配备一定数量的灭火器，未出现火情，任何人不得搬运或推压灭火器。

（2）安全管理部门是消防管理的责任部门，所有消防设施不准他人私自动用，消防用水及高压水枪供水情况应随时检查，对管道及水枪故障要及时处理，并须备有灭火器械及水枪分布记录与门店消防平面图。

（3）存有易燃品的工作场地、货仓等应随时保持空气流通，安全规范使用安装和摆放，并专人负责。

（4）工作区内严禁携带火种，未经许可，非工作人员严禁入内。

（5）保持消防通道畅通，任何部门均不得堵塞消防通道，全体员工必须爱护消防设施，保证消防设施正常使用。

（6）要求每位员工必须掌握灭火工具的使用和紧急撤离常识，提高全员的消防意识。

（7）工作区、宿舍内不准私拉乱接电线，对线路必须派专人随时检查，发现隐患及时解决，宿舍内严禁烧电炉、煤气炉。

（8）未经培训的工作人员不可以接触水电总开关、锅炉开关（否则引发后果，员工将负一切责任）。

（9）各部门应高度重视消防安全工作，采取积极有效措施，严格自查，找出隐患，提出相应改进措施；对安全消防工作一定要落到实处，对因失职造成损失、出现事故的，将追究当事人及主管的责任。

4. 安全用电管理

（1）非电工勿乱动公司内的任何电源设备。

（2）不准乱拉电线、私接电器。

（3）遇有人触电或电器设备失火应立即切断电源，然后再施行抢救和灭火工作。

（4）如发现异常现象，须立即通知电工。

（5）因工作需要，需改装电路或另接电器的，请通知电工安装。

（6）安全节约用电，人人有责。

5. 疏散与保护

（1）疏散人群与保护财物，是灭火战斗的一项重要任务。一旦发生火灾，对门店财物的保护要分清主次、缓急，行动要迅速，方法要得当，要最大限度地降低人员伤亡及财产的损失，并注意避免混乱；开辟疏散道路，疏散出的物品、人员要避免再次堵塞疏散通道，应安置到免受烟火等威胁的安全地点。

（2）对受伤人员，除在现场实施急救外，应及时送至医院。

（3）定期举办消防、急救等的相关培训、演习。

九、处理投诉规范

（1）全体员工必须高度重视顾客的投诉，要细心聆听投诉，让顾客畅所欲言，把顾客的意见作为改进本门店管理的不可多得的珍贵教材。出现投诉应予立即解决，不得推卸责任，不得拖延。

（2）如果顾客投诉的事项不能或不需要立即解决，应书面记录投诉细节，并勿忘多谢顾客并就事件致歉（注意只是致歉），然后迅速通知或转报有关部门处理。

（3）事无大小，对顾客投诉的事项如何处理，必须附有处理意见。

（4）投诉事项中如涉及本人，其记录不得涂改、撕毁，更不得做假。

（5）投诉经调查属实的可作嘉奖或处罚的依据。

十、服从与团结

（1）员工应切实服从并完成直属上司指派的任务，不得无故拖延、拒绝或终止工作。

（2）分派的工作必须于指定完成日期完成，主管必须以“工作下放单”形式安排工作。

（3）对上司及部属均须礼貌对待，不得顶撞上司，不得辱骂下属，尤其是在公共场所。

（4）员工之间要团结友爱，互相帮助，讲究礼仪礼貌，严禁对同事使用粗言秽语。

任务分析

所谓没有规矩就不成方圆。一个国家有一个国家的规矩，一个企业员工也必须要遵守企业的规矩。一个优秀的企业，体现它的良好精神面貌是从员工的言行、举止、衣着上来体现的，员工是企业的主人翁，是企业的灵魂，员工行为规范的好坏，直接体现一个企业的面貌。员工行为是企业直接面对公众的窗口，其行为直接影响到公众对企业的态度。

员工行为规范是企业员工应该具有的共同的行为特点和工作准则，它带有明显的导向性和约束性，通过倡导和推行，在员工中形成自觉意识，起到规范员工的言行举止和工作习惯的效果。同时也是为了给大家创造更好的工作环境和条件，让大家能身心愉悦地享受工作带来的乐趣，并有利于店内运营管理，保证正常的营业秩序和良好的工作状态，保障企业的可持续发展。

任务准备

1. 建立修订相关员工行为规范的标准与制度。
2. 颁布员工行为规范的标准与制度。
3. 组织员工进行有关员工行为规范的培训与考核。

任务实施

小张是一家美容店的店长，刚上任不久，针对员工行为规范经常遭投诉的问题，想彻底调整一下。首先，她针对重新修订的有关员工行为规范的标准与制度、奖罚制度，对员工进行培训、考核，最后做成场景化的标准海报张贴出来，时刻提醒遵守、参照执行。

▶案例1 员工形象标准

员工所想的、所说的、所做的每一件事，甚至仪容仪表都会影响到顾客的反应，会给美容店带来影响。

与顾客从陌生到朋友，需要掌握一些基本技巧，这就要涉及一些细枝末节，这些小节我们可能根本不会去注意，但是，很多人就是从小细节来观察一个人的。对于直接面对顾客的工作人员来说，行为规范十分重要。所以，美容店要想经营得好，必须有自己的美容店员工的行为规范标准。那么如何制定才是好的标准呢？

高品质、高能力的员工都是严格要求出来的，顾客进店第一眼，可以通过员工的穿着、打扮、妆容、语言、行为、动作等来判断这个店是否专业、服务是否到位。

▶案例2 员工安全意识培训实例

由于××美容店之前没有举办过安全意识的培训，由于漏电差点引发火灾事件，针对此情况，店长总结经验做出以下措施。

（1）每季度组织一次员工消防演习培训，增强员工消防意识。

（2）每月组织两次行政总部人员到美容店进行设施、设备检修与维护，排除安全隐患。

（3）制定美容店安全管理制度，值班经理定期进行水电设施设备的检查。现在有些美容店缺乏安全防范的意识，导致经常出现安全隐患。制定美容店安全管理制度，是保障美容店正常运营的措施之一。

任务评价

1. 美容店员工为什么要学习行为规范标准？
2. 员工行为规范带来的好处和弊端是什么？
3. 员工行为规范如何管理？

（黄晓惠，饶丹妮，连金玉）

02

模块二 员工管理

单元二 组织架构

内容介绍

建立完整的人员配备体系是美容门店实现长远发展的必要选择。合理搭建或优化大中小型门店组织架构，发挥现有人力资源优势，使其各归其位、各司其职，责权分明。通过建立和完善岗位评价体系和员工激励约束机制，对员工的工作进行客观、公正的评价，营造公平、公开、公正的竞争机制，激发员工潜力，为其创造发展渠道和上升空间，提高员工积极性和忠诚度，实现美容门店以最少的成本获得最大的效益。

学习导航

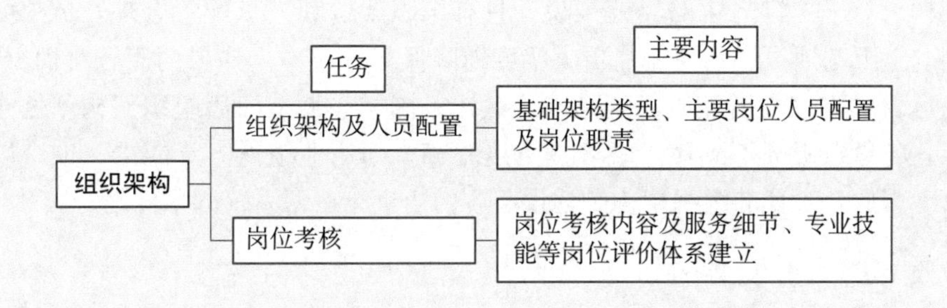

任务一 组织架构及人员配置

学习目标

1. 了解美容门店基础架构及其与业绩的关系。
2. 熟悉美容门店基础岗位工作内容及岗位职责。

情景导入

某美容店老板周女士本身是私企文员，工作之余开了一家面积为 200 m^2 左右的美容店，只有 3 个美容师，开业将近 1 年，固定顾客却只有 50 个左右，月营业额不到 1 万元，一直处于入不敷出状态，周女士认为顾客不多，她每天下班后到店里兼管理工作，就没有聘店长。像这样组织架构不健全的美容店，会有业绩吗？通过对美容门店组织架构的学习，可以了解架构与业绩有什么关系。

学习任务

美容门店是美容企业服务于顾客的经济实体，其组织架构以门店的规模大小决定，规模越大，岗位分工越细，设置的岗位就越多。店长、美容顾问、美容师这 3 个岗位是最基础的架构。对于美容门店的经营来说，只有组织架构和人员配置合理，员工的执行力才会更高，上下沟通更顺畅，还能更大幅度地降低运营成本。如果门店较小而分工过细，将会导致运营成本大幅增加，甚至是入不敷出。同样，大型门店组织架构不健全，因为岗位缺人，将导致服务不到位、顾客满意度不高、门店业绩低、产能少，也难以支撑门店的运营。因此，合理的组织架构是建设美容门店生态运营系统的条件之一。

一、美容门店组织架构

（一）组织架构类型

1. 架构不健全　只有老板或店长和美容师。如情景导入中周女士的美容店，这种架构类型业绩低，产能少，难以维护。

2. 架构太臃肿　设置岗位与门店规模不匹配，即僧多粥少的现象，以至于某些岗位事少或没事做。架构太臃肿，运营成本高，门店难以支撑。这一架构类型一般见于缺乏管理经验的小型门店，盲目追求大而全的组织架构。如门店面积不到 60 m^2，5 张美容床，

设有店长、顾问、美容师、保洁员、前台等共9～10人。

3. 架构较合理　美容门店最基础的架构是店长+顾问+美容师的组合。但美容门店的组织架构不能照搬硬套，也不是越全越合理。搭建组织架构的目的，是为了对现有的劳动力进行优化，提高生产力、产能和产量。应该是在什么阶段，就用什么架构，搭建或调整架构与规模效益匹配，能更好地发挥现有人力资源的优势，业绩稳定、产能高，实现成本最小，人员效益最大化。

（二）人员配置

1. 小型美容门店人员配置　规模小的门店，设施简单，人员少，店里所有人都身兼数职，岗位分工不是特别清楚，一般情况是老板兼任销售、行政、收银、仓管等工作，美容师主要负责前台接待、顾客操作工作，保洁员负责打扫卫生等。

例如门店面积在30 m^2 左右，店内功能分区较简单，除去前台、休息区，就只有2～3张美容床。像这种小型美容门店，出现大批顾客同时到来的情况不多，每月的业绩也不是很高，在人员架构上需要尽量精简，节省人员的开支。整个门店2～3人，这样的人员架构，店长要是多面手才能产生业绩，既能统筹店务管理，也充当顾问、前台收银的角色，忙碌的时候还要充当美容师的角色。

2. 中型美容门店人员配置　中型美容门店面积一般在60～150 m^2，美容床有5～10张，这样的门店就需要有单独的店长和收银员。一般岗位设置有店长、顾问、美容师。店长负责安排和监督店内员工的工作，并承担着辅助美容顾问及销售的职责。顾问负责接待顾客、给顾客登记档案及办卡等，同时还要兼美容师服务顾客等工作。美容师负责项目操作的同时还配合顾问的工作。在美容师的配置上，开业前期可以按照每2张美容床配备一个美容师的标准来，到了后期顾客多了，生意好了，再根据实际情况来增加美容师。至于美容门店的卫生方面，由前台和美容师轮流来做即可。

3. 大型美容门店人员配置　美容店发展一段时期后，业务收入稳定，项目稳定，人员相对稳定，规模逐渐增大，员工越来越多，这就需要组织架构健全合理，以提高人员效益和业绩，岗位分工进一步细化，同时岗位职责更加明晰（图2－2－1－1）。员工各司其职，不仅给所有顾客最好的服务，同时也能体现出员工各自的专长和优势。一般岗位设置有行政、技术、销售3个方面。

（1）行政岗位：店长、店长助理、收银员、保洁员等。

（2）技术岗位：技术主管、美容师、配料师等。

（3）销售岗位：前台、美容顾问等。

每个人都有自己的专属职责，尤其是收费必须指定专人负责，这样才不至于出现问题时找不到责任人。配料员也是成本控制的重要角色。有了适合的组织架构和岗位职责，员工各司其职，能随时保持美容店内的干净整洁，为顾客提供贴心的服务，如为顾客端茶送水，提供一些养生甜点等。

二、岗位描述与岗位职责

美容门店因规模大小不同，或同一门店所处的阶段不同，同样岗位的岗位职责也不

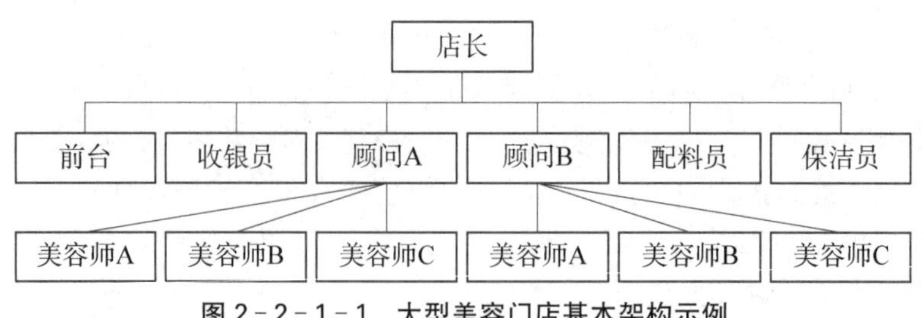

图 2-2-1-1　大型美容门店基本架构示例

尽相同。一般中小型门店组织架构不健全，没有严格的规章制度及明确的岗位职责。而大型美容门店组织架构健全，分工明确，岗位标准及规章制度较完善，各岗位的员工都清楚知道本岗位所享有的权利、责任和义务，是否胜任岗位工作，也清楚自己与标准有多大差距，该如何最大限度地发挥自己的职责和职能。

（一）主要岗位描述

1. *前台*　前台是门店至关重要的一个岗位，也关系着顾客对门店的第一印象。所以前台美容师的责任非常重大。前台主要负责门店店容店貌、迎送顾客、顾客预约、合理安排顾客到店护理、回访、电话投诉，保证收银准确无误，及时准确与财务部交接。

2. *美容师*　美容师是与顾客直接沟通，且近距离接触时间最长的服务人员，因此工作程序与工作质量在美容店的经营当中至关重要。美容师要懂得顾客消费心理及性格，要掌握各种美容仪器的原理、操作技能，严格操作程序。热情接待顾客，耐心细致地为顾客服务，确保服务质量及疗程效果，提升顾客满意度。

3. *美容顾问*　美容顾问是具有专业美容养生知识的资深美容师，不仅为顾客提供专业的美容服务，也致力于解决顾客的问题。在店长的领导下，负责接待顾客，了解顾客的美容需求，介绍门店美容项目及服务，为顾客设计美容方案，及时反馈顾客投诉、建议和处理意见，指导美容师工作，提高服务质量，协助店长管理好门店美容师的技术、考勤、仪容仪表、卫生、仪器安全等。

4. *店长*　店长负责门店全面管理工作，包含销售、顾客服务、门店的品牌形象、员工管理、成本控制及店内所有设施的安全等。保证本店日常经营规范化、效益化、安全化。负责制定工作计划并带领团队完成业绩目标等。

（二）岗位职责

岗位职责是指按一个岗位所要求的需要去完成的工作内容，以及应当承担的责任范围，需要对自己从事的岗位负责。很多美容门店岗位职责制定是从岗位本职业工作、直接责任和素质要求 3 个方面提出具体的要求。岗位职责制定应注意以下几点。

（1）让员工自己真正明确岗位的工作性质。发自内心自觉自愿地将工作压力转变为主动工作的动力，激励员工实现所在岗位设定的岗位目标。

（2）岗位的目标设定、准备实施、实施后的评定工作都必须由该岗位员工承担。让该岗位员工认识到这个岗位中所发生的任何问题，由自己着手解决，所在岗位是个人展现能力和人生价值的舞台。所在岗位各阶段工作的执行，应该由岗位上的员工主动、自觉

自愿，凭个人的自我努力和自我协调能力去完成。

(3) 力求工作成果的绩效实现最大化。企业应激励各岗位员工除了主动承担自己必须执行的本职工作外，也应主动参加对工作完成状况的自我评价。

(4) 在制定岗位职责时，要考虑尽可能一个岗位包含多项工作内容，丰富的岗位职责内容，可以促使一个多面手的员工充分的发挥各种技能，也会收到激励员工主动积极工作意愿的效果。

(三) 岗位职责制定

如前所述，职责是职务与责任的统一，由授权范围和相应的责任两部分组成。以店长、技术主管、美容师、配料师岗位为例。

店长岗位说明书

1. 店长　门店业绩目标达成的运营管理、制度的制定及执行等。主要包括门店标准化管理、人员管理及职业分配、经营数据分析、活动策划、例会组织等。

技术主管岗位说明书

2. 技术主管　协助店长进行技术指导、督促美容师操作规范、手法准确，了解顾客对操作的满意度；新技术的学习及培训，与美容师共同制订合理的护理方案，指导并帮助美容师分析顾客及业绩情况，完成业绩指标，推动业绩提高。

美容师岗位说明书

3. 美容师　顾客到店后严格按照公司服务规范服务于顾客，待客谦和礼貌，专业技能扎实，服务品质优良，塑造良好专业形象；顾客资料填写要及时、准确、清楚、工整并签名确认；根据顾客的情况，定期或不定期对顾客进行恰当的回访；配合美容顾问工作；做好所负责的区域清洁、仪器保养维修等。

4. 配料师　熟悉调配室的卫生管理制度，妥善保管好产品；熟悉产品用途及调配流程，严格执行调配制度，合理调配产品；熟练使用各类调配量具，会辨别各种产品变质现象等（见 1－2－10 页二维码）。

任务分析

企业所设置的部门机构及岗位虽然其发挥的职能不同，但是他们之间是相互影响、相互联系的一个有机整体。

合理的岗位设置、有效明确的职责分工，对于美容店的发展来说是至关重要的。如果岗位设置不合理，没有明确人员架构与业绩的重要性，那么门店人力资源配置就会出现问题，员工的责任与权利也不清晰，只有明确自身的岗位职责，才能充分发挥自身的岗位职能，提高工作效率。美容门店组织架构是否合理，衡量的标准就是业绩产能的高低。很多老板知道自己美容店的架构有缺失，也在努力补充，但却在用人上屡屡受挫。受挫的原因除了不清楚选人、用人的标准以外，更重要的是在不清楚各个岗位职责及用人标准的情况下去招聘员工。由此可见，有合理的人员架构、岗位分工及岗位职责明确，才会有好的业绩。

任务准备

1. 调研材料：门店基本信息、员工基本情况等资料。

2. 同类门店组织架构、岗位设置及岗位职责。

任务实施

1. 工作分析　根据门店各类岗位最基本的工作进行分析和评定。岗位设置及人员架构应考虑以下几个方面。

（1）设置该岗位的目的是什么？对门店运营有什么帮助与影响？

（2）该岗位需要什么知识或技能？任职的要求是什么？

（3）该岗位具体完成哪些工作？

（4）该岗位应承担的责任是什么？影响度如何？在人员架构中的地位和作用如何？

（5）该岗位需要多少人？

2. 确定组织架构及人员分工　根据门店的规模来确定组织架构及合理的人员分工。

3. 其他　编制组织架构图、制定岗位职责。

▶ 案例

某美容品牌公司将在二线城市商业中心的万达广场4楼，新开一家美容门店，面积为350 m^2，有美容床15张。根据该门店的规模，进行岗位设置及岗位工作分析，考虑该店为新开门店，客流量暂时不会很多，但又要体现品牌公司的品牌形象和气势。

（1）根据该门店提供的信息，该门店采用大型门店组织架构设置相关岗位，考虑该门店为品牌公司，开业有市场部支持，且处于流量大的商圈中心，因此，岗位设置为：店长（1人）、前台（1人）、美容顾问（2人）、技术主管（1人）、美容师（9～10人）、保洁员（1人）、配料员（1人）。

（2）根据以上岗位设置，明确各岗位的分工及职责。

（3）制定该门店组织架构图。

（4）美容师9～10人，分为初、中、高不同级别。

任务评价

1. 想一想，美容门店人员架构与业绩的关系。

2. 怎样帮助情景导入中的周女士走出困境？

能力拓展

参考职位说明书样例（见前面二维码），编制技术主管、配料员职位说明书。

（王　卓，连金玉，胡增青）

任务二 岗位考核

学习目标

1. 掌握考核员工的考勤制度。
2. 掌握调研顾客满意度的具体方法。
3. 掌握考核员工的手法技能和专业技能。

学习任务

一、岗位考核内容

（一）考勤考核

考勤考核是考核员工是否遵守上下班时间进行打卡，是否有迟到、早退、脱岗、旷工以及做与工作不相关事情的行为。

（二）专业能力考核

1. 服务细节满意度考核　员工服务完顾客后，给顾客一份员工服务质量表进行填写，便于了解顾客的满意度。定期开展门店评选，让顾客评选出门店里她最喜爱的员工，从而进行顾客对员工满意度的调研，本考核可以每月一次。

2. 手法技能考核　考核店内员工技能身体手法、面部手法、眼部手法、仪器使用等项目的操作手法。

3. 专业知识考核　考核皮肤美容知识、问题性皮肤解决方案、中医保健知识等项目的理论知识。

4. 绩效考核　考核员工每月的预期业绩是否达标。

二、岗位评价体系建立

建立和完善门店体系和员工激励约束机制，对门店员工的工作进行客观、公正的评价，营造公平、公开、公正的竞争机制，促使门店形成良好的竞争环境，可以刺激员工的积极性，让员工不断晋升，提升员工的专业能力，增加门店的业绩（图 2-2-2-1）。

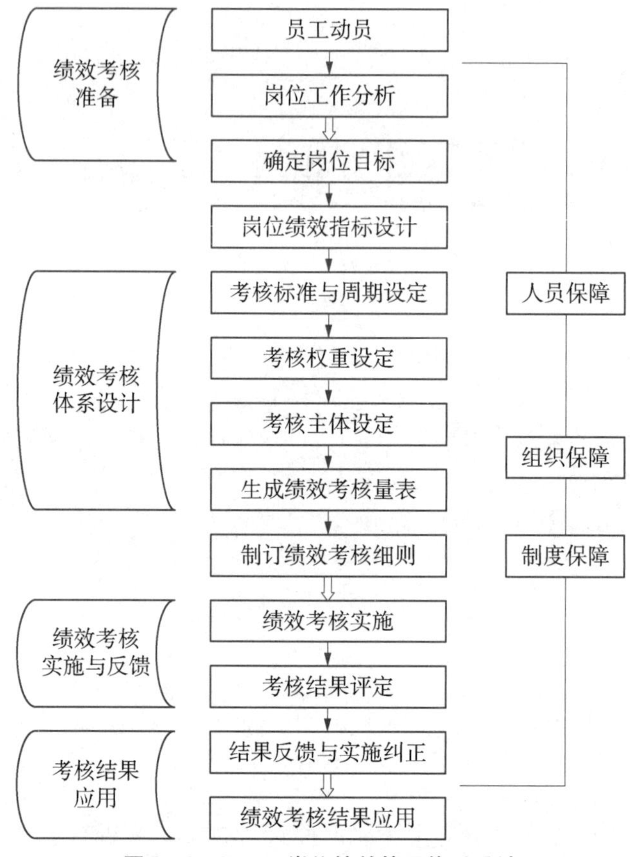

图 2-2-2-1　岗位绩效管理体系设计

任务分析

店长的工作关系着门店的生存和发展，要让团队充满活力，必须具有行之有效的岗位考核标准及奖惩制度，通过岗位考核，严明纪律，奖惩分明，从而提高员工工作的积极性，提高工作效率和经济效益。店长可以根据门店的实际情况来制定岗位考核优秀员工的奖励方式：表扬、奖金奖励、晋升提级的方式奖励；处罚方式可视情节轻重处以警告、记过、降级、辞退等。一般岗位考核标准应具有以下几个特点。

(1) 具有挑战性及可达成的特性。

(2) 通过管理层和执行层双方同意认可。

(3) 有具体并可以评估衡量和加以量化的要求。

(4) 必须备注明确的期限，有时间量度。

(5) 简单易懂，便于计算。

(6) 有助于持续性改善。

针对新入职员工和在职老员工，可以进行分层、分级的岗位考核制度标准来进行。总之，把岗位考核规范化、标准化，可以迅速分辨出门店员工专业水平的高低、绩效高低和服务水平的高低，从而增加门店可持续发展的概率，可以从岗位考核评估的结果作

出改进，减少浪费，增加利润。

任务准备

顾客满意度调研表、考勤表、专业技能考核试卷、手法技能考核标准表等。

任务实施

一、考勤考核

制定上、下班时间及考勤时间，采用打卡的方式，可以用指纹打卡机或用手机钉钉软件进行打卡，月底进行考勤统计。

二、服务细节满意度考核

一般是服务结束当时考核，多数以表格形式，方便顾客评价。

案例 1

服务细节考核，见表 2-2-2-1。

表 2-2-2-1 服务细节考核

序号	内 容	分数	评分
1	前台接待时是否亲切打招呼	6	
2	更换拖鞋时是否告知顾客这是一客一换已消毒好的，请您放心使用	3	
3	是否询问顾客喜欢喝什么口味的花茶；如果是会员，是否记得顾客喜欢喝什么花茶	4	
4	是否带顾客参观环境增加安全感	6	
5	在引领顾客进房间前是否帮助客人提拿随身大件物品	4	
6	是否帮顾客的贵重物品（首饰）拿一次性首饰透明袋装好，并告知顾客放在哪里并保管好自己的物品	3	
7	护理前是否把房间香薰点好，空调温度是否调好了	2	
8	店内是否定期更换音乐	4	
9	顾客洗浴前是否有提前帮顾客调试好水温，是否有帮顾客准备好擦脚布、干拖鞋	7	
10	顾客上洗手间是否有帮顾客更换一次性坐厕	5	
11	在前厅或走廊碰到顾客时是否有点头微笑并亲切问候	5	
12	护理前是否有做双手消毒并告知顾客	8	

续　表

序号	内　　容	分数	评分
13	护理前是否有做暖手	3	
14	护理前是否做自我介绍	2	
15	护理前是否有告知顾客今天护理的全程操作时间及开始时间	4	
16	是否了解顾客在做护理中的习惯	5	
17	操作过程中是否有询问顾客力度是否合适	3	
18	护理中离开房间是否告知顾客原因及等候时间	4	
19	护理中是否再次确认顾客冷暖	3	
20	护理前是否告知顾客今天所用到的产品	2	
21	是否给顾客做了手护	3	
22	护理中途是否询问顾客需要喝水	4	
23	是否有拿镜子引导顾客看前后对比效果	3	
24	护理前后是否把拖鞋摆放整齐	4	
25	护理完是否帮顾客带上首饰并再次提醒顾客贵重物品（首饰）记得带齐	3	
总分			

▶ 案例 2

手法技能考核，见表 2-2-2-2。

表 2-2-2-2　面部护理操作手法技能考核

项目	手法状况	分数	评分
舒穴	①穴位是否准确；②动作是否连贯流畅	5	
包毛巾	毛巾是否包住耳朵，松紧度是否适当，长发是否流露在外边	5	
卸妆	卸妆顺序：①唇→眼→眉；②如有睫毛膏：统一用卸妆液湿敷，注意贴紧皮肤（防水的则用油）；③手法注意加强眼角、眼尾和眼线部位；④唇部卸妆注意唇纹的加强，从嘴角往内卸，如用卸妆液入口腔要及时擦净；⑤因卸妆产品加水会影响效果，所以第一次手法不可加水，第二次可适当加水；⑥正常卸妆一盆水即可，但浓妆至少 2 盆水	20	

续 表

项目	手法状况	分数	评分
洁面	①面巾要服帖，擦拭眼窝、嘴角、发际、下巴窝、鼻唇沟，应该顺皮肤纹理走，不可往下拉；②洗脸至少要换两盆水，用来检测的水必须是清水；③不可以用洗手的方式在客人耳边打泡沫，不能发出响声	20	
去角质	①角质霜用量要适度，按摩时间太长易造成两颊敏感；②T区加强；③按摩至7～8分干时，一手撑开皮肤纹理，另一手轻搓去角质	10	
仪器	①开机顺序：插电→关刻度至零→开电源→调刻度；②仪器使用前后需消毒	20	
面部按摩	手掌服帖，动作流畅，经络穴位到位	15	
面膜	①顺肌肉纹理上膜，且要一刷到位；②上不同面膜前，刷子要清水清洗	5	
总分			

▶ 案例 3 专业技能考核（笔试）

1. ________是人体面积最大的器官，具有维护健康与美观所必需的重要功能。

2. 皮肤的七大功能分别有保护________、________、________、________、________、________、吸收功能。

3. 皮脂膜被称为肌肤的“华丽外衣”，是由汗腺分泌的________和皮脂腺分泌的________乳化后形成一层呈弱________性的天然保护膜。

4. 皮脂膜的作用分别有保护________、________、________。

5. 皮肤结构由外向内可分为：________、________、________。

6. 角质层“皮肤的坚强卫士”具有保护________、________、________的三大功能。

7. 颗粒层是“紫外线的天然防御层”，具有储水、________的功能。

8. 真皮层是皮肤的储水库，约为表皮厚度的________倍，内含胶原纤维________、________、________。

9. ________是构成生物体的基本单位，具有独立有序的自控体系。

10. 一个代谢正常的肌肤角质层，有15～20层，最上层的会不断脱落，让出空间给下面新生向上推进的细胞，这个过程称为________。

案例 4

绩效考核，见表 2-2-2-3。

表 2-2-2-3　绩效考核

指　　标	分　　数	得　　分
销售任务完成率	30	
产品检查不通过次数	5	
因破损、过期等要求退货次数	5	
赠品不按要求赠送次数	5	
日报表出错次数	5	
信息准确率	15	
由于员工态度而遭到的投诉次数	20	
出勤率	5	
日常工作表现	10	

任务评价

具体任务评价参见表 2-2-2-4、表 2-2-2-5。

表 2-2-2-4　不同职级评分要求

级别	综合分数
顾问	90～100
高级	80～90
中级	70～80
低级	60～70

表 2-2-2-5　五星级店长评价表

能力	描　　述	星级
店务管理能力	对店员进行排班、出勤考核，对店内设备实施管理	★
目标管理能力	能制定专卖店业绩目标，并对目标进行细化与分派，店员能接受目标管理	★
晨会组织能力	能组织召开生动、有感染力、有启发性的晨会，调动店员的激情	★★

续 表

能力	描　述	星级
库存管理能力	能对库存清理与货品的存放管理提出实操性建议	★★
沟通协调能力	通过店长的沟通，使店员间相互协作、和谐相处	★★★
员工激励能力	能激励不同店员的干劲，使店员在工作中随时保持激情	★★★
店员辅导能力	能辅导店员，提升店员的销售技巧、陈列技巧及 VIP 顾客管理效果	★★★★
客户关系管理	带领店员定期向 VIP 顾客发送短信、微信，提供其他增值服务，保持 VIP 顾客与店内的互动	★★★★
促销活动组织	带领店员实施促销或特卖活动，达成销售目标	★★★★
像老板一样思考问题	学会抓住核心问题，如会选地址、能开店、懂选人、擅用人等	★★★★★

能力拓展

共建良好工作环境流程（图 2-2-2-2）。

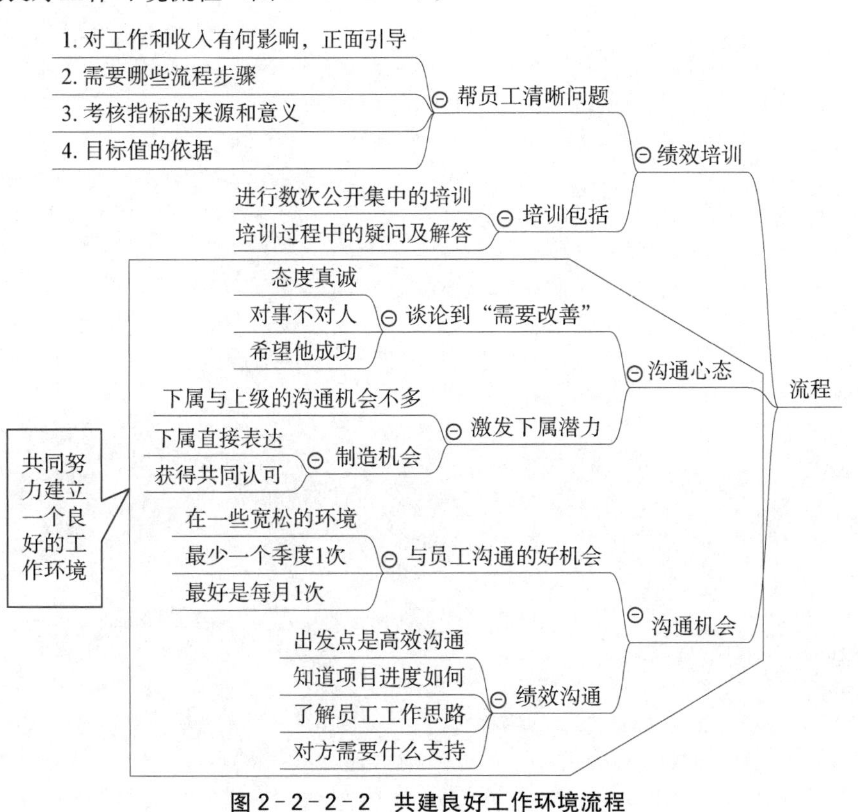

图 2-2-2-2　共建良好工作环境流程

（陈慧敏，廖　燕）

02

模块二 员工管理

单元三 团队打造

内容介绍

团队的打造离不开团队的管理。团队管理就是指在一个组织中，根据成员工作性质、能力组成各部门，参与组织各项决定和解决问题等事务，以提高组织生产力和达成组织目标。

培训是团队打造过程中必不可少的环节，是提高员工业务素质和工作能力的一种有效方式。根据实际需要，为提高劳动者素质和能力而对其实施的培养和训练。无论是在大型企业还是在中小型企业门店，培训都是一项重要的工作，必须得到足够的重视。

学习导航

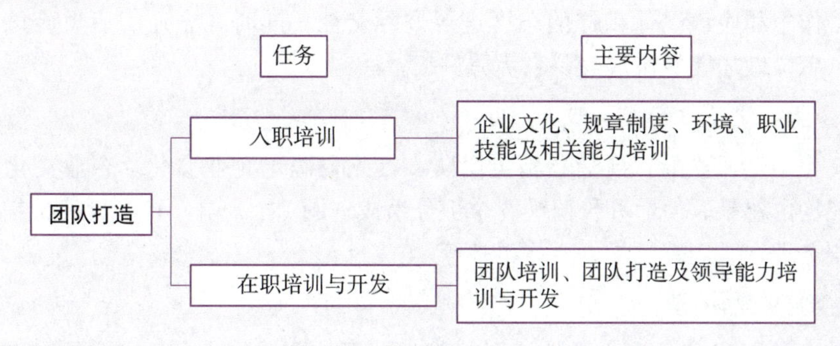

任务一 入职培训

学习目标

1. 理解企业文化培训对门店的意义。
2. 明白新员工入职培训的关键。
3. 把握薪酬福利和人事管理制度对入职培训的重要性。

学习任务

新员工入职门店，则不再是企业的局外人，但在尚未完全被企业接纳时，往往会感到有很大的心理压力。为了减少这种压力感，门店负责人与新员工的交流是非常重要的途径。企业门店在这个阶段通过向他们传递各种信息，帮助他们完成由非员工向员工的转变，由此决定了以下各项岗位入职前的培训。

一、企业文化

企业文化培训是入职培训和录用人才的重点。企业文化培训是让新员工了解企业的理念、企业的发展史、企业的使命，以及愿景和价值观，让新员工清楚地知道：企业提倡什么，反对什么；读懂了企业文化，新员工入职后才更清楚自己应该以什么样的精神风貌投入到工作中和应该以什么样的态度进行人际交往；同时在企业门店里应该怎样看待荣辱得失，怎样做才能更快成为一名优秀员工。

（一）企业文化基本组成

企业文化不是孤立的，要建立精英团队，首先要确定企业文化。企业文化精神层次主体理念架构由愿景、使命和价值观 3 个部分组成（图 2－3－1－1）。延展架构，则包括人才观、服务理念、经营哲学、企业精神等。

（二）企业文化内涵

1. 企业愿景　企业愿景是指企业的长期愿望及未来状况，是企业发展的蓝图，体现组织永恒的追求。愿景由 2 个部分组成，一个是愿力，另一个是图景。

2. 企业使命　企业使命是指企业在社会进步和社会经济发展中所应担当的角色和责任，它是企业的根本性质和存在的理由，阐明企业的经营领域、经营思想，为企业目标的确立与战略的制定提供依据。企业在制定发展战略之前，必须先确定企业使命。通俗

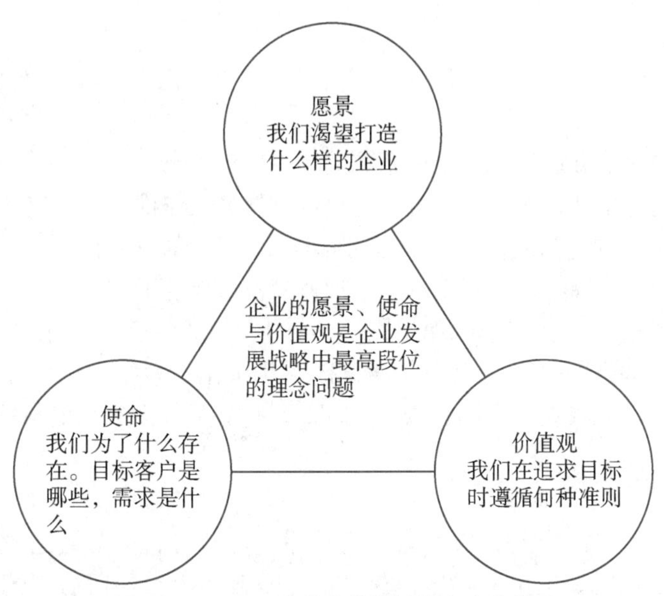

图 2－3－1－1　企业文化精神核心理念体系

地说，企业使命就是企业存在的理由，即企业为什么而存在。

3. 企业价值观　企业价值观是指企业内部成员对某个事件或某种行为好与坏、善与恶、正确与错误、是否值得仿效的一致认识。价值观是企业文化的核心，统一的价值观使企业内部成员在判断自己行为时具有统一的标准，并以此来选择自己的行为。

二、薪酬福利制度

薪酬福利是企业文化的物质层面建设，薪酬管理对于稳定人才相当重要，对刚入职的员工就更为重要了。让员工清楚知道企业的薪酬福利构成，可以让新员工更有驱动力工作，尽快进入岗位角色的状态。根据门店不同岗位有所不同，技术服务类和销售类的底薪和提成是不同的。

（一）员工薪酬福利的构成

工资是员工劳动所得，薪酬福利是指企业为员工提供的除员工工资、奖金、津贴（餐补、车贴等）、保险等以外的其他福利待遇支出，也是每一个员工和企业管理者最为关注的话题。薪酬福利待遇没有绝对的好，只是相对而言，但体现美容店老板或管理者对员工的关心，其好坏对员工留用有直接影响。

美容门店员工的工资构成与企业规模效益有直接关系，一般具有一定规模的美容店，员工的工资收入较有保障，福利待遇较好。

1. 工资收入　底薪（基本工资）＋绩效（提成）。

2. 福利待遇　餐贴、生育金、保险、奖金等除现金以外的形式，如生日慰问、团队娱乐活动等。

（二）薪酬福利设定对员工的影响力

（1）合适的薪酬制度可以巩固向心力，减少员工不满；可以促使员工更加努力工作，提升门店运营绩效。

(2) 策略性的薪酬运用可以留住优秀员工，开发员工潜能，亦可招揽外部杰出人才，打造具有竞争优势的团队。

(3) 与时俱进的薪酬设计可以塑造企业文化。

(4) 与员工利益相结合的薪酬制度，能提供较佳的工作推动力，避免劳资对立，进而提升门店的竞争力，创造门店与员工双赢的局面。

(5) 透明且沟通良好的薪酬制度有利于加速工作绩效的增长。

企业在经营过程中，有时会出现生意蒸蒸日上，盈利水平一直在上涨，但由于人力资源的基础性工作的严重缺陷，薪酬矛盾却越来越突出，薪酬支出也在直线上升，员工的满意度逐步下降，老板在享受挣钱快乐的同时，也备受薪酬管理的煎熬。

三、人事管理制度

人事管理是为规范门店的日常经营管理秩序，提升门店员工的纪律意识和素质，创造良好的消费环境，更好地服务顾客，提升门店效益而出台的门店规范管理制度，需对新入职的员工进行人事管理制度的培训，让员工清晰明白进入门店后什么可以做，什么不能做，熟悉门店的规章制度。另外，也让员工知道该怎样做才能更好地在门店立足和晋升。

新员工要认真学习门店一系列的规章制度，如考勤、奖励、财务、福利、晋升制度等，以及与门店经营活动有关的业务制度和行为规范，如站姿、礼貌用语、怎样接待顾客、怎样接电话、服务禁忌等。在学习的基础上组织新员工讨论和练习，以求正确理解和自觉遵守这些行为规范。

总之，人事管理制度要人性化设计，通过企业文化培训，新员工可以形成一种与企业文化相一致的心理定势，较快与企业的共同价值观相协调。另外，通过企业文化培训，也可以快速甄选出与企业价值观一致的人才予以录用。

四、业务培训

(1) 参观门店运营的全过程，邀请熟练的美容师、老员工讲解主要的工作流程。

(2) 邀请门店店长给新员工上课，讲解企业基本的理论知识。

(3) 根据各自不同岗位，分类学习本岗位有关业务知识、工作流程、工作要求及操作要领。

任务分析

入职培训要重点培训企业文化，明白企业的理念，清晰企业的使命、愿景、价值观是什么，企业有什么薪酬福利和人事管理制度，这样才更有利于新入职的员工快速融入团队。企业文化管理，是指企业文化的梳理、凝练、深植、提升，在企业文化的引领下，匹配公司战略、人力资源、生产、经营、营销等管理条线和管理模块。企业文化的重要组成部分：企业的愿景、使命与价值观是企业发展战略中最高段位的理念问题，是首先需要回答的问题，其他的经营理念、管理理念、薪酬福利和人事管理制度等都是在此基础

上进行的延展。

任务准备

1. 企业文化理念宣传 KT 版或手册：企业使命、愿景、价值观（图 2-3-1-2）。
2. 员工学习资料（规章制度、员工手册、入职的不同岗位薪酬标准）。
3. 培训课件、企业文化宣传视频、企业福利视频（旅游福利视频等）。

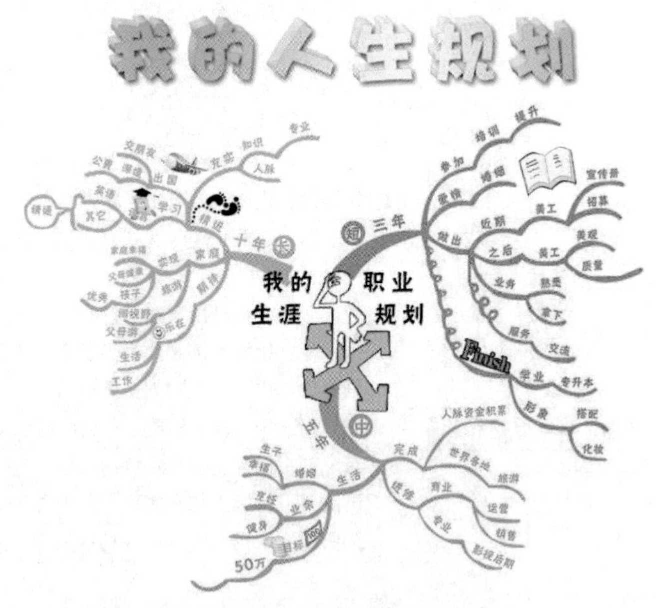

图 2-3-1-2 人生规划宣传版

任务实施

一、打造好企业文化的 3 个步骤

1. 营造好的企业氛围 例如，家的文化、爱的文化等。好的氛围不是一天两天建立起来的，需要一段时间，持续累积就会产生效果。

2. 强化目标 目标是一块磁铁，目标会吸引到很多有共同目标和价值观的人才。有共同价值观的人在一起工作，才能一条心一起打拼。

3. 及时沟通 一间屋子，如果总是关门闭户，不开门和不开窗，时间久了里面的空气就很难闻，也无人愿意待在里面。要想让人进去，首先要开门开窗，更换空气。沟通就是一个更换空气的过程。

二、新入职员工的培训

（一）企业文化培训

讲述企业门店概况、企业宗旨、企业精神、发展目标、经营哲学等，从而使员工明确：企业提倡什么、反对什么；应该以什么样的精神面貌投入工作；应该以什么样的态度待人接物；怎样做一名优秀的员工。通过学习企业文化，明白企业的使命、愿景和价值观，拥有与企业一样的价值观，快速融入企业团队中（图 2－3－1－3）。

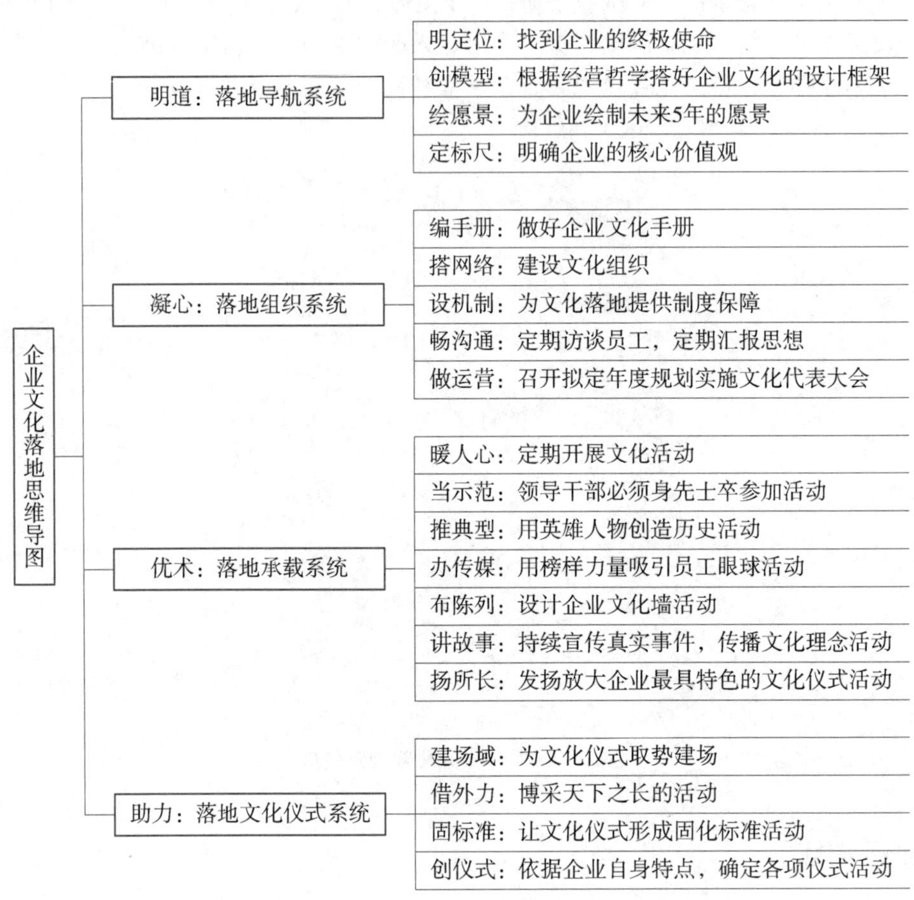

图 2－3－1－3　企业文化落地思维导图

（二）规章制度培训

新员工不可能一开始就熟悉企业所有的规章制度，在本阶段主要是要让员工了解他们最关心的薪酬福利和具体的人事规则管理制度，让新员工心中清楚如何开展自己的本岗位工作。

具体培训的规章管理制度如下：考勤制度、请假制度、奖惩制度、薪酬福利制度、财务报销制度、人员调配制度、培训制度、考核制度、晋升制度、岗位责任制度、安全规程、员工行为规范等。

（三）环境培训

让新员工了解与其工作、生活联系密切的部门和场所，如前台、收银台、美容护理间、物料间、培训室、会议室、餐厅、洗手间、休息室等（不同门店具体场域分工略有不同）。

（四）职业技能培训

员工的素质是知识、能力和心理素质的综合反映。知识培训，是指受训员工按照岗位需要进行的专业知识和相关知识的教育。包括门店产品项目和服务的基本知识、企业的基本经营特点、美容店的主要职能、基本的工作流程、工作要求及操作要领等。尤其要重视员工的服务意识，要让消费者感觉到产品项目的附加价值。一般的服务大致可分为以下 3 个阶段。

（1）销售前，包括美容店现场准备、维护产品陈列状态、保持场内清洁，以及必须掌握的皮肤学、产品及项目知识等。

（2）销售中，接待顾客的基本技巧、向消费者微笑问好、回答提出的问题、介绍产品和项目等。

（3）销售后，建立各种保障制度，解除消费者的后顾之忧；举办各种讲座、优惠销售等活动，建立良好的公众关系；迅速、合理、有效处理顾客不满等问题，都属于售后服务培训的内容。

（五）其他能力培训

（1）与业界相关的基本知识和管理术语。例如，美容行业的趋势、五星级门店的管理标准、产品的毛利率及周转率、管理术语等。进入这个行业，就应了解相关的术语。

（2）该行业应具备的专门知识。例如，除了对产品的卖点、项目的特点、品牌文化背景等熟练掌握之外，还要对流行趋势、市场环境等有所把握。

（3）熟悉销售常识，掌握岗位仪容、举止规范。熟知待客的基本用语、技巧以及对顾客抱怨的处理等。

（4）懂得商品展示陈列的基本技巧。例如，色彩搭配、展示构图，配合产品体积、造型及外观，做最吸引人的陈列等。

三、企业文化落地

关于企业文化落地仁者见仁、智者见智。各种关于企业文化落地每家企业需要针对自身的特点去选择适合自己的企业文化落地的方式和方法。

四、案例研究及模拟实习

由门店店长以案例形式讲解美容店在经营活动中的经验和教训，使新员工掌握一些基本原则和工作要求，如开发票时，一定要注意产品或项目名称与实际售出产品的一致性，尤其是高端产品和项目等，而后可进行有针对性的模拟实习。

五、开展对新员工的“传、帮、带”活动

无论是前台、美容师、美容顾问，还是店长，都应派素质高、有经验的老员工，对新员工进行具体、细致、系统的辅导和指导，如服务流程、护理流程等。

案例

1. “铁榔头”郎平为了激发每一个女排姑娘的爱国热情，领着她们到天安门广场看升旗仪式。

2. 某公司组织员工做过一个称为“幸福 1+1”活动，第一个“1”是指参加一项你喜欢的运动，第二个“1”是指你愿意参加的一项运动，其中一个选项就是瑜伽，并聘请瑜伽老师授课。员工们每天高高兴兴地去做自己喜欢的运动，从此更加感恩企业。

3. 在美容业，许多优秀的企业逐渐摸索出切合自己企业实际情况的方法。如 A 企业的早间新闻播报，让企业员工既了解国家大事，又了解企业的动态及身边的好人好事。B 企业举办文化演讲比赛，加深了员工对企业文化各个角度的深刻认知。C 企业规定全体员工每月必须给自己的父母洗脚，拉近了父母与子女之间的距离，也弘扬了优秀的孝心文化。D 企业的员工访谈，让员工流失率下降了 50%。这些活动都有效地推动了企业文化的落地，既弘扬和践行了优秀的企业文化，又团结和熔炼了团队，使团队在企业文化的引领和激励下，去实现企业的战略目标。

案例总结

文化落地需要顺从内心，要眼睛看到、耳朵听到、嘴巴说出来才可以。这是一个系统化的过程，让整个身心参与其中，对于企业文化的接受度就会很高。不仅要被动接受，还要主动参与、积极传播，只有这样，企业文化才能深入内心，落地有声。

用身边的事影响身边的人，让身边的人影响身边的人。

苏格拉底说：“他们认为他们知道，事实上他们并不知道，但是他们并不知道他们不知道。”这句话道出了大多数企业文化落地的现状。蔚然成风才是文化真落地，无为而治才是文化管理真功夫。

任务评价

1. 举例说明美容店的愿景、使命及价值观的内涵。
2. 你认为对新入职员工培训最重要的内容是什么？录用更看好哪些方面的表现？

能力拓展

请根据美容店的新员工岗位入职培训管理规定，制定一份入职培训计划，假设培训对象是校园招聘面试招来的 20 位医学美容专业实习生。

（陈慧敏）

任务二 在职培训与开发

学习目标

1. 清楚团队的概念及团队中的角色定位与分工。
2. 明确在职培训的方法及内容。
3. 了解降低员工流失率的方法。
4. 懂得运用领导力来激励团队。

学习任务

一、团队及其角色定位

（一）团队

要成为“团队”，必须具备以下几个条件：①共同的愿望和目标；②和谐、相互依赖的关系；③共同的规范准则和执行方法。

（二）团队角色

团队角色理论是由英国管理学家梅雷迪斯·贝尔宾博士提出的。他通过对上千个团队的观察，发现在一个团队中，每个成员都具有双重角色：其一是职能角色，意思是工作赋予个人的“任务型”角色；其二是团队角色，是由个人气质、性格所决定，在集体工作中经常自然流露的“协作型”角色。

▶案例

某美容店有两位员工，一个是热情积极，年轻有活力，是美容店的美容顾问小A，小A经常需要协助美容师跟进顾客，与顾客沟通，并为其设计护理的疗程方案。她热爱销售，乐于与人沟通，如果让她做美容师的工作服务顾客，她可能坐不住，但现在她是美容顾问，能每天与不同的顾客沟通聊天，发挥她的优势，她就特别乐意。

另外一位是美容店的美容师小B，她天生比较文静内向，不爱与人打交道。她不喜欢销售，针对她这种性格，让她做美容师，用技术服务好顾客，这是她乐意做、适合做的工作。每天晚上加班，她都很乐意，周末加班也不向院长申请加班费、奖金。她很累、很辛苦，但她乐在其中，无怨无悔。

从以上这两个例子可以说明，一个团队里角色定位非常重要。试想一下，如果让前面那个女孩做美容师的服务工作，让后面那个女孩做美容顾问，整天要与不同的人沟通聊天，会是什么样的结果？

二、员工培训

员工培训是一个动态的连续性工作过程。由于社会经济和专业技术的快速发展，企业经营活动的调整，员工工作的变换，都要求员工能及时掌握新知识、新技能，树立新观念，因而对员工的再培训显得十分重要。在职员工培训是企业提高员工素质的基本途径。通常用以下几种形式的培训来促进在职员工的成长。

1. *岗位业务培训* 在职员工培训主要以专业知识提升及考核、销售技巧、新技术和新技能、沟通艺术的进一步提升和加强为主。通过培训，让员工进一步熟练掌握岗位必需的理论知识、专业知识和实践知识，专业技术操作熟练，从而提升岗位能力。目前，珠三角等地区已经有许多门店正在逐步实施“持证上岗”方案。

2. *转岗培训* 当门店或上级企业对员工进行内部调动时，针对新岗位的要求，补充必要的新知识、新技术和新能力，以适应新环境的要求。

开展员工在职培训，要注意以下事项。

（1）克服员工在职培训中可能遇到的困难。

（2）要了解培训对象，树立他们的自信心。

（3）培训课程设计要合理，学习时间要充足，进度要适当。

（4）在职培训的内容尽量与员工已有的知识、技能相联系。

（5）尽量安排志趣相同、水平相近的员工一起参加培训。

（6）员工在学习过程中如果有失误，培训老师要主动承担责任，鼓励员工继续学习。

三、团队打造

美容店的领导者，要能够做到不断鼓舞员工的士气，激发他们的工作积极性。要想创造一个充满激情、不断进取的集体，就需要让所有成员都能够对工作怀有高度的热情。

（一）激励员工

最常使用的激励方法有物质激励与精神激励两种。

1. *物质激励* 应该是最重要的，因为物质是人类生存的基础，衣食住行是人类最基本的物质需要，物质激励是激发人的动机、调动积极性的重要手段。正因为如此，很多企业才建立了一套完整的工资制度和工资政策，而且与绩效考核紧密结合。物质激励包含的范围很广，不仅仅是加薪那么简单。例如，给每个员工一个独立的宿舍，很多人会把它看成精神的激励，但如果在这个独立的宿舍里放着的是破烂的床，相信谁睡在里面都不会产生被激励的感觉。所以，这也应该属于物质激励的范畴。

2. 精神激励 也很重要。对每个人用不同的方式进行表彰和奖励意义深远，这说明领导者和他们的组织在尽力宣传这些人对组织的贡献。

物质激励和精神激励需要有机结合，最大限度实现员工满意度。

（二）降低员工流失率

让员工产生归属感是留住人才的根本方法。对于大多数企业管理者来说，留住人才是他们的重要任务之一。但对于员工来说，有时金钱并不是做出选择的唯一条件，工作环境的温馨，工作伙伴的熟悉，工作配合的默契，都对一个人的工作心理状态产生影响。其实，每个人都需要归属感，让员工拥有归属感是企业降低员工流失率的方法之一。

（三）员工流失原因分析

人才流失是令人痛惜的，店长们在交流的时候，常常抱怨他们在网罗优秀人才的时候是如何的不易，而失去他们却又如同秋风吹落叶一样难以挽回。

1. 基于企业文化氛围的原因

（1）前途未来：当员工认同企业是有使命感的正气企业，是可以长期依赖和能够发展的企业，并在此能够实现一定的目标，他会谦卑。这种谦卑来自他内心的敬畏，如果没有敬畏，你对他好，给的再多，他也不会满意。

（2）开心：员工的开心一个来自和谐、开放、真诚的环境，尤其是他的直接上级领导的管理作风，培养、协调、激励他人的能力。

（3）收入：员工的另一个开心则来自企业对他的关怀与福利待遇收入，收入能高于同行业企业，是员工爱工作和可以更多付出的砝码。

（4）感情：企业员工最早因为生计聚在一起，最后却因深厚的友谊而不愿意离开，员工满意度非常重要，其不仅是顾客满意度的前提，也是企业可以不断壮大、持续发展的基础。

2. 基于员工自身的原因

（1）认为企业使命与自己无关，完全不相信企业能够实现愿景的人。

（2）视金钱为驱动力，为钱而来的并为钱而走的人。

（3）持续进步提升的能力不能和行业、企业同步发展的人。

（4）家庭至上，无事业观，缺乏对企业团队责任担当的人。

（5）过于以自我感受为中心，不正视或尊重企业价值观的人。

（6）心胸狭窄，说不得，骂不得，一说就跳，经得起表扬，经不起批评的人。

（7）基于个人情感不愿在企业坚持的人。

3. 基于上级领导的原因

（1）上级和下级抢顾客、抢功劳（无论多有道理）。

（2）上级小富即安，耽误下级大发展（无论付出多少感情）。

（3）上级私心或私情太重，不能一碗水端平（无论以前多么正气）。

（4）上级缺乏勇气，不敢承担责任，关键时刻就跑（无论才华多么迷人）。

（5）上级小事不糊涂，大事不明白，心胸狭窄（无论智商或专业有多过人）。

（6）上级帮助少，要求少，交流少，尊重少（无论企业有多大规模）。

(7) 上级既透明又悲观，下级工作环境压抑而痛苦（无论是多难的境况）。

四、打造领导力

（一）店长领导力的具体要求

领导力就是鼓励他人取得优良成绩的能力。领导力的大小可以用下面的基本公式来表示：

尊重×信任＝领导力

赢得员工尊重是基于店长的知识和管理技巧（做事的能力），赢得员工信任是基于店长对员工的精神安慰及情感关怀（做人的能力）。员工愈信任你、尊重你，他们就更愿意遵循你的指示行事。

店长可以根据这个公式，衡量一下自己的领导能力如何，即自己的下属在多大程度上尊重自己和信任自己。

员工满意度＝收益／支出×感知度

1. 收益　①薪资福利，包括工资、福利、保险等；②精神愉悦，包括荣誉称号、升迁、活动、旅游和企业文化等；③能力增值，包括培训、学习、领导教导等。

2. 支出　①劳动成本，包括时间、体力、知识、经验等；②精神成本，包括调节复杂的人际关系、上下级关系紧张、同事不团结等。

（二）领导者与团队

一般按领导者的能力分为5个层次（图2-3-2-1），不同层次领导者对团队的影响力也不同。第1个层次为职位领导力。一个人在这个层次上越久，团队人员流失得就越多，士气也会越来越低，所以要尽快上升至第2个层次，即认可，又称为关系领导力。通过融洽的人际关系而不是死板的规章制度管理企业，奠定领导力的基石。第3个层次为产出，又称为业绩领导力。大家为了同一个使命和奋斗目标而相聚，帮助人们产生结果。第4个层次，复制的领导力，称为赋能，也就是真正培养复制出领导人。领导力的第5个层面叫真我，又称为精神领袖。这个境界的领导力就是领导者不在场，只要听到领导者的名字都很受鼓舞和影响。

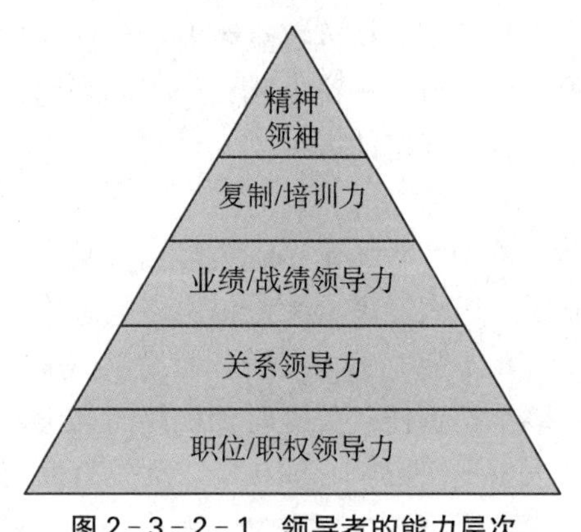

图2-3-2-1　领导者的能力层次

任务分析

英国管理学家梅雷迪斯·贝尔宾，因其在团队理论方面的突出贡献被称为“团队之父”。贝尔宾博士认为群体与团队是两种完全不同的组织形式。群体是指由于相同的目标而聚集起来的一群人。在群体中，随着人数的增加，成员之间的差异变得模糊。人数越多，越有可能表现出群体特征和群体本能，例如从众行为。而团队则不同，贝尔宾认为，团队人数是有限的，人员都是经过挑选并组合到一起，为完成共同目标而承担不同的使命，有一定的选择性。团队的每个成员都会试图在团队中找到“个人定位”，并在其中扮演好一定的角色，干自己最喜欢、最擅长、最愿意干的事，充分调动自己的热情和激情，与团队其他成员一起做出成绩。

任务准备

1. 员工培训手册、培训课件、成功案例、服务话术、销售话术。
2. 团队建设课程的培训道具、培训视频和音乐、培训结业证书等。

任务实施

一、团队真正有效运转前要确立的3个目标

（1）团队使命，即组建团队的理由。
（2）团队目标，即团队希望取得什么成果。
（3）团队行为准则，即团队如何管理和监督自身。

二、选择与学习类型匹配的培训方法

具体方法见表2－3－2－1。

表2－3－2－1　培训方法与学习类型匹配表

培训方法	培训内容					培训目的		
	知识	技能	思维	观念	心理	记忆	理解	行为
课堂教学	★					★	★	
专题讲座	★					★	★	
个别指导		★						★
影视	★	★					★	★
角色扮演		★						★
案例研究	★	★	★			★	★	★
头脑风暴			★				★	
模拟训练		★						★

续　表

培训方法	培训内容					培训目的		
	知识	技能	思维	观念	心理	记忆	理解	行为
网上培训	★	★		★		★	★	★
虚拟培训		★			★			★
……								

三、组织培训

（一）熟悉辅导培训步骤（七步法）

（1）收集全部事实，从相关人员那里了解情况。

（2）清楚地列出问题并举出事例，员工做了什么，说了什么，或察看工作记录。

（3）思考描述员工行为的词语，就事论事，而不是就事论人。

（4）正面看待员工，任何情况下都需要心平气和。

（5）做好应对员工可能的过激行为的思想准备，并想好应对之策。

（6）考虑将要讨论的问题，以开放式问题为主。

（7）预先设想员工会提出的一些问题及会有的举动，并考虑好应对方式等。

（二）激励员工

以激励员工的三要素为重点，对员工开展培训。

（1）薪金待遇。

（2）角色定位。

（3）给予良好的工作环境。

（三）重点打造6个领导能力

（1）被董事会高度信任并放权的能力。

（2）受整体团队高度拥护爱戴的能力。

（3）改变优化企业顶层管理环境的能力。

（4）以创新经营思维提高团队整体绩效的能力。

（5）独立思考、敢于决策、敢于承担的能力。

（6）建设、贯彻、执行、推动企业文化发展的能力。

以上6个能力是核心高管和中层管理干部的根本能力区别。

▶案例1　怒气冲冲的员工

事件重放：某日上午，一位员工怒气冲冲地来到人力资源部办公室，提出要投诉，对上级美容顾问的管理方式不满。当时该员工情绪非常火爆，说话时声音比较大。负责接待的女同事为安抚该员工情绪，非常礼貌地说："你不要激动，别生气，

有问题向我们反映，我们会调查，如果属实，一定给你一个答复。”不料，该员工立即大声喊叫：“调查什么？难道你以为我骗你的呀，还是说你们人力资源部与美容顾问一样不讲道理，我不与你交谈了。”随后，不论这位女同事如何向他解释，该员工也不答话，只是自己大声抱怨无处讲理。因当时正处于店内繁忙时间，美容店内还有其他员工。因此，为避免事态的恶化，店长主动进行沟通提出解决方法。

课堂讨论

1. 假如你是这位店长，你会如何解决？
2. 解决的方案或流程是什么？

案例 2 罚款后

员工来美容店工作，其实目的很简单：为了挣钱、为了学习知识或者为了以后更好地发展，也可以说是为了生存、升职及职业生涯。生存是最基本的一项，待遇是每一个员工都会关注的，往往一点疏漏就会影响员工的情绪。

在正常门店运营中，罚款是避免不了的，每家店都有自己的规章制度。当员工触犯了这些规章制度后，就会受到相应的经济惩罚。有一次，一名美容师上班迟到了，按照门店的规章制度，她被处以 20 元的罚款。当时，她心里挺不服气，当天工作变得很没精神，业绩自然做得不好。店长私下找她沟通，告诉她：“如果把工作当成一种游戏，你会享受到这场游戏给你带来的喜、怒、哀、乐。而且任何的游戏都是有规则的，违反游戏规则后果会是什么呢？首先你应该了解规则是什么，知道游戏规则后才能玩好这场游戏。”

针对店员的一些问题，很多时候店长采用的都是罚款方式，这固然能督促他们更加卖力、积极地工作，但同时也激发了他们的消极情绪。这时，如何合理地安抚开导他们，就成为店长不能忽略的工作。例如，要告诉他们为什么罚款，如何做才能避免挨罚，替他们积极地想办法解决问题。这样，员工就会明白：罚款的目的是促使他们改正错误。

课堂讨论 假如你是这位店长，你会如何处理呢？

无论是美容店新聘用的员工，还是员工在美容店内部调动，在进入岗位之前都必须接受职业培训，以便尽快适应新的工作环境和工作职责，掌握必要的工作技能。

案例 3 人性化管理，留住员工的心

可可是 B 美容店的美容顾问。一次 B 美容店店长给了可可一次外出学习深造的机会，可可得知后，非常开心，想着正好借此机会可以带上未婚夫一起出游参加培训，由于平时上班都很忙，新婚期间都没时间进行蜜月旅游，两人最后商定 B 美容店送她外出培训时，可可的未婚夫一起自费陪同。当得知这一消息后，B 美容店店长

主动提出由B美容店承担男方的往返机票费用。这一对新婚夫妇的感觉是可想而知的。

员工成才之时，就是跳槽之日，这个问题困惑着很多美容店的店长。对许多美容店来说，吸引合适的人才不容易，留住这些至关重要的人才则更不容易。

不难看出，以上事例中的员工一定非常热爱自己的企业，珍惜自己的工作岗位，而且这样的企业一定会受到全体员工的拥戴，不管是否有诱人的高薪，企业都将成为吸引优秀人才的强大磁石。

案例4 当着顾客的面训斥美容师

一天，在C美容店，美容师海伦去给顾客做护理，做完护理忘了给顾客倒水，这一点被店长发现了，店长就直接来到她的跟前，当着顾客和其他美容师的面，大声地说："你怎么弄的？说你几次了？"弄得美容师海伦很尴尬，连顾客都笑起来了。

虽然说这确实是美容师的错误，但店长应该顾及美容师的面子，因为这关系到她的自尊心。

案例5 关爱美容师的店长

临近年底，天气非常寒冷。某美容店里的美容师都按要求穿着美容师服，而且顾客来来往往特别多，这一下，可苦了门口的两个迎宾的美容师小A和小B，因为门经常开开关关，风一吹就特别冷，小A和小B都感冒了，嗓子也哑了。美容店店长看在眼里疼在心上。当听到她们说话时声音都沙哑了，店长突然灵机一动，走到美容师小C身边，塞给她一些钱，在她耳边说了几句话，小C转身就出了门。不一会儿，小C回来了，悄悄地把刚买的两盒金嗓子喉宝递给店长。店长把金嗓子喉宝送到小A和小B手里，虽然什么话也没说，但小A和小B眼睛里都含着激动的泪花。

课堂讨论 如果你是小A或小B，你的内心会有何想法？你会喜欢这样的店长吗？

四、分组讨论

假设每组就是一家门店，小组内部推选一名店长，然后店长带领大家组建团队（门店），设立门店名字，设置组员的岗位，设定门店的文化及目标，带领小组成员一起制定计划，模拟完成目标。

任务评价

1. 如何降低员工流失率？
2. 如何让团队中的成员更齐心更团结？

能力拓展

可复制的领导力主要内容见图 2－3－2－2。

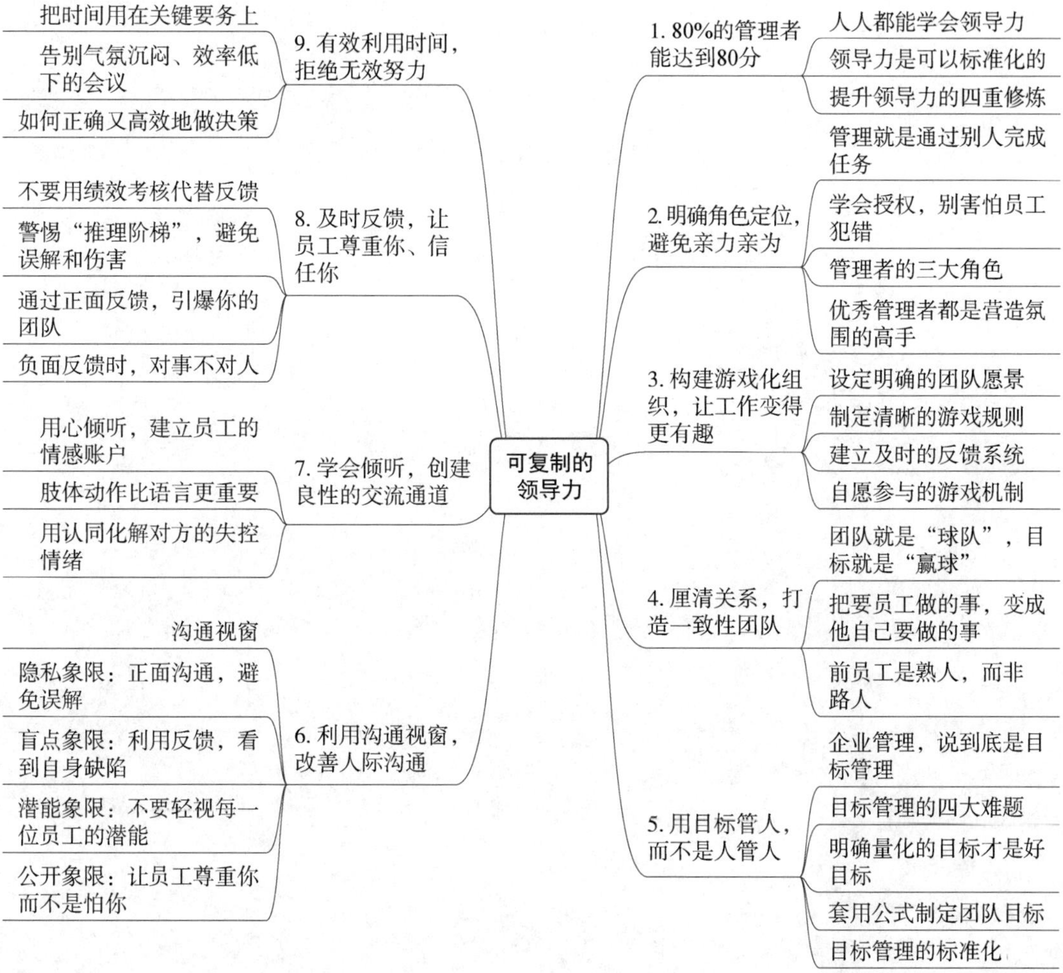

可复制的领导力

- 1. 80%的管理者能达到80分
  - 人人都能学会领导力
  - 领导力是可以标准化的
  - 提升领导力的四重修炼
- 2. 明确角色定位，避免亲力亲为
  - 管理就是通过别人完成任务
  - 学会授权，别害怕员工犯错
  - 管理者的三大角色
  - 优秀管理者都是营造氛围的高手
- 3. 构建游戏化组织，让工作变得更有趣
  - 设定明确的团队愿景
  - 制定清晰的游戏规则
  - 建立及时的反馈系统
  - 自愿参与的游戏机制
- 4. 厘清关系，打造一致性团队
  - 团队就是“球队”，目标就是“赢球”
  - 把要员工做的事，变成他自己要做的事
  - 前员工是熟人，而非路人
- 5. 用目标管人，而不是人管人
  - 企业管理，说到底是目标管理
  - 目标管理的四大难题
  - 明确量化的目标才是好目标
  - 套用公式制定团队目标
  - 目标管理的标准化
- 6. 利用沟通视窗，改善人际沟通
  - 沟通视窗
  - 隐私象限：正面沟通，避免误解
  - 盲点象限：利用反馈，看到自身缺陷
  - 潜能象限：不要轻视每一位员工的潜能
  - 公开象限：让员工尊重你而不是怕你
- 7. 学会倾听，创建良性的交流通道
  - 用心倾听，建立员工的情感账户
  - 肢体动作比语言更重要
  - 用认同化解对方的失控情绪
- 8. 及时反馈，让员工尊重你、信任你
  - 不要用绩效考核代替反馈
  - 警惕“推理阶梯”，避免误解和伤害
  - 通过正面反馈，引爆你的团队
  - 负面反馈时，对事不对人
- 9. 有效利用时间，拒绝无效努力
  - 把时间用在关键要务上
  - 告别气氛沉闷、效率低下的会议
  - 如何正确又高效地做决策

团队打造知识

图 2－3－2－2　可复制的领导力内容

（陈慧敏）

03

模块三 顾客管理

单元一 顾客档案管理

内容介绍

顾客对于美容门店的重要性不言而喻，顾客的管理离不开客情的维护。顾客异议的处理，其中最重要、也是首先要掌握的是顾客的各种信息，这就要求我们先建立顾客档案。顾客档案是进行顾客管理的重要工具，我们在与顾客沟通时，就要针对不同类型的顾客，详细地询问其相关情况，了解顾客的基本信息、美容史、皮肤诊断，然后制定适合顾客的护理方案，这些都离不开顾客信息的收集、填写，通过顾客档案能更好地了解顾客，为顾客营造最适合、最优质的个性化服务。

学习导航

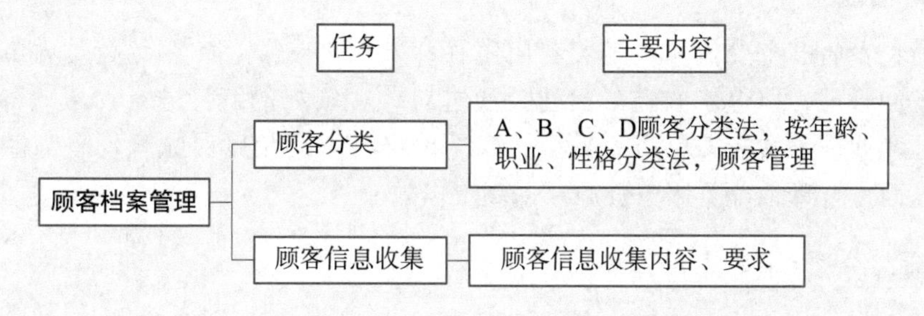

任务一 顾客分类

学习目标

1. 了解美容店将顾客进行分类管理的目的和意义。
2. 熟悉顾客分类方法及各类顾客的重要性。
3. 熟悉顾客管理规范及管理要点。

情景导入

小王是一名新进的美容师，门店顾问分给她50位顾客，为服务好顾客，她认真地给每位顾客打电话发信息，主动邀约顾客到店，在服务顾客的过程中也认真操作。但是，经过一段时间工作后，有一部分顾客对小王赞赏有加，而另一部分顾客却觉得小王没有服务意识。如有位普通顾客，正好预约的时间安排在一位VIP顾客之前，两位顾客都由美容师小王服务。小王担心VIP顾客提前到店，为这位普通顾客做完操作后就急急忙忙离开房间，准备为下一位VIP顾客服务，小王的行为，让这位普通顾客极为不满而遭投诉了。想一想，顾客为何投诉小王？对不同类型的顾客同一天到店，应如何安排美容师，以及如何避免类似的问题？

学习任务

顾客是美容店的重要资源，是美容店生存和发展的保障，顾客分类是为了对顾客进行科学有效的管理，以追求收益最大化。通过对顾客资料的统计分析，从顾客的地理位置、年龄、职业、消费能力、产品类型、产品价格等不同角度对顾客现有与潜在价值进行分类，从而更合理地配置服务资源，提高工作效率。

一、顾客分类的意义

1. 美容店经营管理的内在要求　美容店拥有顾客的多少，决定着美容店拥有市场生存空间的大小，这就要求美容店在广泛关注所有竞争环境的同时，必须加大关注顾客的力度。而关注不同顾客群体都需要投入时间和精力，然而美容店的服务和管理资源是有限的，因此，只有对顾客进行分类，把有限的时间和精力投入到重要顾客的邀约、咨询等服务跟进工作，在保证服务质量的前提下实行差异化管理，才能提高工作效率和顾客满意度，在市场竞争中提高和维持较高的顾客占有率。

2. 更合理地配置服务资源　意大利经济学家及社会学家维尔弗雷多·帕拉多创立的“80/20 原则”，以销售额差异来分析顾客的重要程度和价值。顾客分类管理的关键在于区分不同重要程度和价值的顾客，以便更合理地配置服务资源和管理资源，处理好美容店与顾客之间的关系，实现顾客资源价值和美容店投入收益最大化。

80/20 原则

3. 创造出更多的价值和收益　A、B、C、D 顾客分类管理法以消费额或利润贡献等重要指标为基准，针对不同层级顾客群的需求特征、消费行为、期望值、忠诚度等配置不同的服务和管理资源，确保关键顾客的满意程度，借以激发有潜力的顾客升级至上一层，使美容店在维持成本不变的情况下，创造出更多的价值和收益。

二、顾客分类方法

美容店划分顾客分类的方法很多，无论怎么分类，基本上包含了顾客的消费能力、顾客的到店率、顾客的忠实度、顾客的推荐能力等因素，这些方面的数值越大，顾客给美容店带来的利润越高。

（一）A、B、C、D 顾客分类法

A、B、C、D 顾客分类法是一种比较实用的方法，这种方法是以消费额或利润贡献等重要指标为基准，把顾客群分为关键顾客（A 类）、主要顾客（B 类）、普通顾客（C 类）、潜在顾客（D 类）4 个类别。

1. 关键顾客（A 类）　这类顾客是在过去特定时间内消费额最多的前 5% 的顾客。她们对美容店的贡献最大，能给美容店带来长期稳定的收入，是美容店的优质核心顾客群，美容店应该花费大量时间和精力来提高该类顾客的满意度。

2. 主要顾客（B 类）　在特定时间内消费额最多的前 20% 顾客中，扣除关键顾客后的顾客。这类顾客一般来说是美容店的大客户，但不属于优质顾客。由于她们对美容店业绩完成的好坏构成直接影响，不容忽视，美容店应倾注相当多时间和精力关注这类顾客的入店消费状况，并有针对性地提供服务。

3. 普通顾客（C 类）　是指除了上述两种顾客外，剩下的约 80% 顾客。此类顾客对美容店完成业绩指标贡献甚微，消费额占美容店总消费额的 20% 左右。由于她们数量众多，具有“点滴汇集成大海”的增长潜力，美容店应控制在这方面的服务投入，按照“方便、及时”的原则，为她们提供大众化的基础性服务，或将精力重点放在发掘有潜力的“明日之星”上，使其早日升为 B 类甚至 A 类顾客。

4. 潜在顾客（D 类）　是指美容店周边区域或即将开发的顾客群体，她们是美容店持续发展的重要源泉。对潜在顾客的开发需要有一个完整的、长期的渗透导入过程，向她们不断地进行美容店待客理念及经营之道宣传尤为重要。

对待潜在顾客，可以通过多种方式使其成为美容店正式顾客，如通过口碑以老带新，通过多种营销形式进行吸引。但美容店一定要准备好足够的人力、物力来服务潜在顾客，防止这些顾客的流失（图 3-1-1-1）。

以上各类顾客所占比例仅供参考，美容店应建立专业顾客管理体系，运用专业的顾客管理系统，对顾客资料进行科学分析，根据“80/20 原则”，结合美容店具体情况对顾

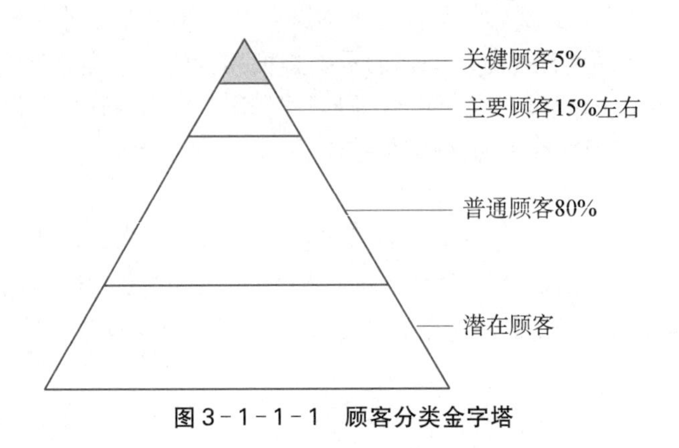

图 3-1-1-1　顾客分类金字塔

客进行分类，顾客分类也会随着美容店内外部条件的改变而发生变化。

(二) 其他分类法

其他有按年龄、职业、性格特征等进行分类。

1. 按年龄分类　按年龄分为年轻顾客、中年顾客及老年顾客。年轻顾客在经济上会显得心有余而力不足，处于一种基本的消费层次，可以减轻美容店成本的压力，这类顾客容易沟通，对美容服务流程和细节要求不太高，但也容易流失；中年顾客较年轻人有一定的消费能力，对美容有着强烈的需求，也具备极强的购买力，是美容店获得利润的主要群体。老年顾客一旦关注美容，容易成为美容店的忠实顾客，也是美容店口碑效应最有效的说服主体，对美容店的发展有着实质性的帮助。

2. 按职业分类　这种分类方法能够有效地区分顾客的消费能力。一般行政事业单位收入稳定，随着年龄和收入的增加，也越来越关注美容，如政府职员、教师及企业管理层等。根据职业大致能够了解到顾客需求及消费特点，有针对性地推荐与顾客需求有消费能力对应的产品及项目。还有一类是没有职业也极具购买力的，她们能够为美容店带来良好的效益，如全职太太或家庭主妇。

3. 按性格特征分类　与顾客进行有效沟通，才能获得良好的业绩。不同年龄和不同性别的顾客，表现出不同的性格特征，按性格特征分为冷静严肃性、先入为主型、好奇型、多疑型、沉默寡言型、喜爱多讲型、心直口快型、性急忙碌型、爱辩论型和敏感型等。针对不同性格特征的顾客应采取相应的方式进行沟通，增加成交概率。

三、顾客管理规范

(一) 顾客档案资料建立

1. 顾客基础资料　基础资料主要包括名称、地址、电话、年龄、兴趣、爱好、肤质、家庭等个人资料。

2. 服务现状　主要是指顾客在店的消费情况记录，包括护理服务的内容；服务的美容师、护理次数、要解决的皮肤问题及目前的状况；顾客的期望；购买产品品牌、数量、类型等。

（二）顾客管理原则

1. *动态管理*　顾客档案资料建立后，顾客的情况是会发生变化的，所以顾客的资料也应随时加以整理及时进行补充更新，对顾客进行跟踪服务，使顾客信息保持动态，才能实现科学管理。

2. *突出重点*　根据顾客分类，按不同类型顾客的具体情况确定回访联络的内容与频率，应突出重点顾客，实行差异化管理，避免顾客流失，特别是关键顾客。

3. *专人负责*　一般由店长专门负责顾客资料的管理工作，以免顾客资料流失，只供内部工作人员使用。

4. *灵活运用*　顾客资料要注意保密原则，但收集的目的是为了在服务过程中加以运用。因此，要采用灵活的管理方式，及时提供给美容师，让美容师熟悉顾客信息，以便提升服务质量及顾客满意度。

（三）顾客管理要点

1. *用心为顾客服务*　顾客的开发与服务管理首先要提升顾客满意度，在提供技术服务的过程中，用心服务比技术更能感动顾客，赢得好的口碑。

2. *熟悉顾客资料*　美容顾问和美容师不仅要注意顾客资料的更新，而且在检查整理过程中，要熟悉顾客基本信息、喜好、卡项、到店频率、项目剩余等，规划顾客进店次数、消费项目、挖掘需求等，才能真正把顾客管理起来。

3. *正确引导顾客*　大部分顾客对美容知识不了解，应提供专业的美容咨询服务，解答顾客提问，根据顾客美容需求引导顾客选择适合的项目和产品，不能以提升自己业绩为目的引导顾客消费。

4. *保证服务品质*　在服务顾客的过程中，应强化规范服务意识、质量意识，服务好每一位顾客，保证服务品质。不可潜意识地以不同态度区别对待 A、B、C、D 四类顾客，如 A、B 类顾客到店就主动热情周到地接待，用心服务，当 C、D 类顾客到店后就不用心服务，甚至产生歧视，以貌取人。

（四）案例分析

顾客分类管理的关键在于将美容店有限的资源更合理地配置，避免顾客流失，特别是重要顾客，以求收益最大化。前面的案例中，分配给小王的 50 位顾客，如果这 50 位顾客都是到店率高的关键顾客和主要顾客，小王的时间和精力有限，要对每一位顾客都做到细心周到的服务有一定难度，即使她认真操作，也难免存在忙不过来，照顾不周的时候。服务不到位容易引起顾客的意见甚至投诉。

案例启示：顾客分配给美容师进行管理，数量要适当，不宜过多，也不宜太少。这样，美容师既能管理得过来，又不会很悠闲。让美容师有时间和精力去了解顾客基本信息、到店频率、项目剩余、充值余额等，规划顾客进店次数、操作项目、销售方向、挖掘需求，真正把顾客管理起来，为美容店创造更大价值。案例中小王的情况，应该及时进行顾客分配的调整，提升顾客的满意度，也减少美容店的损失。顾客分类管理，是在保证顾客满意的前提下，采取有效的管理，才能实现收益的最大化。

美容店的生存与发展离不开顾客，既要服务好每一位顾客，还要对顾客进行科学有效的管理，很好挖掘出顾客的潜力，对美容店发展才起到实质性的推动作用。到店的顾客无论消费与否，消费多少，都应用心对待，让顾客受到同样的尊重。

任务分析

顾客分类不是一个简单的算术公式，也不是一个模板就可以解决的，即使顾客类别确定了，也会随着顾客个人消费能力和需求的变化，以及美容店内外部条件的改变而发生变化。顾客的分类管理是动态的，应定期对顾客资料进行统计分析，及时发现重要的顾客，对顾客分类进行调整，以便有效地分配服务资源，巩固美容店与关键顾客的关系。

任务实施

▶ 案例 1

小王所在美容店有200位顾客，其中有部分顾客能定期到店消费，有部分是店庆活动时开的卡，近3个月没有到店消费；也有一部分只开卡，一次也没消费；还有部分是最近1个月到店的新顾客；还有一部分是到店了解情况，从未消费的顾客。鉴于目前该店情况，应该如何进行顾客分类、提升顾客的满意度？

首先对200位顾客资料进一步完善，然后进行相关信息归类及统计，从顾客消费额、到店率等方面进行分析，运用A、B、C、D的方法把顾客分为4类。A、B类顾客为美容店的重点顾客，C类顾客为普通顾客，D类可视为未来潜力顾客。具体方法如下。

- **步骤一：顾客资料完善**

检查整理200位顾客的资料是否完整，如基础资料，服务记录等。进一步了解重点顾客未到店消费的原因、到店频率较高的重要顾客需求等。如信息有变或漏填，要及时补充更新。

- **步骤二：顾客在本店消费的情况分析**

(1) 掌握各类顾客的月消费额和年消费额。

(2) 计算出各类顾客消费额占本店业绩总额的比例。

(3) 检查该比例是否达到了本店所期待的水平。

(4) 本店解决顾客美容需求的能力及在哪些方面对问题皮肤的护理有优势，以及顾客满意度及口碑。

- **步骤三：不同商品的消费构成分析**

(1) 将顾客消费的各类商品，按销售额由高到低排列。

(2) 合计所有产品累计销售额并计算出各种产品销售额占累计销售额的比例。

(3) 检查是否达到美容店预期的目的。

(4) 分析不同顾客对商品消费的倾向及存在的问题，检查销售重点是否正确，将畅销品努力推荐给有潜力的顾客，并确定以后的销售重点。

- **步骤四：顾客构成分析**

根据完善后的顾客资料，分别统计出以下数据。

(1) 小计年卡、月卡、充值卡等各类卡项及流动的各类顾客的消费额。

(2) 合计各类顾客的消费总额。

(3) 统计出各类顾客在该分类中所占比例，销量额的比例，以及年卡、月卡、充值卡等各类卡项顾客在总消费额中的比例。

(4) 运用A、B、C、D的方法把200位顾客分为4类。A、B类顾客为美容店的重点顾客，C类顾客为普通顾客，D类顾客可视为未来潜力顾客。

(5) 还可以按顾客的住址或社区进行分类。

- **步骤五：美容师分配**

(1) 根据美容师级别分配：未指定美容师的顾客，统一分配。一般按照美容师的级别来分配，如高级别的美容师跟进产能多的重要顾客。因为高级别美容师的技术、专业技能更能留住这类顾客，为顾客提供个性化护理方案，满足这类顾客的需求，从而为美容院创造更好的业绩。

(2) 根据美容师能力分配：能力较强，工作经验较丰富的美容师适当多分配些顾客。具体数据以美容店美容师与顾客比例的实际情况确定。

(3) 根据顾客需求分配：指定顾客由相应的美容师负责跟进，一般顾客连续3次指定同一美容师，在第3次时此顾客将自动升为该美容师的指定顾客。

- **步骤六：跟踪服务**

(1) 熟悉顾客资料：美容师应尽快熟悉自己负责的顾客资料，掌握顾客心理，为服务做足准备工作。

(2) 服务顾客：美容师热情、专业、负责的服务是职业的要求，必须认真执行顾客跟踪服务制度，每月与顾客联系，引导顾客关心自己、注意保养。

(3) 跟进反馈：定期联系顾客的同时，应及时向主管反馈顾客情况，配合做好客情维护，避免顾客流失。

- **步骤七：调整顾客分配**

美容师的收入与业绩有关，店长将随着顾客的变化，调整美容师管理的顾客，指定美容师的顾客除外。

任务评价

1. 分析　描述A、B、C、D顾客分类法各类顾客的特点。

2. 实地走访调研　就近了解一家美容店的顾客分类及管理情况，根据调研结果分析该店顾客管理效率。

能力拓展

根据顾客到店频率对以下顾客进行分类。

1. 能按照美容顾问设置的疗程按时预约和到店的顾客，如1～2次/周、8次/月到店频率等。

2. 3个月内能到店，但是时间不能按照美容护理疗程有规律地到店，预约时间也不定时的顾客。

3. 连续3个月以上无特殊原因未到店，但是联系尚且通畅的客户。

4. 连续6个月以上无特殊原因未到店，项目剩余次数不多，或者对美容效果不甚满意，到店概率不大的顾客。

（张红梅）

任务二 顾客信息收集

学习目标

1. 能够通过有效的方法收集顾客相关信息。
2. 了解顾客信息管理系统，能将获取的顾客信息熟练、准确录入顾客信息管理系统，完成顾客档案建立。

学习任务

充足的顾客是美容店生存的根本，在美容行业市场竞争激烈的环境下，建立完善的顾客档案系统，管理好顾客档案，对顾客进行合理有序的规划，更好地维系顾客与美容店之间的联系，将顾客发展为长期稳定的老顾客，具有重要意义。

一、建立顾客档案的作用

建立顾客档案是开展专业护理的第一步，美容店通过档案卡的翔实记录，了解顾客的需求，为护理方案制订及服务提供重要依据。

1. 美容师可以通过顾客档案了解顾客　美容师在服务顾客以前，对将到店的顾客档案记录必须提前了解，熟悉顾客的前提下，服务才能做到位。了解的内容包括以下几个方面。

（1）顾客基本信息：姓名、年龄、职业、生活习惯、健康状况、联系方式、地址等。

（2）顾客皮肤类型：针对顾客皮肤类型进行沟通，更能准确地了解顾客皮肤的需求。

（3）顾客皮肤护理情况：每次护理使用的产品、仪器、效果等内容。

（4）顾客喜好及注意事项：顾客感兴趣的话题、喜好，以及在护理中的注意事项，例如皮肤的受力程度，肩、颈部按摩要求等。

（5）顾客到店率：长时间没到店的原因，顾客积分记录，顾客参与活动记录。

（6）每次与顾客介绍的产品与项目，当次应主推的产品与项目。

2. 客情维护　前台可以通过顾客档案定期与顾客联系，做好客情维护。

（1）提醒顾客定期护理。

（2）产品购买及使用建议。

（3）在顾客生日前提前给顾客小礼物，生日当天祝贺。

3. 店长通过顾客档案可以进行服务跟进

（1）定期通过顾客档案了解顾客到店情况。对长时间未到店的顾客，安排专人定期跟进，了解未到店的原因。

（2）能够及时了解顾客对店内各方面的要求和建议，对工作及时做调整。

（3）了解顾客对活动感兴趣的主题，以便组织相应活动。

（4）准确掌握顾客的消费情况及美容师的服务执行情况。

二、顾客档案的主要内容及要求

（一）主要内容

应能较全面地反映顾客的一般情况，如美容史、皮肤诊断、护理方案、效果分析、顾客意见等。

1. *顾客一般情况*　包括姓名、年龄、职业、文化程度、健康状况、家庭住址、联系电话、微信号、QQ 号等。

2. *美容史*　是指以往皮肤护理的情况，包括是否在美容店做过护理、使用的是哪些产品以及效果如何、是否有过敏史等。

3. *皮肤诊断*　是指对顾客皮肤状况进行分析、诊断、记录。

4. *护理方案*　是指具体护理措施，包括仪器护理、手法运用、产品选用等。

5. *效果分析*　是指对每一次或一个阶段护理效果的记录。

6. *顾客意见*　是指顾客对疗效、产品、服务、管理等方面的意见和建议。

（二）填写要求

顾客档案是个动态的过程，不是一成不变的，除了要保持其长期性和完整性之外，还要经常维护，保持档案的持续性。在填写时需要注意以下情况。

（1）要向顾客讲清楚填写的目的，以便顾客积极配合。

（2）填写字迹要清晰，不可随意涂改。顾客资料由顾客本人填写，皮肤分析由美容师通过问话形式协助填写。

（3）填写内容要及时、真实、准确、翔实，详细登记每次顾客到店的记录。

（4）应注明顾客护理过程中的注意事项，当次与顾客介绍的产品和项目，下次主推的产品和项目，顾客在护理中所关心的话题和顾客对护理的喜好（如皮肤受力程度等）。

（5）美容师要引导顾客对比护理前后的感受和效果，并进行确认。同时有义务将顾客的最新资料提交前台汇总，及时更新记录。

（6）顾客档案应按一定的顺序编辑，如按姓氏笔画、汉语拼音，或制卡时间顺序或按皮肤情况等录入系统或装订成册，方便查看。

（7）档案要由专人管理，电脑数据库设定密码，定期备份，以防遗失。

顾客信息录入是建立顾客档案的第一步，应对顾客信息进行动态管理和维护，及时更新，这样才能真正发挥顾客档案建立的价值和作用。

（三）注意事项

（1）尊重顾客的意愿，切忌强制记录。

（2）保护顾客隐私，不得将顾客档案的内容向他人泄露，例如随意让人查看。

任务分析

建立顾客档案有助于对顾客进行分类管理，在顾客档案建立过程中，制作顾客信息表格，准确、及时填写表格中的具体内容尤为重要，档案内容较全面地反映顾客的一般情况，如美容史、皮肤诊断、护理方案、效果分析、顾客意见等。如果未向顾客讲清楚，沟通不到位，顾客不配合，顾客就不会提供相关信息或信息不全。因此，在信息收集方面，应掌握沟通的技巧，要向顾客讲清楚填写的目的，取得顾客的积极配合，是在建立顾客档案中获得顾客信息的关键。

任务准备

1. 顾客信息管理系统及操作方法。
2. 顾客档案相关表格的内容及填写要求。
3. 有效获取顾客信息的沟通话术。

任务实施

▶ 案例

李女士，35 岁，额部有少许炎性粉刺，听朋友推荐某美容店的产品效果不错，配合仪器护理，能有效改善她目前的皮肤问题。于是抱着试一试的心态来到门店咨询。为李女士建立档案的具体步骤如下。

- 步骤一：李女士基本信息收集及登记。
- 步骤二：为李女士进行详细的专业皮肤测试。

为李女士进行详细的专业皮肤测试，根据仪器的测试结果，进一步了解顾客的肌肤情况和顾客需求，并记录备案。这样既方便李女士下一次上门的时候安排项目，提高服务效率；同时也可以跟踪她的肌肤护理动态，带给李女士更满意、更贴心的服务。

- 步骤三：登记李女士的护理信息，详细记录她的护理项目、美容师、护理效果、顾客满意度等。
- 步骤四：根据对李女士护理情况和评价的分析，了解李女士对美容店项目和产品的适应情况和满意度，方便美容店调整护理疗程和服务方式。

任务评价

顾客档案常用表

案例中的李女士，35 岁，油性皮肤，今天是第 3 次来做护理，如果你是美容师，让你为李女士做护理，你应该重点获取她的哪些信息，以及在她的档案中要登记和备案的内容有哪些。

能力拓展

建立完善的顾客档案，有助于美容师开展哪些工作，请按表 3－1－2－1 举例说明。

表 3－1－2－1　顾客档案

作用	举　　例
1. 详细了解顾客	顾客的爱好……
2. 指导工作开展	推荐更适合顾客的产品……
3. ……	

（张红梅）

03

模块三 顾客管理

单元二 客情管理

内容介绍

客情关系是指服务、产品提供者在满足顾客需求的过程中与顾客间的情感联系。任何一个商业组织在运作过程中，都会非常关注客情关系的维护与管理。良好的客情关系可以有效提高服务的效率，降低获取的难度，最大化地达成双赢。

通过邀约、顾客接待与服务、售后跟进，为顾客提供完整的美容店护理服务及家中的护理指导，在这个过程中建立顾客对企业的认可、信任，与顾客间的关系就是客情。本单元重点为大家讲解顾客邀约与顾客接待、售后跟进的过程中，美容店客情管理涉及的基本工作内容，了解其工作中的方式和方法。

学习导航

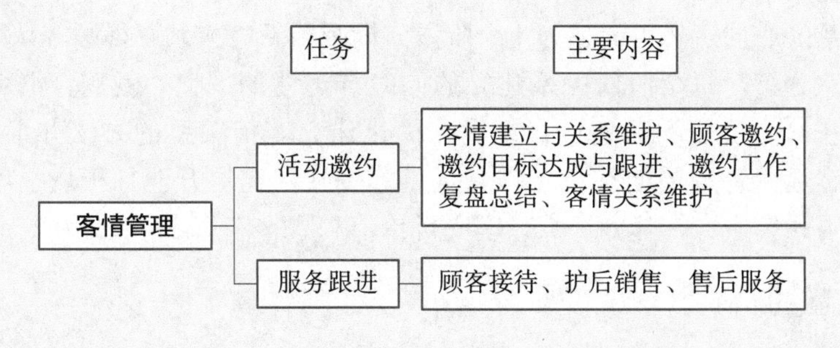

任务一 活动邀约

学习目标

1. 了解邀约方式及流程。
2. 掌握电话、微信的邀约方法及技巧。
3. 能够熟练运用电话、微信邀约的沟通话术。

情景导入

某美容店，顾客流失很大，很多顾客体验之后再也没有去美容店，有些做完一个疗程后就没有再来，有些顾客只买产品不做项目。根据以上情况，该美容店店长开始整理分析，决定以微信等方式主动邀约顾客。微信发出去后，有60%的顾客重回美容店，通过到美容店进行沟通，80%的顾客再次成交。想一想，邀约顾客的微信内容应该怎么写才会打动顾客，取得顾客信任。

学习任务

一、客情关系建立与关系维护

美容行业客情关系的建立与维护，主要通过两个维度达成：一是，顾客未在美容店时，通过顾客邀约和售后跟进的过程；二是，顾客来到美容店，在美容店内接待顾客的过程。客情关系的底层逻辑可简述为4个阶段，即吸引新客人、赢得顾客认可、建立顾客信任、顾客愿意分享，每个阶段关系建立的同时与运营的成交、复购、消费升级、传播品牌相对应。在每个阶段不断地进行复盘、优化建立客情关系的方法并形成闭环管理，客情管理与顾客运营管理周期是相互吻合且目标一致，在提升业务板块、项目及产品性能的同时，增强顾客服务，达到提高顾客交付价值和顾客满意度（图3-2-1-1）。

二、顾客邀约

美容店日常顾客管理中针对各类顾客，如咨询过的顾客、进店体验过的顾客、会员顾客以及美容店举行各类活动时需要参加的顾客等，通过邀约使其来店，在服务中赢得顾客的认可并建立其信任，达到纳入新顾客和维护会员的目的。

新顾客是指首次来美容店或咨询过、体验过但未成为会员的顾客。会员是指在美容

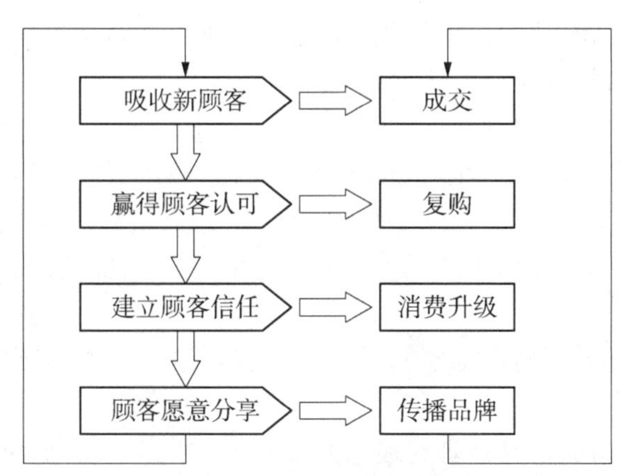

图 3－2－1－1 客情管理与顾客运营管理流程

店办理了会员卡的顾客。

邀约新顾客来店护理，以及每日按目标完成顾客邀约是美容顾问及美容师的一项日常工作及工作职责。那么，如何邀约顾客呢？

（一）邀约流程

美容店的顾客邀约流程详见图 3－2－1－2。

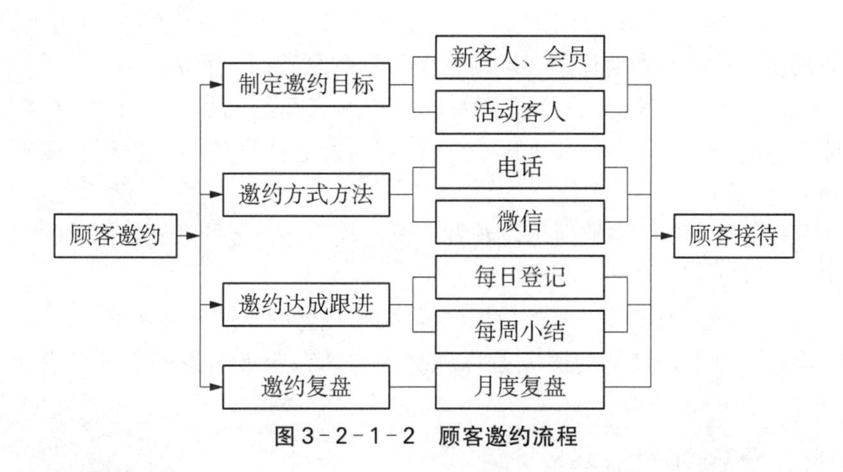

图 3－2－1－2 顾客邀约流程

（二）制定邀约目标

将顾客分层规划出每日邀约目标，梳理出顾客名单，根据不同顾客情况开展精准邀约。

（三）邀约方式及方法

目前，主要通过电话及微信的方式进行顾客邀约。选用哪种方式与顾客沟通，其基本原则是尊重顾客的意愿，参照顾客信息表按照顾客要求的方式选择邀约方式、时间。虽然不论哪种邀约方式我们都没有与顾客见面，但沟通时用心的程度顾客是可以感受到的，所以在交流过程中都应按照相关礼仪，且具有饱满的工作热情进行线上沟通。

1. 电话邀约　电话沟通的特点是及时性强、沟通方式直接、单位时间内承载信息量相对较小，沟通内容需提前准备。因网络工具的广泛应用，电话沟通目前在美容店的使用，已逐渐转为重要的辅助沟通方式，主要应用于以下情况。

（1）正式的邀约或沟通时，如正式的活动“会员主题沙龙”的邀约。

（2）无法微信联系时，如不愿意添加微信的顾客或微信联系后顾客无回复时。

（3）紧急、重要的事情，如顾客将私人物品遗漏在美容店，需及时告知时；顾客超过预约时间，但还未到店时。

电话邀约礼仪

在运用电话沟通时需了解电话沟通的相关礼仪，沟通时出现异议时的处理方法，请扫描二维码了解学习。

2. 微信邀约　微信的特点是具有表达方式可图文并茂、沟通交流更便捷、交流过程有空间、沟通成本低等优势，所以已经成为人们日常生活中重要的沟通方式。

微信邀约礼仪

（1）微信邀约礼仪及沟通技巧（扫描二维码学习）。

（2）微信沟通异议处理：①顾客没有及时回复，建议可在中午 12:00～13:00 或下午 16:00～20:00 再次跟进，但不要连续发送信息；②顾客拒绝预约，再次提醒时间可文字也可使用语音的方式。

（四）邀约原则与技巧

1. 目标设定　每一次邀约前明确本次邀约成功的目标数。

2. 心理建设　摆正心态，积极乐观，让顾客及时得到护理、知晓门店优惠或活动，这是顾客的权利，及时准确地让顾客获得信息和提醒是我们的职责。

3. 准备充分　沟通前需充分准备，明确每位顾客邀约的目的，了解顾客个人信息，包括顾客选择的沟通方式、沟通时间，上次护理时间、护理项目、护理计划等，整理出邀约话术。

4. 把握开场黄金 30 秒　根据每位顾客情况，找到感兴趣的话题与顾客产生共鸣进入交谈。

5. 目标明确　交谈中时刻抓住沟通目标，站在顾客的角度开展沟通。

以上是沟通的原则，满意的服务是以顾客为本，在服务过程中不断精益求精、不断创新中达成的。

三、邀约目标达成与跟进

定时有效的跟进，是确保服务质量及目标达成的重要保障。

1. 跟进方式　将总目标划分为阶段目标，按划分的阶段由相应的负责人定时检查工作达成情况。

2. 跟进方法　跟进每阶段完成情况，及时调整阶段目标，确定总目标的达成。

3. 跟进工具　通过工作跟进表，将阶段达成情况以可视量化的方式呈现（表 3 - 2 - 1 - 1）。

表 3-2-1-1 邀约跟进表

责任人：			检查人：				
类别	目标	检查内容	检查结果				
			第 1 周	第 2 周	第 3 周	第 4 周	备注
新顾客邀约							
会员邀约							
活动邀约							

四、邀约工作复盘总结

每月的最后一周进行复盘工作，总结邀约达成情况并做分析，制定改进方案，优化工作方法及流程，制定下月工作目标及计划。

1. 回顾邀约目标 回顾门店当月月度总目标、小组及个人目标。

2. 评估结果 当月达成与未达成邀约的数据。

3. 分析原因

（1）好的方法：当月达成邀约的有效方法，进行分析并总结。

（2）未达成原因：当月未达成邀约的原因，进行分析并总结。

4. 总结经验 总结分析并制定更新流程，优化工作方式（表 3-2-1-2）。

表 3-2-1-2 复盘表

主题			
时间		地点	
人物		用时	
情况简述			
Ⅰ. 回顾目标：目的与阶段性目标			
1. 最初目的			
2. 最初目标			
Ⅱ. 评估结果：亮点与不足			
3. 亮点			
4. 不足			

续 表

Ⅲ. 分析原因：成败原因		
5. 成功原因		
6. 失败原因		
Ⅳ. 总结经验：规律、心得、行动计划		
7. 规律、心得		
8. 行动计划	开始做	
	继续做	
	停止做	

五、客情关系的维护

研究表明向新顾客推销项目或产品成功率为15%，向老顾客推销成功率为50%，60%的新顾客来自老顾客的推荐。

通过研究数据我们可以看到，初次销售就能达成交易的概率并不高，要达成顾客成交，须让顾客有足够的了解，且认可其价值。这些是需要时间的，所以需要建立客情并维护好顾客关系，使顾客转换成忠诚的顾客。

（一）建立客情关系的关键要素及原则

（1）建立详细的顾客档案。

（2）常与顾客联系，拉近顾客距离。

（3）建立顾客信任：①面对顾客真诚以待，成交后向顾客致谢；②做顾客的亲密朋友，赢得顾客的信赖；③保持密切联系，及时将各类活动告知顾客；④特殊节假日给顾客赠礼品；⑤站在顾客角度换位思考，沟通时多用“我们”，巧妙拉近与顾客的距离。

（4）互惠互利双赢原则。

（5）及时跟踪原则，建立回访和顾客关怀联络机制。

（6）用心倾听原则。

顾客的需求会随时间发生改变，如何进一步发展顾客的关系，企业需要密切关注顾客需求，并及时解决顾客问题。始终保持与顾客密切不间断的关系，将与顾客之间的关系由变数变为常态。

（二）人际交往的距离

人类学家爱德华·霍尔划分了4种人际交往的距离，根据人们的个体空间需求大体上可分为：公共距离、社交距离、个人距离和亲密距离。

1. 公共距离　3.7～7.6 m，顾名思义，无关系或不认识的人之间的距离，例如公共场合中演讲者与听众之间的距离。

2. 社交距离　1.2～3.7 m，正好能相互亲切握手，友好交谈。这是与熟人交往的空间，一般同事、非陌生人交往的距离即该距离。

3. 个人距离　0.44～1.2 m，这是人际间隔上稍有分寸感的距离，较少直接的身体接触。该距离一般发生在关系非常好的同事、朋友、家人之间。

4. 亲密距离　0.15～0.46 m，彼此能感受到对方的体温、气息。身体上的接触可以表现为挽臂执手或促膝谈心。亲密距离一般发生在恋人、夫妻或者亲密同性友人之间。

通过了解人际交往的距离，理解与顾客的交流是一个由浅入深的过程，把握好与顾客相处时的尺度是建立顾客关系的前提。

任务分析

顾客邀约是美容店日常运营的重要工作之一，美容师和美容顾问如果能认识到这项工作的重要性，熟悉顾客邀约的流程和方法，会选择适合不同顾客类型及习惯使用的沟通方式进行沟通，沟通中注意沟通礼仪及话术应用，就容易建立顾客信任，成功邀约。反之，如果事先不了解顾客，没有做好邀约准备，沟通没有针对性，让顾客产生抗拒心理，邀约目标就难以达成。

任务准备

1. 邀约顾客资料。
2. 顾客信息记录表。
3. 邀约话术准备。
4. 邀约工具准备。
5. 自我准备。

任务实施

一、规划邀约目标

根据顾客分层规划邀约目标，通过精准邀约，与顾客建立起良好的顾客关系。

1. 邀约新顾客　整理咨询过的顾客和体验过护理的顾客，通过真诚有序的邀约，持续维护与顾客的联系，最终达成顾客到店，甚至成为会员。

2. 邀约会员　按会员类别整理出需要来店的顾客名单，通过邀约顾客到店护理，确保顾客护理效果的达成，赢得顾客满意度。

通过各类活动促进顾客与美容店的互动，增进顾客对美容店的了解与信任，达成复购与消费升级。

二、准备工作

1. 查阅顾客资料

(1) 顾客个性信息，如顾客接受的邀约时间、方式和喜好。

(2) 顾客护理信息，如顾客上次护理的项目和时间。

(3) 顾客护理的计划，如顾客 3 个月的面部和身体的疗程规划内容。

2. 沟通话术准备　依据邀约目的及目标，准备相应的话术。

3. 工具准备

(1) 电话，使用企业专用电话。

(2) 微信，使用企业微信或个人微信，按企业要求使用。

4. 自我准备　邀约工作中最大的障碍是面对顾客拒绝，有效的解决方法是心理的准备，要用以顾客为本、传递健康与美的心态开展工作。

三、邀约实施

1. 邀约安排　梳理出当日需要邀约的顾客名单，根据每位顾客喜好的联系方式和方便的联系时间进行邀约。

2. 话术准备　常规工作时邀约新顾客、会员的话术，在举办活动时的邀约话术。

(1) 邀约新顾客

场景一：邀约咨询/体验过的顾客话术

美容顾问/美容师："××小姐，您好！您还记得我吗？我是××店的美容顾问/美容师××，请问您最近有空吗？我们店为回馈老顾客，本周到店护理，则可以领取价值××元的护理项目，您有兴趣参加吗？"

顾客："我最近有点忙！没时间！"(根据顾客的语气、语速来判断她的真实性和意愿度)

美容顾问/美容师："这个价值××元的护理项目，非常适合您，就是上次您咨询/护理时讲的护理，对您××（方面）有××（程度）的改善，非常适合您。以前这项护理从未做过活动！"(语气真诚)

顾客："我再考虑一下吧！"(根据顾客的语气来判断她的真实性和意愿度)

美容顾问/美容师："××小姐，不知是什么原因让您顾虑，我还可以为您做些什么吗！"(语气亲切且诚恳)

顾客："最近在外出差，下周才回来，没有时间！"

美容顾问/美容师："出差很辛苦，您要注意休息，也要注意皮肤日间防晒和夜间补养哦！"(语气真诚恳切)

顾客："出差后我再去你们那里看看吧！"

美容顾问/美容师："好的，活动期您在出差，我和经理反馈一下您的情况，争取帮您申请保留这次机会。您看好吗！"(语气真诚)

顾客："好呀，谢谢你啦！"

美容顾问/美容师："那我先申请，晚些时候再联系您，祝您工作顺利！再见！"

邀约跟进：得到经理批复后及时联系顾客，并邀约确定顾客到店时间。同时，在顾客出差期间，可发送出差保养小常识给顾客，保持联系。

(2) 邀约会员

场景二：邀约来店护理话术（达成）

美容顾问/美容师："××小姐，您好！我是××店的××，最近您的皮肤情况都还好吗？"

顾客："还好！"

美容顾问/美容师："今天是××号，您又要定期过来做护理保养啦！"(语气要略带

肯定）

顾客：“今天我没空呀！我有事！”（根据顾客的语气来判断她的真实性）

美容顾问/美容师：“××小姐，要保持健康美丽的容颜，您可要坚持来做护理，定期护理才有助于效果的达成哦。您上次到现在都好久没有过来了，我们都挺想您的，××小姐！您过来让我看看是不是比上次变得更漂亮了。”（语气需传递真诚和亲切感）

顾客：“那几点钟啊！”

美容顾问/美容师：“××小姐，您××点过来吧！那个时候我有空，会提前帮您准备好，您到时候直接过来就行了，××小姐，您要准时过来哟（语气要略带肯定），我会为您做好充足的准备！”

顾客：“好的，到时候见。”

美容顾问/美容师：“好的，××小姐，到时候见，祝您生活愉快！再见！”

邀约跟进：当天晚些时间和预约护理前一天，通过微信或短信给顾客发“温馨提示”的信息，再一次地强调准时来做护理。

“温馨提示”：亲爱的××小姐，健康美丽的容颜需要您精心的呵护，××号××点您的专属美容师××，会为您提前准备精致护理保养，静候您的光临，×××店。

场景三：邀约来店护理话术（未达成）

美容顾问/美容师：“××小姐，您好！我是××店的××，最近还好吗？”

顾客：“还可以吧！”

美容顾问/美容师：“今天是××号喽，您要定期过来做护理保养啦！”（语气要略带肯定）

顾客：“今天有事，我现在正在忙，改天再说吧！”（根据顾客的语气来判断她的真实性）

美容顾问/美容师：“××小姐，最近您辛苦了，有空您要抽些时间放松一下自己，劳逸结合效率更高的。”（语气真诚，表达关心）

顾客：“知道了，谢谢关心！”

美容顾问/美容师：“那好的，××小姐您先忙，这两天您要是有时间就过来做下护理，舒缓一下心情，放松放松身体。”

顾客：“好的，谢谢！”

美容顾问/美容师：“好的，××小姐，到时候我再给您电话，您有什么需要的就给我打电话，祝您生活愉快！再见！”

邀约跟进：3～4天后，通过微信或短信给顾客发“温馨提示”的信息，再次提醒护理时间。

“温馨提示”：亲爱的××小姐，您美丽的肌肤呼唤您，要去做护理保养喽，我们恭候您的光临，×××店。

（3）活动邀约

场景四：活动邀约话术

××女士，您好！明天我们××美容店，将邀请功能医学专家杨博士举行专场沙龙，为大家奉献一堂健康与美容的课程，机会十分难得哦。您有时间过来听一下，我们有小礼品赠送。

××女士，您好！明晚8点钟我们××美容店，将在抖音直播“吃出小蛮腰”，邀请您有时间可上线观看，直播过程中惊喜抽奖不间断，现场连线送大奖。

××女士，您好！我是××美容店的××美容师，承蒙您对我们××美容店信任，感谢您一直以来对我的认可。我店将于××日新开业，希望到时候您能参加我们的典礼，您的支持是我们最大的前进动力！

四、登记信息

邀约成功及时登记在预约表中；未达成邀约时，需及时将沟通情况记录在顾客资料和每日邀约跟进表中；每周填写跟进达成进度表。

五、邀约复盘

每月进行复盘，统计完成率并总结改进邀约方法，优化邀约行动计划并在下个月实践运用。

六、任务训练

设计不同邀约对象，设计邀约情景和邀约对话，进行实战练习。

1. 实训目的　通过实践演练了解邀约话术，体会邀约与被邀约者的心理。

2. 情景要求

（1）通过电话方式邀约顾客来店护理。

（2）邀约顾客类型：新顾客、会员。

4. 实践过程

（1）全班同学按每组3人分成若干小组，组内进行角色扮演，分为顾客1人、美容顾问1人、观察员1人。

（2）分组进行演练，组内3人轮流扮演不同角色。

3. 实训演练工具

（1）顾客接待桌、椅、电话。

（2）顾客资料，沟通话术。

（3）若干白纸及笔。

4. 教师对各组演练进行点评，同学分享邀约与被邀约时的体验。

任务评价

1. 想一想，练一练。

李女士是10天前来咨询过某项目或体验过某项目但未成为会员的顾客，你将用什么方法邀约她再次到店并办理会员卡，在邀约前你准备好了吗？

2. 邀约复盘统计（见表3-2-1-3）。

表 3-2-1-3 邀约复盘统计

邀约目标	邀约人数	微信邀约到店人数	电话邀约到店人数
新客人邀约			
会员邀约			
活动邀约			

邀约复盘作用：①回顾在上面的练习过程中，知识的运用情况，总结做得好的部分和还需要提升的部分。②查看自己知识掌握情况。③构建完成一项工作时的思考维度。

3. 通过上面想一想，练一练的练习，做一份邀约复盘（参见表 3-2-1-2）。

能力拓展

你所在的美容店，准备举行年终会员答谢会，会议内容：①企业品牌宣传，形象展现，企业展望；②企业高管答谢致辞；③文艺演出（含员工才艺表演）；④回馈顾客，抽奖环节，作为门店的管理者，你应该如何规划这次会员邀约工作？如何邀约可以增进与顾客之间的客情？

（唐　颖，宋　婧）

任务二 服务跟进

学习目标

1. 了解顾客接待与跟进过程客情关系的建立。
2. 掌握顾客接待及售后跟进的流程。

情景导入

某美容店的美容师小李，根据顾客邀约登记的信息，发现老会员王女士未按时来店。于是给王女士发了一条微信："王姐，您好！长时间没来做护理了，今天有空吗？如果方便，我还帮您预约下午3点钟好吗？🙂"

王女士因出差外地，晚上看到微信才回复："我还在外地，明天下午3点钟可以过来"。

美容师小李收到顾客的回复，接下来应如何做好顾客的接待呢？

学习任务

在美容店为顾客服务的过程，是顾客了解企业文化、识别项目产品品质优劣、感受服务、体验技术专业程度的过程，是客情关系建立及顾客对企业认知到认可的主要阶段。

顾客接待与跟进流程详见图3－2－2－1。

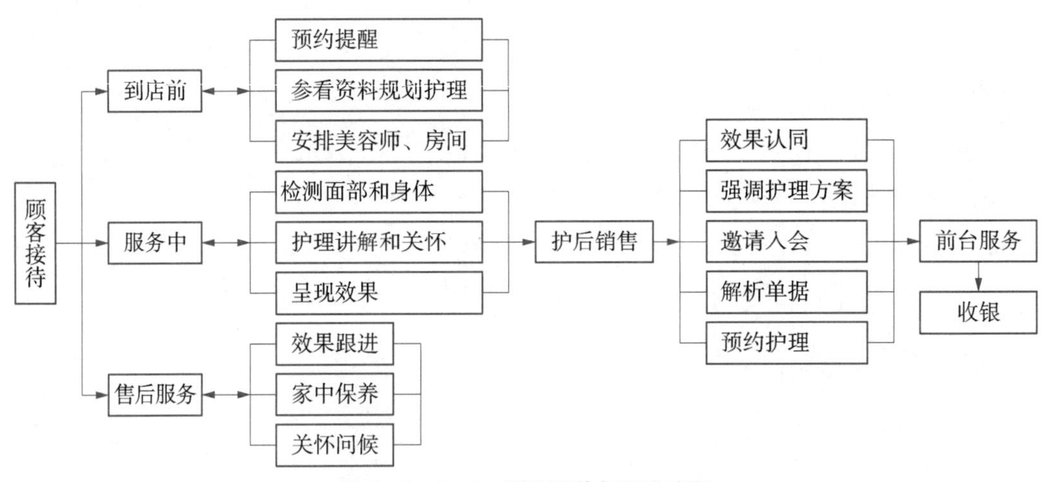

图3－2－2－1　顾客接待与跟进流程

一、制定顾客来店护理的目标

根据运营目标，设定月度顾客来店护理目标数，其中包括新顾客来店人数、会员来店人数、入会续会人数。

二、顾客来店接待服务

(一) 接待服务是与顾客相互认知的过程

(1) 新顾客：美容顾问与美容师在接待和护理服务时，向顾客介绍企业文化，使顾客全面了解企业；美容顾问在接待时建立顾客信息资料，了解顾客及其需求。

(2) 会员：会员顾客在定时的护理过程中，美容顾问与美容师需及时分享企业发展动态、项目相关知识，进一步建立顾客认可度；美容顾问与美容师在护理服务的过程中，需不断了解发掘会员诉求，为顾客不断提供满意服务。

(3) 顾客分类管理：识别顾客性格特点，提供个性化的服务，护理过程中使顾客产生良好的体验，需做好充分的准备、用心的服务、专业的知识与技术操作和完善的售后服务。

(二) 顾客到店护理前准备工作

1. 顾客来店提醒 通过邀约顾客，预约好来店的时间，在顾客到店前一天美容顾问或专属美容师需再次发送信息或以电话的方式，提醒并确认顾客来美容店的时间。

(1) 查阅资料，规划护理项目：通过提前查阅顾客资料，了解顾客情况，为这次护理安排做好准备。顾客来店前，美容顾问提前从 3 个方面查阅顾客资料。

- 查看顾客个人基本信息，了解顾客需求信息、护理习惯、消费情况及需注意的事项。
- 查看护理计划，了解顾客近期护理安排；查看顾客上次护理情况，了解顾客护理中的问题、操作重点和注意点、护理后的情况。
- 查看护后反馈，了解上次护理后顾客在家中的情况反馈，以及自我保养情况。

根据以上信息，美容顾问预判顾客本次需求，并做好提前护理规划。

(2) 安排美容师：新顾客根据顾客性格、皮肤情况、所要开展的护理项目安排合适的美容师；会员可安排她的专属美容师或参照新顾客安排原则选择合适人员。

(3) 安排护理房间：根据顾客喜好和预约时间，安排护理房间。

2. 护理服务的接待过程 护理接待首先由美容顾问为顾客进行专业分析；美容师在护理中根据顾问个性化方案进行针对性操作，并及时与顾客进行有效沟通。这三点是确保护理效果达成的关键点。护理服务的具体接待过程如表 3-2-2-1。

3. 护理售后服务跟进 依据皮肤新陈代谢的周期，美容护理多为 7 天 1 个周期，顾客每月来美容店护理可达到 4 次，其余约 26 天的时间都需要家中自我护理。所以，顾客达到好的护理效果，护理后售后服务跟进非常重要。

表 3-2-2-1　护理服务接待过程

<table>
<tr><th colspan="2">护理前</th></tr>
<tr><td rowspan="4"></td><td>① 美容顾问和美容师需提前在大厅等候，热情迎接顾客，创造宾至如归的良好氛围</td></tr>
<tr><td>② 美容顾问在顾问间接待的过程中，通过与顾客沟通了解顾客此次的需求，挖掘顾客真正的诉求</td></tr>
<tr><td>③ 美容顾问为顾客进行检测，分析面部及身体问题，结合顾客需求给出护理方案</td></tr>
<tr><td>④ 美容顾问向顾客引荐今天为她护理的美容师，以及向其介绍美容师为她护理的优势</td></tr>
<tr><th colspan="2">护理中</th></tr>
<tr><td rowspan="5">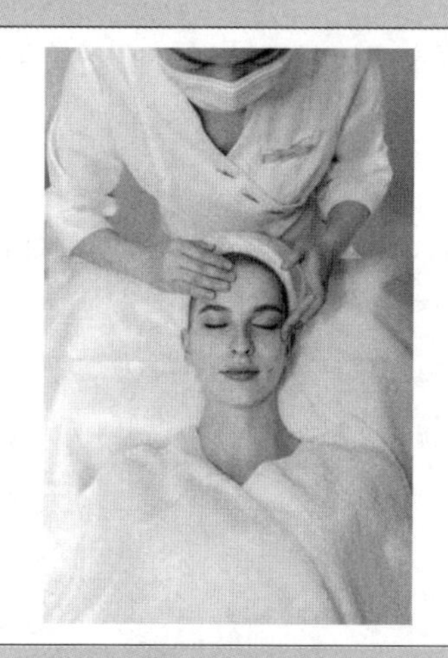</td><td>① 护理开始时：美容顾问邀请顾客一同看镜子，需向美容师介绍护理操作重点，向顾客讲述护理后的变化</td></tr>
<tr><td>② 护理操作时：美容师针对顾客需要，根据顾问的指导，严格按照护理操作的要求为顾客护理</td></tr>
<tr><td>③ 护理过程中：美容师为顾客讲解护理步骤，以及护理过程中顾客的变化</td></tr>
<tr><td>④ 护理完成：美容师再次邀请顾客看镜子并与顾客互动，讲解护理后的变化。根据这次护理情况，为顾客梳理讲解家中护理的方法、注意事项和护理的意义</td></tr>
<tr><td>⑤ 整个护理过程：美容师与顾问共同为顾客营造愉悦放松的护理环境</td></tr>
<tr><th colspan="2">护理后</th></tr>
<tr><td rowspan="4"></td><td>① 护理方案：美容顾问为顾客制定护理方案，并且为顾客讲解达成共识。如果是新顾客，需为顾客推荐和介绍会员卡，使顾客享有最大优惠。把握顾客的需求，达成新顾客办理会员卡、老会员续购会员卡，以及项目、产品的购买</td></tr>
<tr><td>② 解析消费：美容顾问打印此次护理单据，依据护理单据，逐项为顾客讲解本次消费的是什么护理项目、价格是多少，确认无误后请其签名确认，将顾客联单据交给其本人</td></tr>
<tr><td>③ 下次邀约：美容顾问和美容师根据护理计划的护理周期，邀约顾客下次护理时间，并告知顾客定期护理的意义及重要性</td></tr>
<tr><td>④ 送别顾客：美容顾问和美容师一起送顾客至大门外，目送顾客离店，待顾客背影消失</td></tr>
</table>

服务跟进主要包括，护理后效果跟进、提醒护理跟进、个性关怀跟进。

（1）效果跟进：因每个人的体质、身体状况各不相同，所以护理后的效果可能会呈现不同程度的变化。因此在护理后的第 2 天，需要对顾客进行回访，了解顾客护理后的效果、对护理服务的满意度。

1）顾客护理后的反馈：主要回访顾客护理后皮肤、身体的变化，用引导式的语言让顾客感受护理后的效果、体会变化。效果引导，是依据护理应有的功效，针对顾客的体质而出现的变化。

2）家中护理：美容顾问根据顾客所做护理项目，跟进顾客在家中如何使用产品，怎样配合这次护理使效果更持久，并强调家中护理的注意事项。

3）预约下次护理：了解顾客对护理过程的满意度，邀约或确定下次护理时间，提醒下次护理前会给顾客打提醒电话或发信息。

4）护理后异议：顾客有可能提到的皮肤异议情况，美容顾问需及时做好反馈工作。

（2）提醒顾客护理：美容顾问按照护理计划，跟进顾客定时来美容店做护理。

1）定期护理顾客提醒：邀约顾客定期来美容店做护理，美容顾问致电或发信息给顾客，确认顾客是否能如期来店。

2）未定时护理的顾客维护方法：美容顾问定期了解顾客皮肤的情况、所处的环境、气候变化等信息，为顾客提供相应的护理建议，视情况邀约来美容店的护理时间。

（3）个性关怀跟进：①重要的日子为顾客送上祝福，如生日、节日等；②针对性的需求，将各项活动、促销信息及时告知顾客。

真诚、用心、专业的服务过程使顾客放心、愉悦、舒适，个性化的服务令顾客感到尊崇，改善顾客诉求是让顾客满意的根本。

三、顾客服务目标达成跟进

（1）美容顾问进行每日目标达成小结。

（2）美容店负责人跟进每日门店目标达成情况，每周进行会议分享成果、分析问题，以终为始，调整周目标。

四、复盘总结

每月的最后一周进行复盘工作，总结顾客接待达成情况，并分析制定改进方案，优化工作方法及流程，制定下月工作目标及计划。

1. 回顾顾客接待目标　回顾门店当月月度总目标、小组及个人目标。

2. 评估结果　当月达成与未达成接待目标的数据，其中包括顾客信息分析、顾客来店率分析、顾客消费分析、顾客忠诚度分析。

3. 分析原因

（1）好的方法：当月达成邀约的有效方法，进行分析并总结。

（2）未达成原因：当月未达成邀约的原因，进行分析并总结。

4. 总结经验　总结分析制定出更新的流程，精进的工作方式。

任务分析

顾客在美容店进行护理的过程是建立认可和信任重要的环节，在这里美容店的工作者会向客人展现及讲述企业文化与发展，使新顾客能快速且较全面地了解企业，对老会员是一种持续的吸引。

在顾客接待中及时收集顾客信息、了解顾客需求，知己知彼是客情建立的开始。这一阶段仍然以可量化的数据为客情管理目标，首先制定合理的顾客来店数据目标，再将每一项目标分解为具体的工作，分解到每一次顾客的服务中。

接待顾客前充分准备，整个接待过程中应提供有针对性的、个性化的服务，护理中技术操作专业、细致的讲解，无微不至的关怀，收获顾客的满意。

门店管理者需把握整体目标，跟进达成进度，及时给予指导确保目标达成。定期通过复盘改善出现的问题，进行优化和改进工作方法。

任务准备

1. 预约　通过预约记录本查询次日预约顾客名单。

2. 预约提醒　通过微信、短信或电话确定顾客预约时间，针对每位顾客编辑沟通信息或电话话术。

3. 护理前准备　排出次日房间、仪器、美容师每个时间段的安排。

4. 售后跟进　确定需要跟进的顾客名单，参照顾客资料，有针对性地制定跟进内容和话术。

任务实施

(一) 明确目标及要求

1. 制定目标　美容店店长与美容顾问结合运营目标，共同制定月度来店护理的顾客目标数。

2. 邀约再次确定时间　美容顾问与美容师再次与顾客联系，确定次日来店的时间。

3. 顾客来店前准备工作　资料查询、人员安排、房间准备、护理项目规划准备。

4. 服务中　美容顾问通过问询和检测给出最佳护理方案，美容师操作专业，用心呵护顾客，护理中讲解护理呈现的效果。

5. 售后服务跟进　护理次日跟进效果及家中保养情况，跟进顾客再次护理时间，关怀顾客个性化问候。

(二) 任务训练

根据顾客接待与跟进的流程图（图 3-2-2-2），在教室模拟设定出不同的功能区域，即前台、顾客接待区（咨询室）、美容护理区，分组模拟演练顾客接待全过程。

1. 实训目的　通过实践演练，了解顾客接待和跟进的过程。

2. 实践过程

(1) 全班同学按每组 4 人分成若干小组，进行角色扮演，分别为顾客、接待的美容顾

问兼美容师、前台、观察员。

（2）请各组根据顾客接待与跟进的流程，在设定的区域进行顾客接待的演练。

（3）分组进行演练，组内 4 人轮流扮演不同角色。

3. 实训演练工具

（1）顾客接待桌、椅、电话、模拟皮肤测试仪。

（2）顾客资料、护理计划。

（3）若干白纸及笔。

4. 点评　教师对各组演练进行点评。

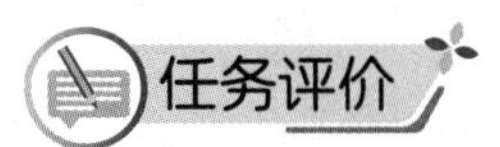

任务评价

对任务训练中各自的表现进行评价，评价等级分为优秀、合格、不合格（表 3－2－2－2）。

表 3－2－2－2　任务评价表

评价方式	评 价 内 容			
	态度	语言	时间	接待流程
自评				
顾客评价				
观察员评价				

能力拓展

1. 美容店在顾客管理中常会将顾客进行分类，以便有针对性地对顾客分层管理，请你检索什么是顾客细分？了解不同分类的特点。

2. 顾客分层精准管理可以满足顾客的不同需求，收获顾客满意、建立顾客忠诚度。而每一位顾客的满意，是源于顾客接待者对顾客敏锐的洞察力和快速识别顾客性格特点的能力。目前，常用的性格行为测试方法很多，这里推荐常用的行为特质动态衡量系统（PDP）、九型、性格色彩，大家可以网上搜索了解学习，再用 PDP 为自己做个测试。

（唐　颖，宋　婧）

03

模块三　顾客管理

单元三　顾客异议及投诉处理

内容介绍

美国超级富豪、杰出的商人马歇尔·费尔德认为："那些购买我产品的人是我的支持者；那些夸奖我的人使我高兴；那些向我埋怨的人是我的老师，他们纠正我的错误，让我天天进步；只有那些一走了之的人是伤我的人，他们不愿给我一丝机会"。如今，在IBM公司（国际商业机器公司），其中40%的技术发明与创造，都是来自顾客的意见和建议。

虽然顾客在接受服务过程出现异议、投诉都是一件麻烦的事情，但正确的处理却可以从顾客异议和投诉中寻找到"商机"，捕捉到顾客真正诉求，找到新的"买点"，变"危"为"机"，因此，顾客投诉也常被誉为是一种危机"资源"。

学习导航

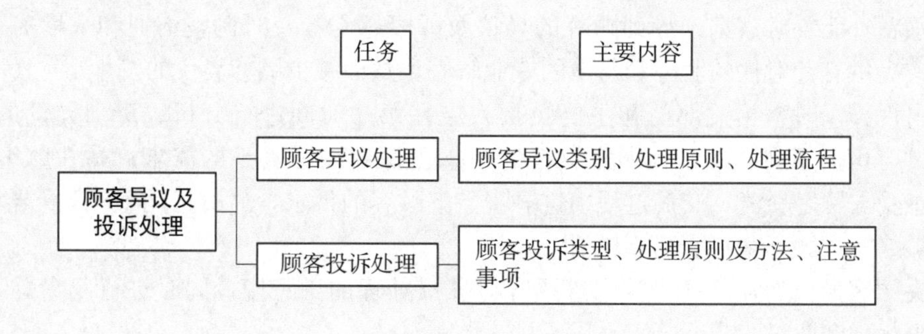

任务一 顾客异议处理

学习目标

1. 了解顾客异议概念及美容店常见顾客异议类别。
2. 掌握处理顾客异议的原则及方法。
3. 掌握顾客异议的处理流程。

情景导入

平日我们在逛购物中心、商场、超市时，会遇到不同的导购人员向我们推销各种商品。在导购人员推销的过程中，我们会有多种反应，满意了即成交或分享满意；若不满意，可能会产生异议或投诉等。

学习任务

一、顾客异议

顾客异议是指美容店在服务和销售过程中，顾客对其产生了不明白、不赞成、质疑或拒绝。

在美容店接待和服务顾客的过程中经常会面临顾客异议，如果这个时候工作人员产生情绪，就会自乱阵脚，不但无法消除异议，可能还会给顾客留下不好的印象，从而影响销售业绩甚至品牌形象。

因此，工作人员在接待服务顾客时除了极强的专业能力，还需要对顾客的反应有良好的敏感度，能及时察觉预见到顾客的异议及顾客感受，及时调整沟通和采取有效的服务方式，提供有针对性的服务和易懂的专业解答，从而减少顾客异议的发生。

当出现异议时，相关部门和主要负责人应在第一时间进行分析、辨别异议的原因。工作人员应积极正向，本着为顾客负责的心态去探究顾客真正的需求；站在顾客角度，同理其感受与顾客交流，交流过程中进一步了解顾客的诉求，通过运用 LSCPA 异议处理技巧，最终达成顾客认可而消除异议。

解决顾客异议后，负责人需跟进顾客对异议处理的满意度，同时进行复盘并对相关工作做出优化和改进。

二、顾客异议的类别

如何辨别顾客异议是解决异议的关键也是难点，可根据顾客异议产生的性质和原因进行以下分类（图 3－3－1－1）

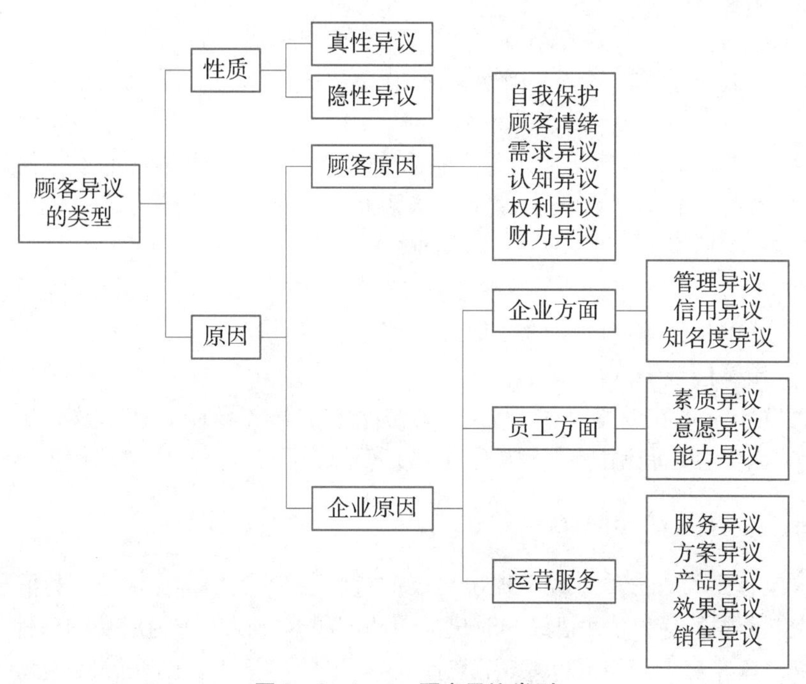

图 3－3－1－1　顾客异议类别

1. 顾客异议性质分类

（1）真实的异议：是指顾客在护理、消费过程中产生的不理解、不认可，顾客真实表达出对其的质疑或拒绝。

（2）隐藏的异议：是指顾客因服务或消费等所提出的异议，但并非是真实内心的诉求，只是通过提出各种异议，借此创造解决隐藏异议的环境。

2. 顾客异议产生原因分类

（1）顾客原因：①自我保护：大多数顾客在接触未知事物时（如新的品牌、新的项目等）会产生抵抗情绪，这是最常见产生异议的原因；②顾客情绪：来美容店前因不明原因顾客情绪不佳；③预算不足：缺乏购买力或消费决策权受限；④不愿接受：已有认可的护理项目、产品的品牌，不愿接受其他产品；⑤有成见不信任：对护理项目、产品或服务销售的过程有成见；⑥不了解：对护理项目、产品不了解；⑦借口推托：不便说出的原因或不想此时花时间交谈。

（2）企业原因：①企业方面原因：管理原因、知名度、信誉度；②员工方面原因：员工的工作素质、专业知识、综合能力，员工对工作意愿度、员工关系及绩效考评维度；③运营服务：服务流程制定不完善，或在服务时未达到要求。

3. 常见运营服务中顾客的异议

（1）服务异议：美容店工作人员在接待和服务过程中没有赢得顾客好感，如接待过程姿态过高、过于强势，或讲得太多、倾听得太少，未了解到顾客的需求，或服务中不细致、护理操作不到位等使顾客不悦产生异议。

（2）护理方案异议：美容顾问为顾客制定的方案与顾客需求不一致，如美容店正在进行美白护理推广活动，一位新顾客来店后，美容顾问根据顾客皮肤情况，主观为顾客制定了美白系列6次的疗程方案。在向顾客介绍方案时，才知道顾客希望改善皮肤紧致的问题。

（3）产品品质异议：美容店使用的产品品牌知名度高，则顾客容易产生信任，反之新顾客也常常因对品牌的不了解产生异议；产品批次不同发生的外包装、性状等的改变常会引起老顾客产生质疑。

（4）效果异议：美容店工作人员在推荐护理项目或产品时，与顾客以往的认知不符，使顾客产生不认可；当顾客购买的护理或产品在使用后效果与美容顾问描述不符时，顾客会对此产生质疑甚至不认可。

（5）销售异议：如在销售过程中工作人员因价格讲解不清晰，或未及时告知顾客价格产生异议，或因美容顾问销售时急功近利，顾客不认可其价值，使顾客产生不悦而拒绝。

三、顾客异议的处理原则

1. 明确顾客异议的价值　顾客提出异议的过程会包含大量顾客需求的信息，此时是判断顾客诉求及顾客接受程度很好的时机。因此，顾客异议也称为成功的路标。

2. 重视顾客异议　第一时间及时面对顾客提出的异议，且站在顾客立场上想问题寻找异议原因。

3. 准确分析顾客异议　鼓励顾客多说话，多倾听顾客给出的信息，收集多维度信息，以分析辨别顾客异议的根本原因。

4. 正确回答顾客异议　保持真诚合作的态度，把握合适时机处理顾客异议。具体处理顾客异议的时机如下。

（1）在顾客提出异议前给予及时答复。工作人员在接触顾客的过程中敏感地觉察到顾客可能会提出一些不同的意见，在顾客产生异议前及时调整服务，消除顾客的顾虑。

（2）在顾客提出异议后马上处理。顾客提出不同的意见，都是希望能够马上给予她们一个满意的答复。因此，及时处理顾客提出的不同意见是服务人员处理此类问题最佳的时机。

（3）推迟处理顾客异议。①当无法给顾客一个满意的答复时；②此时答复顾客的异议，反而对销售工作增加不利因素；③顾客所产生的异议，会随着时间的推移逐渐减少或消失。

（4）不处理顾客的异议。顾客提出的一些异议并不是真正想要获得回应或解释时，或者只是想表达自己的看法等，同时这些异议和当下的服务与销售没有直接关系，工作人员只要微笑点头表示同意或表示听到，时机合适迅速引开话题。

5. 尊重顾客异议　处理异议的工作人员要尊重顾客异议，无论顾客提出的异议正确

或错误、深刻或是幼稚，工作人员都需在处理异议的过程中表现为重视的态度，避免出现耷拉着脸、不耐烦、轻蔑、东张西望心不在焉，工作人员应双眼正视顾客面部，表现出真诚并全神贯注的样子，交谈时语气要亲切柔和。避免对顾客说："你错了""连这你都不懂""让我给您解释一下""你还没搞懂我说的意思，我是说"等。这些说话的语气会激化矛盾，使之升级为更大的矛盾。

四、顾客异议的处理方法

顾客的异议因人因事各有不同，所以处理的方法也需要针对不同的顾客采取不同的处理方法。美容店常见顾客异议的处理方法如下。

（一）真诚倾听法

在对待顾客异议时，认真聆听，同理顾客的感受适时做些引导。当顾客全部讲完后，再诚恳地解答澄清异议。这是处理顾客异议有效的方法之一，这种方法也称为三步法。

第一步，认真聆听：顾客出现异议时不要急于回应或辩解，应鼓励顾客充分表达心中的疑惑，细心倾听分析异议的性质。

第二步，同理感受：站在顾客角度设身处地体会同理她的感受，并给予恰当的认同、赞美、引导等作为回应，可有助于缓解抗拒或敌对的情绪，使顾客感受到有被接收和理解。从而使顾客把对抗态度转化为愿意与我们一起解决问题。

第三步，澄清异议：很多时候，顾客真实的异议与最初的表述会有很大的出入，与顾客建立交流后，可以通过向顾客提出问题，找出顾客具体的顾虑，辨识异议问题的根本。常见的异议有误解、怀疑、确实存在等3种情况。当发生误解时，应向顾客说明澄清；当因怀疑引起异议时，应向顾客用实例或交流解释澄清；当确实存在问题时，通过证明优点来弥补缺点或以行动进行补救，从而澄清异议。

（二）转折法

转折法是处理顾客异议的常用方法，根据相关事实间接否定顾客的异议。顾客提出异议后，首先承认顾客的看法有一定的道理，然后再讲出自己的看法。或以询问的方式，向顾客提出问题，引导顾客在不知不觉中回答自己提出的异议，甚至否定自己的异议，同意工作人员的观点及处理方法，这种方法又称为询问法。

▶ 案例 1

A女士35岁，全职太太，因身体肩颈疲劳感到不适，经朋友介绍在美容店定期做身体舒压健体的护理已3个月，肩颈疲劳情况有明显的改善。因面部皮肤疏于保养且皮肤偏敏感，甚至换季时偶尔会出现过敏，于是美容顾问向她建议面部保养护理，以下是她们的对话。

顾客：衰老是自然现象，我喜欢天然不经修饰的美，不需要护理，我觉得挺好的！

美容顾问：是的，自然健康的美才是真正的美。

美容顾问：您说到这一点表明您是一位喜欢自然健康，这是非常正确的。

美容顾问：您的五官以及轮廓长得都非常好看，对您来说不用刻意修饰；相信您一定也认可健康是保持美丽肌肤的基础，不知您是否会因换季时皮肤容易出现敏感而被困扰。

顾客：是的，每到换季时……

美容顾问：因为您皮肤锁住水分的能力不足，造成皮肤屏障功能较弱，所以，当您的身体或外部环境发生改变，像季节转换时就容易发生敏感。一旦出现敏感肌肤就会对肌肤产生负面的作用，可能会出现色沉、细纹，若护理不当还会引发更严重问题。为了避免这些问题的发生，最好的办法就是给皮肤正确地补充水分，保持皮肤水油平衡，使皮肤屏障处于健康状态。

顾客：是吗？有什么办法可以解决这个问题吗？

美容顾问：依照您的皮肤状态，增加表皮的含水度就可以有效提升皮肤屏障功能。我帮您规划一个方案，一会儿讲给您听。

（三）转化法

转化法是利用顾客提出的反对异议进行处理。顾客的反对异议具有双重属性，既是交易的障碍，同时也是交易的机会。应把握其积极因素去消除其消极的一面。利用顾客的反对意见，转化为肯定意见。转化法适用于与成交有关的反对异议。

▶ 案例 2

美容顾问与顾客对话。

顾客：这个产品太贵了！

美容顾问：我了解，单从数字上金额好像是高了些。

美容顾问：这款芦荟精华，是提取自芦荟科目中为数不多具有药用价值的库拉索芦荟，并且待它生长到第 4 年时才进行采摘；因其含有丰富的活性物质，且必须在很短时间通过特殊工艺低温萃取，才可最大程度地保留有效成分。因此，它确实是一款非常有功效的精华。

美容顾问：关键是这款产品非常适合您肌肤现在的需求，所以从性价比上讲，还是一款物超所值的产品，使用后一定会为您的肌肤带来显著的改变。

（四）优点补偿法

本法适用于顾客的异议确实有道理。当顾客的异议的确切中了服务或产品的缺陷，不可回避，应肯定有关缺点，然后淡化处理。利用优点来补偿甚至抵消缺点。

▶ 案例 3

某美容店平时产品最低折扣为 8 折，现在做产品特价销售活动，惊爆价为 4 折优惠！
顾客 A 女士：“这些销售的产品都临近保质期了呀？”

美容顾问："的确都是3个月就到期的产品，所以我们才特价销售。虽然价格优惠，但是产品的质量可以确保是没有问题的，不会影响您使用的效果。"

[案例点评] 这样一来，既打消了顾客的疑虑，又以价格优势来激励顾客购买。这种方法侧重于心理上对顾客的补偿，以便使顾客获得心理平衡感。

(五) 规避法

对于顾客提出的一些不影响成交的异议或拒绝，有时最好不宜处理，对异议既不否认，也不回答，暂时回避。可用微笑点头表示同意，或表示听到了顾客的话。

(六) 直接否定法

本法用于顾客对于企业的服务、诚信有所质疑时或顾客表述的所谓"权威性、专业性"的内容不正确时。直接否定法运用时须注意以下几点。

(1) 注意表达否定意见时的态度，要真诚而殷切，要面带微笑避免误会引起不悦。

(2) 性格极为敏感和特别固执己见的顾客，慎用此方法。使用不当很可能会引起这类顾客的强烈反感。

(3) 这种方法多用于顾客采用疑问句形式提出的异议，不用于表述个人观点或对事实陈述时使用。

(4) 新员工或对顾客不了解的情况下，都应慎重使用此方法。同时，直接否定法最好与其他方法配合使用。

(七) 讨教法

遇到有些顾客的异议时，可以通过积极地向顾客讨教的方式，与顾客进行讨论，在讨论中收集信息，澄清异议。

(八) 举例排除法

通过展示与顾客异议类似的案例，激发起顾客的兴趣，消除顾客顾虑的方法。

案例展示过程有以下5个关键要素技巧。

1. 案例主人公　案例中的主人公需要与顾客情况类似，甚至比她的身份、年龄等还要多一些优势。

2. 目标要一致　在讲述这个案例时，主人公的目标是什么一定要准确，并与顾客目标具有一致性。

3. 遇到障碍要一致　描叙障碍要与顾客的情况一致，并且可信，不能夸张。

4. 用了什么方案　讲述方案时，切忌一语带过。

5. 重点说明产品或方案达到的效果　这需要浓墨重彩地讲出来，并且效果一定要尽量与顾客的诉求靠近。

五、案例学习

(一) 服务异议

对美容店的服务态度、美容师技术及操作规范等服务质量提出异议在美容服务中最为常见，如投诉美容师手法不好、产品用量不足等。

▶ 案例 4

美容师小美调入某美容店上海恒隆店的第一天，有一位 VIP 会员 B 女士，刚刚出差回来就直接来到店内，需要做个护理，但未预约。此时其他美容师都在忙，于是美容顾问安排小美为这位顾客服务。可能是差旅的劳顿，护理过程中顾客很快就睡着了，护理中小美细心呵护顾客。但护理后顾客非常不悦，找到美容顾问说小美护理中没有给她用金颜丝滑精华安瓿。缘由是因为这个精华很贵，以前为她做护理的美容师都会拿给她看后再使用，可这次小美没有给她看。

美容顾问：我理解您说的，我马上请美容师过来了解一下具体情况，除了这一点刚才整个服务您还有什么不满意吗？

顾客：那也没有了。

美容师迅速来到顾问间，经了解因护理中顾客睡得很沉，上精华时未能叫醒顾客，但在顾客的美容垃圾里找到了安瓿的空瓶，同时护理后效果也很显著。顾客的疑虑已基本消除。

美容顾问：B 女士您护理后确实气色、皮肤的水润度及饱满度都好多了，您觉得呢？

顾客：是的，还挺好的！

美容顾问：今天为您服务的美容师她的技术和专业都很好，而且在服务中特别细心，很多顾客都很喜欢她。公司也正因为这些，特意把她这样优秀的人员调入到我们门店。

顾客：是的，我是觉得她技术很娴熟，以后就约她吧。

[案例点评] 这是一个服务异议。美容顾问通过真诚倾听法，使顾客及时充分地表述了自己的疑虑，同理顾客当下的感受并及时创造澄清异议的环境，使其消除了顾虑。最后通过转折法的处理方法，将之前的异议转折为小美的细致体贴，最后成为顾客的专属美容师。

案例分析见表 3-3-1-1。

表 3-3-1-1 顾客异议处理案例分析

顾客异议内容	异议类别	异议性质	处 理 方 法
护理中未使用精华素	服务异议	真实异议	1. 负责人：美容顾问 2. 时机：第一时间 3. 方法：认真倾听法、转折法
分析结论	1. 认真聆听顾客异议的表述，准确找到顾客提出的异议 2. 同理顾客的感受 3. 及时创造澄清的环境 4. 将顾客质疑转折为信任		

（二）方案异议

对护理方案提出异议，在顾客中经常会出现，例如，有的顾客会表示“这护理方案我以前做过，效果不好”“我最近很忙，不能定时过来”“我考虑一下”“我卡中还有好几个疗程没做完，先把卡里的做完吧”“这个方案次数太多”“这个方案的效果不明显”等。美容顾问与美容师需提前规划，将顾客可能会提出的异议做出相关预案。顾客提出异议后需仔细辨别异议的真假，判断异议的原因，要想办法让顾客感觉到为她提供的方案符合需求，使顾客动心，建立共识达成销售。

▶ 案例 5

C 女士 42 岁，高管，是天府美容店 1 年多的会员，平日以基础护理为主，来护理的频率也很不规律。这天她打电话来告诉美容顾问，她现在工作单位调动离这里很远，不方便再过来，要把卡里的余钱退掉，并预约次日下午做护理并办理手续。接到电话后，美容顾问快速调出顾客资料与为她服务的美容师、技术监理成立顾客异议处理小组，分析顾客退卡原因，并制定出 2 套处理预案。

次日下午顾客如约而至，美容师和美容顾问早已在大厅等候，并热情迎接。

美容顾问：C 女士有好久没有见到您啦，您还是那么美丽，特别有气质。（赞美）

顾客：最近单位搬迁太忙了，都没休息好，皮肤状态不好，肤色也不好。

美容顾问：那您最近一定很辛苦，一会儿护理时您好好休息一下。

顾客：是的，我还做我常做的基础护理，休息一下。

美容顾问：好的，我先帮您检测一下皮肤！（同理）

美容顾问：可能是辛苦的原因，这次皮肤情况确实不太好，您皮肤水分数值是 3，低于正常最低值 5，胶原含量同样也显示有流失，皮肤微循环呈现的数值 3 也低于正常值 6，整体细胞活力度不足。（引导）

顾客：是吗，哎！就是没休息好，还是做个基础护理吧！

美容顾问：基础护理对于您这次的状态帮助不大，有一款高阶御龄的护理非常针对您现在的状态。（直接否定）

顾客：没必要吧！

美容顾问：这是一款性价比很高的护理，是运用高科技技术深入激活细胞，使其活跃度增强，促进细胞再生，效果非常显著，特别适合您皮肤。您护理后皮肤会变得饱满紧实，肤色也会透亮均匀。

顾客：真的吗？

美容顾问：是的，非常适合您现在的状态！当肌肤状态不佳或受损时能及时修复，可以有效防止老化，我们也称为保养黄金期。

美容顾问：做过这项护理的顾客评价都非常好！相信您做后一定会满意的。

在了解价格后，顾客同意体验该护理。

护理后顾客真的很满意，不仅没有退卡，还购买了高阶御龄护理 4 次的疗程，升级成为钻石会员。

顾客：就是价格贵了些！这个护理效果还真的蛮好，没想到护理可以有这么大的帮助。

美容顾问：能让您满意，我太高兴了！（规避法）

顾客：以后我的护理你就帮我安排吧！

［**案例点评**］这个案例顾客的异议相对复杂且不直观，顾客表述因“单位搬迁不方便，要退卡。”实质是因为顾客因护理认知有误区，认为做基础护理和功效护理都差不多，经过1年多的护理并没有真正体会到护理能给予自己有多大的帮助，所以，因一些外在变化就想选择退卡。美容顾问通过充分准备，体现出为顾客带来的价值才可能有效留住顾客。

美容店在服务的过程中不仅要了解顾客的需求，还需挖掘顾客诉求，才能为顾客提供真正的帮助，创造其价值。

案例分析见表3-3-1-2。

表3-3-1-2　顾客异议的处理案例分析

顾客异议内容	异议类别	异议性质	处理方法
顾客做基础保养护理	方案异议	隐藏异议	1. 负责人：美容顾问 2. 时机：第一时间 3. 方法：直接否定法
顾客单位搬迁不方便，要退卡	方案异议	隐藏异议	1. 负责人：美容顾问、美容师 2. 时机：推迟处理 3. 方法：转化法、规避法
分析结论	1. 提前准备：分析顾客信息，团队分工协作 2. 美容顾问和美容师在整个接待服务中运用转化法，寻找到顾客因原护理方案未能给顾客满意的效果，所以顾客提出退卡。通过好的效果，成功消除老顾客的异议 3. 在这次护理安排时，美容顾问通过直接否定法，消除顾客对护理方案的异议 4. 结尾顾客表达价格贵时，美容顾问巧妙运用规避法处理了该异议		

（三）产品的异议

顾客经常出现的产品异议有：“这种产品我已经有了”“我的是××品牌，不用其他品牌的护肤品”“我考虑一下”“这种产品我用不上”“这个品牌我没有听说过”等。这些异议是成交的直接障碍，美容顾问需仔细辨别异议的真假。如果发现顾客真的不需要所销售的产品，那么就应当停止介绍。不过，如果顾客只是推托，美容顾问应该仔细判断异议的原因，要想办法让顾客感觉到产品提供的利益符合需求，使顾客动心，然后再进行销售。

▶ 案例 6

D女士28岁，外企白领，最近总在外出差，近两次护理时间都间隔了1个多月，护理时皮肤也呈现缺水，甚至局部潮红的现象。

- 护理前

美容顾问：D女士又是好久没有见到您了，您好像瘦了哦！

顾客：呵呵……最近太忙了，做几个大项目，我都快要成空中飞人啦！

美容顾问：经常出差一定很辛苦，要注意休息，皮肤保养护理也要加强补水和防护。

顾客：是的，我每日都很注意使用产品，可是皮肤还是挺干的，而且脸还有点花，不太容易上妆，所以一有时间就赶快过来了。

- 护理后

美容师：D女士，咱们今天的护理已经结束，您看您的脸部特别水润细腻有光泽，您刚来的时候面颊局部是潮红，现在也都消退下去了。护理过程中给您使用了Aloe Vera补水精华，吸收得很快，使用后整体皮肤含水度明显改善，您在家中配合早晚使用，会有效提高您皮肤的含水度和稳定性，建议您能在家配合持续使用。

顾客：不用了！补水精华我一直早晚都在用，是法国某著名品牌的奇肌保湿精华，效果很好。

美容顾问：是的，我知道D女士您使用的品牌确实都是挺好的！如果您所用的产品可以满足皮肤的水分需求，在护理前检测及护理中您皮肤缺水表现就不会这么明显，说明家中产品补水还不能满足您皮肤水分的需求。

美容顾问：我有一位顾客，她自己开公司也是非常忙，与您的皮肤情况比较像。最近2个月也总是频繁出差，每个月只能来做一次护理。

美容顾问：她在我们这里护理有3年了，非常喜欢Aloe Vera芦荟补水精华，这次在出差期间，自己加大了Aloe Vera芦荟补水精华的用量，早晚各用两支。昨日过来护理皮肤含水度还蛮好的，她说出差期间因为她加大Aloe Vera补水精华的用量，皮肤蛮水润的，而且上妆效果也好。

美容顾问：这个顾客说她的“皮肤高效管理法”，就是家中要做好日常保养，在美容店做有针对性可提升皮肤的功效护理。她身边有3位闺蜜都因她的变化，现在都成了我们的会员。

顾客：是啊，补水精华你给我介绍一下吧。

美容顾问：Aloe Vera芦荟补水精华是专业补水产品，是小分子补水产品，它渗透快，能深入皮肤基底层，这意味着它能够从源头上补充您皮肤的水分。使用后您皮肤的含水度一定会明显提升，变得水润。我帮您拿一盒从今晚就开始使用，好吗？

顾客：我先买一盒回去试着使用一下，看看效果怎样！

[案例点评] 顾客喜欢有知名度的产品，通过引导与顾客共同挖掘顾客的诉求，给予针对方案，使顾客收获满意。

案例分析见表3-3-1-3。

表3-3-1-3 顾客异议处理案例分析

顾客异议内容	异议类别	异议性质	处理方法
不需要，家中有名牌补水产品	产品异议	真实异议	1. 负责人：美容师、美容顾问 2. 时机：第一时间 3. 方法：直接否定法、举例排除法
分析结论	1. 美容师及时反馈皮肤情况，给予顾客家中护理建议，以满足顾客的诉求 2. 美容顾问在顾客拒绝后，通过直接否定法、举例排除法消除其顾虑，顾客愿意尝试		

（四）价格异议

价格异议容易在销售过程中出现，例如，有的顾客会表示"太贵了""刚才护理时，讲的不是这个价格""我才刚买的，怎么现在打折了呢"等。价格异议是敏感类异议，一是顾客在释放成交的信号；二是最易引起顾客投诉的异议。因此，这类异议处理时需慎重处理。

▶ 案例7

顾客：你们这款维生素E嫩肤油，我在网上看到也有卖的，比你们便宜很多？

美容顾问：是的，我们的价格确实比网上的价格稍微贵一些，刚才有一位老顾客还说起过这个问题呢，不过后来她还是在我们店购买这些产品，也包括这款维生素E嫩肤油。其实影响价格因素有很多，比方说品质的保障和售后服务，都会影响到价格。那位老顾客说购买护肤她最看重产品的品质保证，而且我们会根据她面部及身体情况结合环境气候的变化帮她调整合适她的用法，她觉得放心。

[案例点评] 美容顾问通过举例排除法从正面积极引导顾客关注品质及服务，消除顾客的异议。同时也捕捉到顾客在意需求，后期有活动时可及时通知。

案例分析见表3-3-1-4。

表3-3-1-4 顾客异议处理案例分析

顾客异议内容	异议类别	异议性质	处理方法
网上的价格比你们的便宜	产品异议	真实异议	1. 负责人：美容顾问 2. 时机：第一时间 3. 方法：举例排除法
分析结论	美容顾问通过举例排除法从正面积极引导顾客关注品质及服务，消除顾客异议		

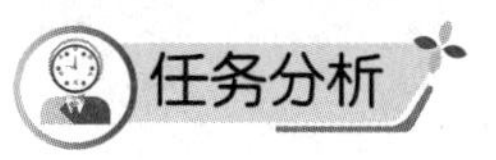

有效处理顾客异议的关键在于能够快速准确判断顾客异议的原因，以及运用合适的

方法有针对性处理。针对美容店运营服务中易发生的4种异议，通过案例抛砖引玉，引领大家了解异议的辨析、处理及注意点，其中服务异议在日常工作中经常会出现。例如，有的顾客会表示“这个美容师的技术不好，是不是新来的”“今天护理时间太快/太慢了，和平时不一样”“我是预约好的，怎么还要我等”“这个优惠活动我不知道”“下次护理，安排其他人给我做”等。对于服务异议多数为需要第一时间及时处理。顾客提出异议后，相关工作人员需仔细辨别异议的真假，及时报告当班负责人，判断异议的原因，了解顾客的诉求，为她提供满意的服务，消除顾客的顾虑。

任务准备

顾客异议可以说每天都在发生，工作人员在工作中不断消除顾客的各种异议从而达成一笔笔销售，收获顾客的满意。“工欲善其事，必先利其器”，为保证每日工作顺利开展，面对异议的处理需提前从以下5个方面进行准备。

1. *建立积极正向的心态，树立正确处理异议的态度*　为了有效处理好顾客各类异议，首先要积极正向地看待并树立正确的态度。工作人员需客观诚恳地欢迎顾客提出异议；能认真倾听顾客的异议；要重视顾客异议，但不要夸大或缩小异议。

2. *明确责任人*　在处理顾客异议时，当事人往往就是第一责任人。若异议是因当事人产生，则应由上一级直属工作人员及时对接并予以处理。

3. *创造处理异议良好的氛围*　服务的过程是一个人际交往的过程，处理异议时同理顾客感受，鼓励顾客表述，认真倾听，避免与顾客发生争吵或冒犯顾客，与顾客保持良好融洽的关系是永恒的原则。

4. *顾客异议的处理需提前准备*　处理顾客异议提前准备的两个维度：①从新员工维度，可以通过入职时进行顾客异议处理的培训；②从顾客维度，顾客提出的有些异议，不能当时处理，这类情况对顾客的异议先进行认真分析，弄清异议的真实含义。顾客常以异议为借口，在异议的背后掩盖其他目的，工作人员通过现象看本质，了解真实需求，提前准备解决预案，以提高成功率。

5. *选择处理顾客异议的最佳时机*　根据顾客异议权衡相关因素，在处理顾客异议时的4种情形（提前处理、及时处理、推迟处理和不予处理）中选择最佳处理时机，才能收到好的效果。

任务实施

顾客异议的处理实施包括辨析顾客异议、提前做出预案、处理异议流程、结果评价及复盘改进5个步骤（表3-3-1-5）。

表3-3-1-5　顾客异议的处理实施

异议处理时机	获悉异议时间	负责人	关键举措	处理内容
提前处理	提前获悉	直属领导或当事人	提前准备	准备内容：了解异议；顾客资料分析；提出处理预案

续 表

异议处理时机	获悉异议时间	负责人	关键举措	处理内容
及时处理	当时获悉	当事人或直属领导	及时处理	LSCPA 处理：倾听；同理；澄清；陈述；要求
推迟处理	当时获悉	当事人或直属领导	延迟	准备内容：异议分析；准备预案
不予处理	当时获悉	当事人	不回应	态度友善，不予回应

一、辨析顾客异议

顾客出现异议应快速辨别分析顾客异议，按获悉异议的时间分为可提前准备或当时发生即当时处理。无论是哪种情况，都需快速了解顾客相关信息，判断顾客异议的真实含义。

1. 提前准备　查阅顾客个人资料，了解年龄、护理目标、护理习惯、平日的喜好及服务中的注意事项等，并与为其服务的美容师、美容顾问一起分析寻找顾客异议的真实含义。

2. 当时处理　通过思考发生时的相关信息，再结合鼓励顾客表述，认真聆听，分析判断寻找顾客异议的真实含义。

二、提前做出预案

无论是可提前处理或是推后处理的顾客异议，都是有机会进行做处理异议的预案准备的。异议处理预案一般需要准备 2～3 套方案，以确保成功处理异议的概率，把握住机会。

三、处理异议流程

运用 LSCPA 异议处理流程进行，即：L 倾听（listen），鼓励顾客更充分的表述，认真倾听顾客的讲述，确认真正的异议缘由；S 分担（share），站在顾客角度同理顾客感受，梳理顾虑与困扰；C 澄清（clarify），对于顾客的顾虑、担忧加以解释并确认问题；P 陈述（present），针对顾客的顾虑，提出合理建议；A 要求（ask），提出解决方案并做成交确认或建议。

四、结果评价

顾客异议处理后通常会有 3 种结果：消除异议、异议保留或异议的内容有所变化、异议处理不当引起投诉。

消除异议的情况，可在接下来的跟进服务中通过电话、微信或下次到店护理时进行跟进，确保顾客真正满意。

异议保留或异议内容有所变化时，需将顾客异议记录在下表 3－3－1－6，放置在顾客信息中，便于跟进处理异议。结果评价中填写顾客新的异议以及制定的处理预案。

异议处理不当引起投诉，事情就变得比较麻烦，往往顾客已经产生强烈的不满，处理方式就进入投诉流程。

表 3-3-1-6　顾客异议的处理

顾客异议内容	异议类别	异议性质	处理方法
分析结论			
结果评价			

五、复盘改进

当异议处理不当引起投诉时，需单独进行复盘工作，分析问题，做出优化和改进。

任务评价

通过下面顾客异议的演练，对各组情景模拟实训进行自评和互评。

1. 任务　顾客××异议演练。

2. 角色扮演　4 人为一组，分别为顾客、美容师、美容顾问、记录员，自选一种顾客异议进行演练。

3. 演练要求　演练过程先设计好顾客××异议案例及背景，演练过程按实施步骤、遵循处理原则、运用合适的方式、选择最佳时机处理顾客异议。

4. 复盘　演练后小组进行复盘，完成顾客××异议处理复盘报告。

知识链接

“知己知彼，百战不殆”，对顾客了解越多，越有利于处理好顾客异议。为了能快速识别顾客，通过借助行为特质动态衡量系统（Professional Dyna-Metric Programs，PDP），将人的性格特征和行为模式按照做事的节奏和社交方式及能力，分为老虎型、孔雀型、考拉型和猫头鹰型 4 种类型。请依照这 4 种类型将顾客做一定的分析（扫描二维码）。

4 种类型顾客分析

能力拓展

想一想，练一练

你作为门店的顾问，遇到下面的情况该如何处理？

王女士是天府店 3 年的 VIP 会员，但护理时间总是不能定时，目前卡中的余额只有 130 元了。这次来店护理，你作为美容顾问，在接待时告诉王女士卡中余额不多了，正好现在有活动可以考虑续卡，可享有更多的优惠。王女士却立即拒绝了说：“先做了今天的护理再说吧，做了这么久也没有什么效果。”

你作为门店的美容顾问，遇到上面的情况该如何处理？请写出您的处理方案，再填写顾客异议处理表进行分析汇总（参见表 3-3-1-6）。

FBAE 销售法则

学习资料：FBAE 销售法则（扫描二维码）。

（唐　颖，宋　婧）

任务二 顾客投诉处理

学习目标

1. 掌握顾客投诉概念及其意义。
2. 了解美容店常见投诉的类别。
3. 熟悉投诉的处理原则和方法。

情景导入

某美容店进行产品优惠活动，平时产品最低折扣为8折，因产品快到保质期进行特价销售活动，"惊爆价"4折优惠！

活动期间，顾客B女士到店来护理，由于赶时间，做完护理就匆匆购买了她平日经常使用的美白精华、眼霜、面霜3款产品。因家中这几款产品都是刚刚开封才使用，就将新买的产品放在了柜子里，时隔3个多月再次拿出这些产品准备使用时，发现产品都过期了。顾客B女士立刻打电话给美容顾问，表示购买的产品已经过期。

美容顾问：这些产品就是因为快到期才会打折优惠，您看我们从来都没有这么优惠过对吧！

顾客B女士：买的时候怎么没有人对我说呢？你们这种做法太不合适了，那现在怎样处理呢？

美容顾问：当时我们应该跟您讲了吧，现在活动都结束3个多月了，我们也没办法了。

顾客B女士非常生气："我要找你们经理投诉，你们这是欺瞒消费者，销售临近过期的产品……"

让我们一起来看看这起顾客投诉产生的原因及处理。

学习任务

一、顾客投诉

顾客投诉是指顾客对护理项目的疗效、产品质量或服务等不满意，通过书面或口头的方式表达不满、抗议，并要求解决问题的公开行为。实际上，往往在投诉之前，顾客就对此产生了异议且已经发展为潜在抱怨，又随着时间推移或处理方式的不当，变成了显性的抱怨，转换成公开的行为（图3-3-2-1）。

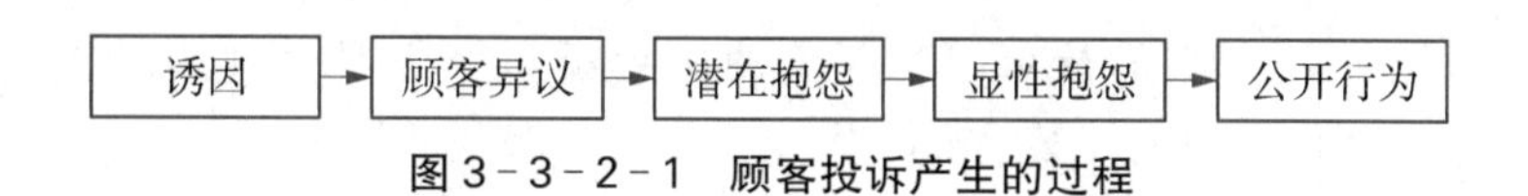

图 3－3－2－1 顾客投诉产生的过程

出现顾客投诉，对企业而言是危机也是契机，事件发生往往蕴含着一些商机。研究表明，当投诉发生后能及时妥善处理，使问题得到解决，赢得顾客认可，顾客重新购买产品或继续来服务的机会将显著增加，其中忠实度会比没有投诉的顾客更高（表 3－3－2－1）。

表 3－3－2－1 顾客投诉与忠诚度的关系

序号	顾客类别	会再次光顾比例（%）	不会再次光顾比例（%）
1	不投诉的顾客	9	91
2	投诉没有得到解决的顾客	19	81
3	投诉得到解决的顾客	54	46
4	投诉被迅速解决的顾客	82	18

注：此表出自麦肯锡公司调查结果。

二、美容业常见顾客投诉类型

顾客之所以投诉，源于顾客的期望与获得之间的差距，在美容行业最常出现的投诉有 5 类：态度类投诉、技术类投诉、效果类投诉、异常反应类投诉及恶意投诉。

1. 态度类投诉　是指顾客在美容店咨询或消费过程中，因工作人员服务态度引起不满产生的投诉。

2. 技术类投诉　是指顾客在接受护理的过程中，因技术操作不当或专业知识认知不足使顾客产生投诉。

3. 效果类投诉　顾客使用产品或进行护理后，未达成预期效果或达成效果与顾客内心的期望有差距，引发顾客不满的投诉。

“情景导入”中的案例是一起顾客投诉的案例，顾客在特惠活动时购买了优惠产品，但不知道产品是临近保质期的，顾客购买产品后直至使用并没有人告知顾客也没有人提醒她使用，导致顾客使用时产品已过期，使顾客产生异议，原本想就此事与美容顾问沟通一下缘由，没想到美容顾问态度推诿与敷衍，引起顾客强烈不满而产生投诉。

4. 异常反应类投诉　当顾客护理或使用产品后皮肤或身体出现过敏等异常反应，使顾客产生的投诉。

5. 恶意投诉　恶意投诉又分为诈骗威胁型投诉和恶意竞争型投诉。

三、投诉严重程度分级

按照投诉的严重程度分为 4 个等级：轻微投诉、普通投诉、严重投诉、危机。在等级之间会因处理的有效性发生等级的相互转换。

1. 轻微投诉　多因工作人员服务意识欠缺给顾客带来不满引起的投诉，可通过当事人或当事部门负责人及时沟通就可以当时解决的投诉，产生一过性或较小的负面影响。这类事件易发生在新员工刚刚上岗期间。

2. 普通投诉　此类投诉较轻微，当投诉发生后，经负责处理投诉相关人员与顾客协商，顾客对解决方案无争议达成一致，或是在顾客同意的情况下，需要持续跟进后逐步协商解决，这类投诉都是经内部流程操作即可结案。

3. 严重投诉　普通投诉因处理不当，则会升级为高风险或因突发投诉事件且性质严重产生的投诉，这类投诉表现为无法完全由内部处理，需相关部门如消协、工商、食药监等其他政府机构协助处理才可完结的投诉案件被列为严重投诉。常见于门店高端 VIP 顾客投诉、高价索赔的投诉、情绪激烈的投诉、由普通投诉升级的投诉。

4. 危机　这类事件会对企业品牌的形象和声誉造成实际或潜在威胁或影响企业正常经营。危机通常具有突发性、爆发力强、受媒体及公众普遍关注、影响力大、危害性大的特点，在被解决之前审批应获得优先处理权。

四、顾客投诉时的心理特点

有效处理顾客投诉，需要了解和理解顾客在投诉时的心理特点。顾客投诉时的心理状态敏感且复杂，会因起因、事件、环境的不同及投诉处理的过程发生微妙的变化。

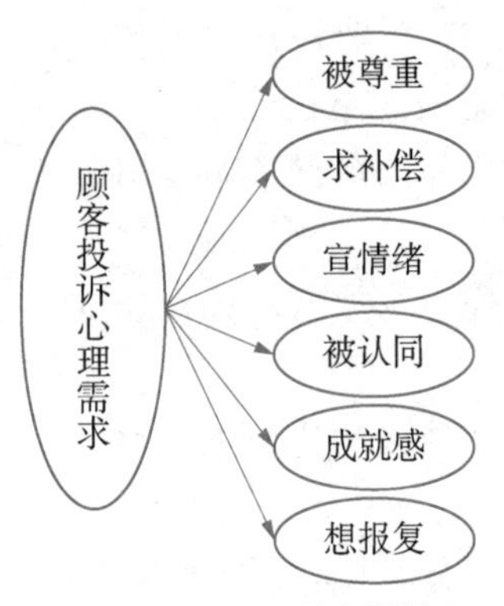

图 3－3－2－2　顾客投诉心理需求

顾客从异议到投诉在心理上有时是一个渐进的变化过程，从潜在的抱怨因没能得到关注而产生不满的情绪逐步蓄积直到呈现为抱怨的显性期；当不满的情绪仍未被有效地化解，顾客将会以投诉、甚至报复的方式来处理所遇到的问题（图 3－3－2－2）。

五、投诉处理的原则和方法

（一）投诉处理的原则

1. 迅速回应及时处理原则　顾客投诉时心理复杂，时常因不满带有情绪，此时的情绪往往不稳定，很容易转化成怒气。因此，应及时受理，力争以最短的时间处理顾客投诉，给顾客一个满意的回复。这不仅解决投诉的问题，还会提升顾客忠诚度，及时解决投诉这类负面事件的干扰，也有利于团队工作效率的提升和良好工作氛围的保持。

2. 态度友好原则　友好的态度是化解顾客不满情绪的开始。顾客出现投诉，说明在服务的过程中员工的工作或门店管理存在着某些问题，客服人员应站在顾客的角度理解顾客，以顾客为中心的服务心态，真诚相待，尽心为顾客解决问题。只有这样，才能赢得顾客，为门店树立形象。

3. 维护利益双赢原则　客服人员处理顾客投诉时，在维护顾客的权益和利益时要注意维护门店的利益，避免处理过程中对相关部门的贬低，损害门店的利益。

（二）投诉处理的方法

解决顾客投诉首先从解决顾客情绪再到处理事情，以投诉受理、投诉处理、投诉跟进的三部曲处理顾客的投诉。

1. 投诉受理

（1）受理投诉案件：美容店应为顾客设立畅通投诉渠道，这有利于让顾客及时按照门店设计的渠道表述发泄不满的情绪，顾客知道可以通过哪些渠道解决遇到的问题，这也有利于提升企业形象。

目前常用的投诉方式：现场投诉、电话投诉、网络客服平台等。受理投诉多采用首问责任人制，即通过各渠道接收到顾客投诉信息的部门，即为投诉事件受理的首问责任人。

受理顾客投诉核心的工作是准确收集顾客投诉的完整信息。在完成信息收集后，需第一时间告诉顾客下一步处理的时间，以免顾客因等待产生情绪。

在受理投诉时应认真倾听对方抱怨，了解顾客遇到的问题，站在对方的角度安慰顾客，并表达对她的理解和支持，达到处理或缓解顾客情绪的目的。

（2）鉴别投诉的性质和类别：根据投诉内容，受理负责人需进行投诉严重等级及投诉类别的鉴定，并及时填写顾客投诉记录表。

（3）确定处理责任部门：受理负责人，依据投诉鉴别结果确定处理投诉责任部门，并将收集信息及时转给相关部门领导（表3－3－2－2）。

表3－3－2－2　顾客投诉受理单

受理时间		受理部门		受理人		投诉渠道	
顾客姓名		卡种&会龄		性别&年龄		电话	
投诉事件	投诉事由（事件经过）						
	投诉要求						
投诉分类	态度类投诉	技术类投诉	效果类投诉	异常反应类投诉	其他投诉		
	轻微投诉	普通投诉	严重投诉	危机			
处理部门				处理负责人			
处理投诉建议							

2. 投诉处理

（1）制定处理方案：处理前充分准备，才能把握处理中取胜的机会。处理投诉责任的负责人需详细了解投诉原因、顾客性格等情况，制定处理方案及备用方案（表3－3－2－3）。

表3－3－2－3　顾客投诉处理单

顾客姓名		处理部门		处理负责人		处理时间	
投诉处理结果	赔偿：						
	退货：						
	折价：						
	其他：						

续　表

顾客意见					
处理负责人意见					
处理部门经理意见					
审核日期		批准日期		编辑日期	

（2）谈判协商：谈判协商是处理顾客投诉最关键的环节。在谈判协商过程中可运用以下方法达到平息顾客的情绪，迅速解决顾客问题。

创造合适的谈判场合，避免在公共场所，应该引领顾客进入舒适安静的谈判环境进行投诉处理的协商。

谈判协商过程中建立亲和且有边界的谈话氛围。当发生投诉时，顾客往往会将不满或愤怒的情绪直接表达出来，谈判人员应站在顾客的角度同理顾客的情绪，与顾客交谈时语音应柔和亲切语速缓和，因缓和的语速可缓冲顾客激动的情绪，也有利于为谈判人员争取思考的时间，同时缓慢交谈也有利于其情绪的管控。在交谈中避免声调过高，避免激发顾客情绪导致突发事件产生。

协商时以维护共同利益达成双赢为目标，很多时候谈判人员会更多地从顾客的角度考虑问题，谈判很少提及这件事情会带给自己和企业的弊端，这不仅会使自己和企业陷入被动，也使顾客无法正确判断。正确的做法应该是非常坦诚告诉顾客，在这次事件中企业和顾客会从中损失及获得的利益，强调站在顾客的角度与企业双方的合作可以达到互利互惠的双赢结果。往往当顾客完全了解事实真相，了解更多的信息，才会更坦然、更理智地做出符合谈判者目的的判断。谈判最终达成双赢的结果。

谈判方法，通过循序渐进的情、理、利逐层递进的沟通方式，从动之以情、真诚相待建立顾客信任关系，到晓之以理，通过讲解分析，使顾客理智地选择符合的处理方案，再从顾客角度给出其利益的保障，逐层循序沟通。

3. 投诉跟进

（1）跟进：跟进投诉处理的落实，以确保达成处理目标。

（2）改进：改进原有工作中存在的问题，降低再次被投诉的风险。

（3）沉淀：将引起投诉事件的问题和处理方法及预防方案，归纳总结进行知识转换，纳入培训系统（表 3－3－2－4）。

表 3－3－2－4　顾客投诉（月、季、年）分析统计表

投诉		顾客姓名	投诉内容		责任单位	处理方式				损失金额	工作改进	知识转换	编制日期
编号	日期		类别	等级		赔偿	退货	折价	其他				

（三）常见各类投诉案例分析

1. 态度类投诉案例

案例 1

顾客韩女士致电客服部门投诉，表示自己是3年的会员，2个月前购买了胶原水润护理×6次，购买后记得自己一共用了4次，应该还剩下2次，但今天接待她的美容顾问告知她胶原水润护理还剩余1次，而且美容顾问向她解释时态度不好，对着她大吼大叫，坚持认为顾客没有记清楚自己用了几次。顾客非常生气投诉这位美容顾问。

本案例为典型的态度类投诉，客服人员接到顾客来电时需耐心、细致地与顾客沟通，详细了解情况的同时快速整理投诉的原因，并立即将顾客投诉受理单（表3-3-2-5）交接给处理部门，就投诉中的相关内容进行沟通。

表 3-3-2-5　顾客态度类投诉受理单

受理时间	20××年3月2日9:50	受理部门	客服部	受理人	刘慧	投诉渠道	电话
顾客姓名	胡女士	卡种/会龄	金卡/3	性别/年龄	女/36岁	电话	138…
投诉事件	投诉事由（事件经过填写）： 1. 美容顾问态度恶劣，引起顾客投诉 2. 因购买疗程护理使用次数与美容顾问产生分歧 3. 事件发生时间：20××年3月1日下午15:00 4. 事件发生地点：佳丽美容门店 5. 当事顾问：王某 6. 目前事件进展：发生分歧引起冲突后未与顾客联系，顾客今早电话投诉，客服部已经受理 7. 疗程价格：胶原水润护理价680元/次，6次疗程价2448元						
	投诉要求：1. 要求核查剩余疗程次数；2. 投诉顾问服务态度						
投诉分类	态度类投诉	技术类投诉	效果类投诉	异常反应类投诉	其他投诉		
	轻微投诉	普通投诉	严重投诉	危机			
处理部门	佳丽门店美容部			处理负责人	门店主任（店长）		
处理投诉建议	建议：请处理负责人在20××年3月2日12:00前与顾客取得联系。 受理人：刘某 交接时间：20××年3月2日10:30						

佳丽门店负责人杨主任，接到投诉信息后第一时间与王顾问及门店当时的美容师、前台相关人员进行了沟通，了解当时发生的具体情况，并迅速制定处理解决方案，拨通顾客电话。

（1）杨主任亲自向顾客致歉。

（2）邀约与顾客核对护理使用记录，打消顾客的疑虑。

（3）主动提出解决方案。方案一：之后的每次消费前唱单，消费后当面为顾客详细解析当天消费流水；方案二：为顾客提供数据平台，每次消费顾客可及时通过平台查询到自己的消费信息。

（4）向顾客表达后期将加强管理，改进工作，会对当事顾问给予相应的处罚。

经过与顾客的协商得到了顾客认可。处理后杨主任在24小时内将结果反馈给客服部门，客服部在1个工作日内完成归档（表3-3-2-6），1个月内客服会再次连线顾客表示对其的关怀。

表3-3-2-6　顾客态度类投诉处理单

顾客姓名	胡女士	处理部门	佳丽门店	处理负责人	杨明主任	处理时间	20××年3月2日10:30
投诉处理结果	赔偿：						
	退货：						
	折价：						
	其他：与顾客一同核对剩余护理次数；告知顾客公司会按规定处罚当事顾问						
顾客意见	满意处理						
处理负责人	预计20××年3月2日18:00完成投诉处理						
处理部门经理意见：	同意处理方案						
批准日期	20××年3月2日10:35	完成日期	20××年3月2日12:30	编辑日期	20××年3月2日18:00		

2. 技术类/效果类投诉案例

▶ 案例2

佳丽店会员张女士护理后向美容顾问投诉，今天做护理时，美容师做得一点也不好，涂抹脸部补水精华时水还没有拍吸收，就上乳液，而且护理时产品总是进到眼睛和嘴巴里，感觉特别不舒服，护理后也未达到护理效果，技术一点不专业。受理单见表3-3-2-7。

表 3-3-2-7　顾客技术类/效果类投诉受理单

<table>
<tr><td>受理时间</td><td>20××年 6 月
14 日 16:50</td><td>受理部门</td><td>美容门店</td><td>受理人</td><td>赵艳顾问</td><td>投诉渠道</td><td>面对面</td></tr>
<tr><td>顾客姓名</td><td>张女士</td><td>卡种/会龄</td><td>白金卡/2</td><td>性别/年龄</td><td>女/33 岁</td><td>电话</td><td>188…</td></tr>
<tr><td rowspan="2">投诉事件</td><td colspan="7">投诉事由（事件经过填写）：
1. 美容师技术操作不专业，引起客人投诉
2. 因美容师涂抹护肤品细节不到位，甚至产品护理操作时进到顾客眼睛和嘴巴里
3. 事件发生时间：20××年 6 月 14 日下午 16:50
4. 事件发生地点：佳丽美容门店
5. 当事美容师：黄女士
6. 目前事件进展：今日护理后客人当场投诉，门店已经受理
7. 疗程价格：海藻净肤护理价 580 元/次</td></tr>
<tr><td colspan="7">投诉要求：要求取消今天的消费并给予补偿护理。</td></tr>
<tr><td rowspan="2">投诉分类</td><td colspan="2">态度类投诉</td><td>技术类投诉</td><td>效果类投诉</td><td>异常反应类投诉</td><td colspan="2">其他投诉</td></tr>
<tr><td colspan="2">轻微投诉</td><td>普通投诉</td><td>严重投诉</td><td>危机</td><td colspan="2"></td></tr>
<tr><td>处理部门</td><td colspan="4">佳丽门店美容部</td><td>处理负责人</td><td colspan="2">门店主任（店长）</td></tr>
<tr><td>处理投诉建议</td><td colspan="7">建议：请处理负责人门店主任在 20××年 6 月 14 日 17：30 前与顾客取得联系
受理人：赵某
交接时间：20××年 6 月 14 日 7:00</td></tr>
</table>

美容顾问接到投诉后，及时与当事美容师一同找到门店主任，将情况详细进行汇报。

主任决定亲自处理以表达对顾客的重视，随后主任将顾客请到 VIP 会客间，让顾客倾诉刚刚护理中的不满，使顾客得到心理上疏解；沟通中主任真诚地向顾客承认了美容师在服务上的缺失；主动提出免去此次护理费的解决方案，并且会为顾客安排专属美容师，确保护理质量。通过真诚协商，与顾客达成一致。

3. 异常反应类投诉案例

▶ 案例 3

顾客丁小姐致电客服部投诉，丁小姐第一次到佳丽店做护理，经顾问接待后安排水润护理，护理过程中面颊部觉得很刺痛，回家后发现面部红肿，出现了过敏反应，联系门店顾问说是正常反应。一周过去了面部还没恢复，再联系门店，建议到店做修护护理。顾客非常生气，表示面部红肿很痛苦，也很难看，无法正常生活工作，怀疑产品质量有问题，表示如果处理不妥当，要去消费者协会进行投诉，还要在媒体曝光。受理单见表 3-3-2-8。

表 3-3-2-8　顾客异常反应类投诉受理单

<table>
<tr><td>受理时间</td><td>20××年9月9日 9:00</td><td>受理部门</td><td>顾客服务部</td><td>受理人</td><td>刘慧</td><td>投诉渠道</td><td>电话</td></tr>
<tr><td>顾客姓名</td><td>丁小姐</td><td>卡种/会龄</td><td>新顾客/0</td><td>性别/年龄</td><td>女/38 岁</td><td>电话</td><td>188…</td></tr>
<tr><td rowspan="2">投诉事件</td><td colspan="7">投诉事由（事件经过填写）：
1. 护理后脸部出现局部红肿反应，引起投诉
2. 因护理后局部红肿，顾客两次联系门店都未给予令顾客满意的处理
3. 事件发生时间：20××年9月2日下午 18:50
4. 事件发生地点：佳丽美容门店
5. 当事顾问、美容师：王某、黄某
6. 目前事件进展：今早顾客投诉，客服部已经受理
7. 疗程价格：水润护理价 280 元/次</td></tr>
<tr><td colspan="7">投诉要求：①陪同就医，报销医药费和交通费；②因过敏不能化妆影响了工作，需要赔偿；③退还护理费用</td></tr>
<tr><td rowspan="2">投诉分类</td><td>态度类投诉</td><td>技术类投诉</td><td>效果类投诉</td><td>异常反应类投诉</td><td colspan="3">其他投诉</td></tr>
<tr><td>轻微投诉</td><td>普通投诉</td><td>严重投诉</td><td>危机</td><td colspan="3"></td></tr>
<tr><td>处理部门</td><td colspan="3">佳丽门店美容部</td><td>处理负责人</td><td colspan="3">门店主任（店长）</td></tr>
<tr><td>处理投诉建议</td><td colspan="7">建议：1. 请处理负责人门店主任在 20××年9月9日 10：30 前与顾客取得联系
2. 有升级为危机的风险
受理人：刘某
交接时间：20××年9月9日 9:40</td></tr>
</table>

佳丽店杨主任接到投诉信息后，立即与技术部门负责人一同与美容顾问、美容师了解整个接待、护理操作的过程，以及护理后与顾客联系的所有细节。根据收集信息制定处理方案：①邀约顾客来店或去拜访顾客，看望了解现在的情况；②视过敏反应严重情况，带顾客就医，及时治疗或在美容店进行修复护理；③视过敏反应严重情况，给予顾客补偿方案，在实施方案时与客服部及时保持沟通。

随后杨主任主动致电丁小姐表示关怀和歉意，与顾客约定当日陪同去皮肤科医院，医生诊断丁小姐是易敏感体质，面颊部的反应确诊为皮肤过敏。杨主任主动向丁小姐提出承担医疗费用，免去上次护理费用，并提供敏感修复护理来协助丁小姐的皮肤恢复，但是顾客担心会再次出现过敏，回绝了主任的方案，坚持要求赔偿过敏期间的误工费。

杨主任将情况第一时间反馈给经理及客服部，企业考虑丁小姐知道自己是易敏感体质，但护理前并未告知美容顾问，赔偿过敏期间误工费的要求不合理，决定由经理与顾客进行再次协商。经理亲自探望丁小姐并表达门店对她的关怀，经过与顾客谈判，丁小姐接受了原来的处理方案。在处理投诉后 1 周内美容顾问主动关心丁小姐脸部过敏的恢复情况，其向顾问表示以后不选择做面部护理了，但会考虑在佳丽店做身体肌肤的护理。顾客投诉处理单见表 3-3-2-9。

表3-3-2-9　顾客异常反应类投诉处理单

顾客姓名	丁小姐	处理部门	佳丽门店	处理负责人	杨明主任	处理时间	20××年9月9日9:40
投诉处理方案	赔偿：医疗挂号、诊治、药品的所有费用						
	退货：退还护理收费280元						
	折价：/						
	其他：经理购买水果探望						
顾客意见	满意处理						
处理负责人	预计20××年9月14日18:00完成投诉处理						
处理部门经理意见	同意处理方案						
批准日期	20××年9月10日9:00	完成日期	20××年9月14日16:00	编辑日期	20××年9月9日18:00		

六、处理顾客投诉的注意事项

顾客投诉虽然是对服务等因素提出不满，但在一定程度上顾客对美容店其实是抱有期待的。如何抓住机会，妥善处理，使顾客消除不满并转变为认可，甚至是赞扬，在处理顾客投诉中注意把握以下要点。

1. 及时性　建立畅通的顾客投诉渠道，快速受理投诉和及时处理顾客投诉。

2. 优先性　顾客投诉应优先于正常工作进行处理。

3. 准确性　准确鉴别找到投诉根本原因，制定出有效的处理方案。

4. 主动性　主动联系顾客，进一步明确顾客问题和要求，提出方案并与顾客进行沟通。

5. 时效性　投诉处理负责人应预设完成时间，处理时将顾客诉求及时上报，制定出最优的处理方案。

6. 持续性　为减少及避免投诉事件的再次发生，管理者需及时改进工作方法、优化管理，使之有利于企业的持续发展。

七、处理顾客投诉时的谈判节点

处理顾客投诉过程中，谈判协商是处理投诉成功与否最关键的环节，处理顾客投诉时应把握以下4个重要的谈判节点。

（一）情绪管理

处理投诉应先处理情绪然后再处理事件，在与顾客谈判协商时首先创建良好的沟通氛围，安抚顾客的情绪以免不良情绪升级；通过传递对顾客负责任的态度，尊重顾客的感受，以亲切的表情、真诚友善的态度对待顾客，表现出对顾客的重视；谈话时心平气和，语气和善自信，无论是谁的责任，先表示歉意不要急于辩解反驳。这样接待顾客，其怒气会得到缓和（表3-3-2-10）。

表 3-3-2-10 谈判时禁忌的行为

行　为	言语及表情
与顾客争辩、反驳顾客的话	话也不能这么说呀 我不知道，这不关我的事 我们不负责
不适当的面部表情	面无表情一脸不耐烦 眉头紧锁、顾客怒你也怒，没有眼神交流，眼睛看着别处 不会吧，有这样的事情
对投诉表示质疑	我们一直都是这样做的，这是你的事，你自己做的决定 如果不是人为的不可能出现这种情况，我们从来没有出现过这种问题

（二）聆听不满，澄清事实

顾客在投诉时多带有情绪，注重进行情绪疏导安抚顾客。例如："您先别急，请坐下喝杯水，慢慢讲给我听好吗?"顾客情绪在缓和的状态下会有利于解决问题，所以谈判协商时给顾客宣泄不满、委屈倾吐的机会，疏导顾客心中积压的情绪。待顾客倾诉完再进一步协商，叙述时客服人员应避免插话。

聆听时客服人员应站在顾客的角度用心倾听，使其能感受到你对她的重视和理解。记录顾客投诉的重点，并将重点与顾客再次确定，找到投诉的根本原因和顾客的真正诉求。

把握好以上环节你会发现，顾客在叙述事件中，声音会越来越缓和，情绪也逐渐趋于平和。

（三）谈判协商

通过聆听和与顾客的沟通建立基本信任，进一步了解到顾客的诉求。在整个处理过程中投诉部的负责人将结合顾客性格、喜好和预备的处理方案，从"情、理、利"3个方面进行沟通即谈判协商。①"情"：是指同理顾客感知顾客的情绪，换位思考揣摩顾客的心理，有利于切入问题的突破口，也更容易说服顾客达成一致；②"理"：是指有情还需有理，通过专业客观分析给出有建设性的方案维护顾客权利，采用顾客理解可接受的处理方式；③"利"：是指简单的退款、赔付等妥协方式，并不能满足顾客真正的诉求。在处理投诉的过程中直接退款，顾客会认为这是公司理应给予的。只有顾客及企业利益达到双赢，才是最有效的维护顾客权利的行为。在谈判协商沟通的过程中，观察感受顾客的诉求，站在顾客角度换位思考，以创新变通的思维搭建起顾客与企业交互的桥梁，将方案以最佳的方式及时给予顾客，达成双赢的目标（表 3-3-2-11）。

表 3-3-2-11 投诉产生责任与处理方法

类　别	处 理 方 法
属于企业的责任	坦诚道歉，及时做好补救工作
属于双方互有责任	先解决企业的不足，并请顾客配合解决问题
属于顾客的责任	力争以顾客能接受的方式提出，帮助顾客看到问题实质

（四）表达感谢

投诉解决后，可向顾客表达愿意为顾客服务的意愿，“您看还有什么需要我为您服务的吗?”了解顾客是否还有什么需求或建议，并再次真诚地向顾客表达带来不便和损失的歉意；感谢顾客对公司的信任；向顾客介绍后期会做出的改进，请顾客协助鉴定，帮助改进落实工作，诚挚邀请顾客能继续来护理。

任务分析

如果说顾客异议是销售环节必不可少的部分，那投诉则是企业提升效能的重要推手。

“人人都喜欢听赞美的话，可是顾客光顾说好听的话，一味地纵容，会使我们懈怠。没有挑剔的顾客，哪有更精良的商品？所以，面对挑剔的顾客要虚心请教，这样才不会失去进步的机会。”日本松下电器创始人松下幸之助的话。

有研究证明，良好的顾客投诉处理可以为企业带来50％～400％的收益。当接收到顾客抱怨与投诉等信息，应尽早积极面对，找出服务的漏洞，妥善处理做好总结并将其内容纳入到管理体系中，从而提升整体的服务质量。

任务准备

1. 熟知相关法律法规　参照国家相关法律法规《质量管理顾客满意组织处理投诉指南》《消费者权益保护法》等标准，结合美容店实际情况制定投诉管理体系，其中包括投诉预案总原则、纲领性规定等；建立顾客投诉知识库，形成规范化、标准化的投诉预防、受理、处理的管理制度标准。

2. 建立投诉渠道　美容店为顾客建立便捷的投诉渠道，如客服电话、门店客服微信号、小程序或公众号、顾客投诉企业邮箱等方式；投诉渠道需保持畅通，并由专人负责及时受理投诉信息，24 小时内需给予顾客回复。

3. 明确投诉处理的工作权责

（1）顾客服务部：①快速受理投诉信息，24 小时内给予顾客回复；②分析鉴别受理的投诉，指派部门处理投诉；③督导跟进处理投诉过程；④收集整理资料进行结案。

（2）美容门店：①在美容店受理的投诉信息，需在 1 小时内将信息反馈给顾客服务部；②客服部指派的顾客投诉，需在 12 小时内与顾客联系；③分析鉴别已受理的投诉，将处理方案及时反馈给顾客服务部；④结合客服建议执行并完成投诉处理方案；⑤完成资料填写、整理、备案，上传客服部。

依据顾客投诉处理流程，处理投诉的岗位主要为美容店前台接待、美容顾问、门店店长、地区经理；顾客服务部为顾客服务人员、顾客服务部经理。表 3－3－2－12 详细呈现了各岗位处理投诉过程中的权责，以及内部其他部门及外部在处理中需协同完成的工作内容。

表 3-3-2-12　美容店各岗位处理投诉权责

岗位	投诉方式				受理	处理	部门协同	结案
	现场投诉	电话微信邮件	CRM指派	升级投诉				
前台接待	√				①积极接待并安抚顾客；②安排顾客到合适的地方就座	及时通知美容顾问和门店店长		
美容顾问	√	√	√		受理销售服务类投诉	①与顾客协商；②给予顾客接受的解决方案；③及时报备主任		
门店店长	√	√	√		受理美容顾问无法解决的投诉	与顾客协商，给予顾客接受的解决方案	无法和顾客达成和解，升级给区域经理、CRM客服主管	①整理填写投诉表的案件调查经过、处理方案和处理结果；②投诉表发送 CRM 客服主管
地区经理				√	受理门店主任无法解决的投诉	①指导门店上报投诉处理方案；②与 CRM 客服共同商讨解决方案；③直接与顾客协商	无法和顾客达成和解升级给 CRM 客服主管、CRM 客服经理	
CRM客服人员		√		√	受理地区经理无法解决的投诉	①区域经理共同探讨解决方案；②给予门店处理建议和方案、话术，并给予指导；③评估情况，客服主管与客人直接沟通达成和解	再次指派给门店主任处理、区域经理跟进	收集并填写投诉表案件调查经过、处理方案和处理结果；结案
CRM客服经理				√	受理无法处理的严重投诉或危机	按照投诉的严重程度和复杂程度，CRM 客服经理介入支持和指导	内部立项制定处理方案：①协调法务部、公关部、市场部、品牌部等相关部门，介入共同商讨解决方案和谈判策略；②媒体网络运营：新闻发声向公众真实正面	①填写投诉表的案件调查经过、处理方案和处理结果；②投诉表发送CRM客服主管

续 表

岗位	投诉方式				受理	处理	部门协同	结案
	现场投诉	电话微信邮件	CRM指派	升级投诉				
							报道，获得媒体支持；③风险管理：通过政府机构、行业管理部门、权威部门公正评判；④报备管理高层，管理层给予明确导向	

注：CRM指顾客服务管理部门，简称客服部。

任务实施

一、建立顾客投诉管理系统

1. 团队共识企业价值观　建立以顾客为中心的服务理念，为服务处理顾客投诉奠定基础。

2. 建立投诉管理体系

(1) 制定投诉管理办法。

(2) 制定投诉处理流程。

(3) 投诉处理管理责任制，以客服部为主导、相关部门负责人为责任人、首问负责制的管理体制。

3. 投诉管理机制　建立畅通的顾客投诉渠道，设计规范的投诉流程。

4. 投诉支撑平台　建立内部由客服部、美容门店、财务部、培训部、质控部组成的投诉支撑平台。

5. 培养专家队伍　从专业服务意识、专业业务能力、专业处理技巧3个方面培养顾客投诉处理专家，形成人才梯队建设的机制。

6. 建立投诉跟踪评价　制定顾客投诉跟踪服务相关的评价标准。

二、建立顾客投诉预防机制

1. 培养员工对投诉的认知及处理问题的能力

(1) 培训员工面对投诉和危机时正确的心态。

(2) 对员工进行顾客投诉认知的培训。

(3) 给员工配发顾客投诉管理手册。

(4) 让员工模拟真实的顾客投诉状态进行实训演练。

2. 对新上市项目产品或活动制定投诉预案

(1) 新项目、产品、活动推出前，由项目负责人与客服部进行预测，预测可能会出现的投诉，并制定出投诉处理的预案及相关流程。

(2) 投诉处理管控

1) 授权机制：明确处理投诉在各阶段相关部门负责人的权责。

2) 联动机制：制定投诉处理中相关各阶段的联动机制，有助于各部门协同处理。

3) 升级机制：用于突发投诉及投诉升级为严重投诉，通过建立应对危害性大的投诉事件的处理机制。如设置投诉绿色通道可建立内部预警机制和各部门联合会诊机制等，集中资源优先处理的制度。

(3) 投诉处理后工作改进：根据投诉事件、顾客的反馈和处理过程进行事后分析，优化改进现有工作、完善问责机制，并将案件进行萃取纳入培训。这不仅会有利于顾客的保留，还可以促使转换成忠诚顾客，提升工作效率，提高企业的管理水平。

三、顾客投诉处理流程

(一) 常规处理三部曲

美容店因规模、品牌及内部组织的不同，在处理顾客投诉时的流程虽略有不同，但处理原则和方法应遵循共同的规律。美容店顾客投诉常规处理三部曲为投诉受理、投诉处理、投诉跟进。图 3-3-2-3 为美容店顾客投诉常规处理流程，可供参考。

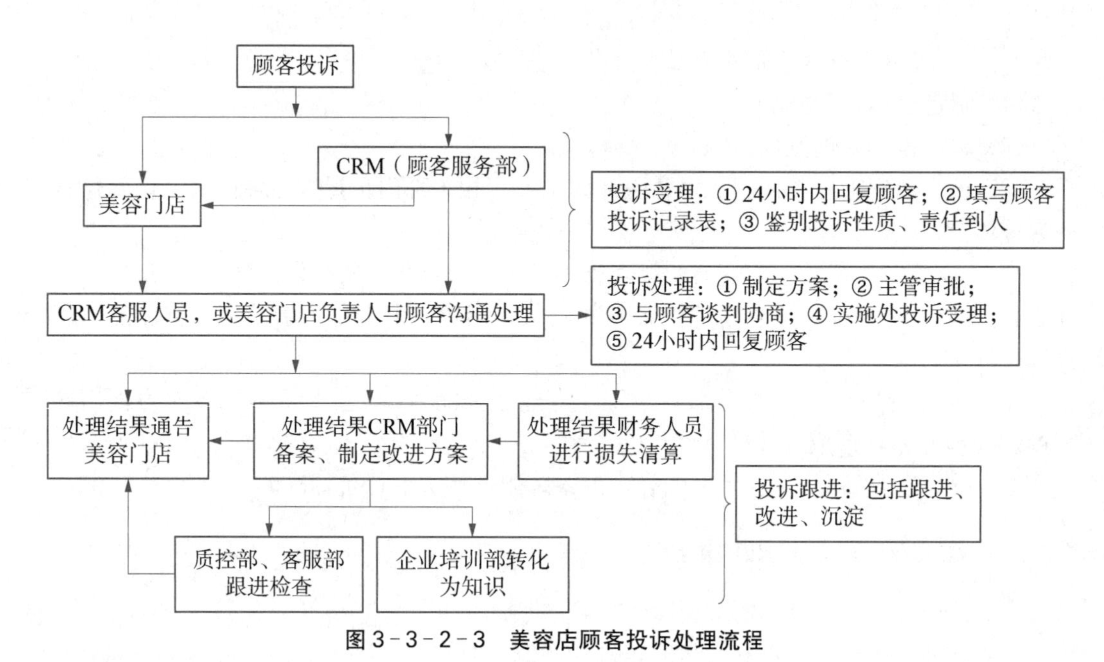

图 3-3-2-3　美容店顾客投诉处理流程

(二) 危机管理

美容行业因顾客投诉产生的危机，多为严重投诉升级产生，少数是突发直接形成的投诉危机。危机发展通常分为酝酿期、爆发期、扩散期和消退期。

危机发生的频率虽然不高但危害性大，爆发危机事态将变得紧迫且具有破坏性和极强的扩散性，甚至对企业构成威胁产生深远影响。所以，最好的危机管理就是防患于未然，事先预测可能发生的危机并规避危机的发生。当危机已经发生应做到早发现，迅速采取应对措施，将危机控制在萌芽期。

建立危机管理可预防危机、及时控制或有效处理已爆发的危机，是对企业品牌有力的保障。

1. *建立危机管理机制*

(1) 危机管理制度：制定危机早期预防机制、危机爆发处理流程，执行审批标准的管理制度。

(2) 危机培训赋能员工：对员工开展危机管理教育培训，进行案例演习，提升员工危机管理的意识和应对危机的技能。

(3) 危机公关：危机事件发生后一定会产生不良的影响，各种舆论在媒体网络会快速扩散，严重时可产生极其恶劣的影响。企业需有专人负责对外界进行交流，代表企业发声，纠正不实的信息，阐述事实或企业的观点立场，减少不良的负面影响。企业可建立新闻发声人制度，危机公关是处理危机事件的重要方式，有些时候还能提升企业品牌的形象。

2. *建立危机监测*　企业应设置专职监测的岗位，或以外包方式进行传媒管理，监测传媒资讯通过舆情监控在互联网上的微博、论坛、博客、新闻跟帖等，对企业的有关信息实时进行监测，关于企业负面、不实等网络舆情信息进行管控，及时控制不利信息的传播。

3. *危机处理原则及方法*　危机处理原则中的关键点就是迅速控制事态的发展，避免事态扩大和升级。处理中要遵循实事求是的基本原则，主动担当承担应有的责任，真诚与投诉顾客沟通，同时也应积极坦诚向公众发布信息，消除猜疑。

如果企业确实存在问题，首先要向顾客表达企业的诚意，根据事件的严重程度安排合适的岗位负责人出面道歉。当问题没有调查清楚前，可从已经明确的问题和需担当责任的维度向公众说明企业处理此事的态度，并告知公众查实问题的时间，随着问题逐步清晰，公开说明或道歉的内容也需要不断更新并具体化。公开说明或道歉的深刻程度要充分评估公众的感受，企业要做得比公众的预期要深刻；在处理危机过程的关键节点时，需及时向公众公布正面宣传，积极与媒体沟通，赢得媒体的支持与配合，控制谣言产生，从而避免在危机处理时产生新的危险。如果企业没有问题，企业也应重视这次危机的处理，避免新的危机产生，第一时间通过各种方式及渠道向公众澄清事实，传递企业为顾客服务的宗旨，打造企业良好形象。

四、投诉结束后的管理

(一) 投诉处理方案落实跟进管理

为确保投诉解决方案准确实施，使每一位顾客满意，避免因此产生二次投诉，美容店质控部门负责跟进，在预定时间内准确执行，收到顾客的满意度回复时及时反馈给客服部。

实施过程根据投诉等级，可以通过电话、微信等定时联系、上门回访或约见座谈等方式表达对顾客关怀，使顾客感受到对她的重视和诚意，能够很好化解顾客投诉的不良情绪，提高顾客的满意度和忠诚度。

（二）投诉案件整理及改进

为了将每一次投诉，转化成企业有价值的成长，在处理投诉过程中，需要将顾客投诉、跟踪投诉处理的过程清晰准确地记录。通过这些记录，经过管理部门的综合分析，提出改进方案并将此调整落实到美容店的工作中，降低投诉率，提高顾客满意度，形成闭环管理。

五、实践演练

通过顾客投诉的案例，进行投诉处理全过程的模拟情景实训演练。

1. 目的：了解处理投诉流程，可以正确处理投诉。

2. 模拟投诉案例："情景导入"的顾客B女士投诉。

在任务一中，某美容店进行了产品优惠的活动，……顾客B女士非常生气："我要找你们经理投诉：你们这是欺瞒消费者，销售临近过期的产品……"

3. 实训演练内容

（1）全班同学按每组4人分成若干小组，组内进行角色分工，投诉者顾客B女士、处理投诉负责人门店店长、处理人美容顾问、前台接待兼观察员。

（2）请各组运用投诉处理方法撰写投诉处理脚本。

（3）分组进行演练，组内4人轮流扮演不同角色。

4. 实训演练工具

（1）演练情景幻灯片。

（2）表格：顾客投诉受理单、顾客投诉处理单、复盘表各一份。

（3）若干白纸及笔。

5. 点评　教师对各组演练进行点评。

6. 复盘　结合教师点评，各组进行小组复盘，并完成顾客B女士投诉处理复盘报告。

在实训演练中对各自的表现进行评价（表3-3-2-13），评价等级分为优秀、合格、不合格。

表3-3-2-13　任务评价结果

评价方式	评价内容			
	态度	语言	方法运用	处理流程
自评				
顾客评价				
观察员评价				

能力拓展

1. 处理顾客投诉需要遵循哪些基本原则？
2. 谈谈投诉对美容店的意义和价值，请举例说明。

（唐　颖，宋　婧）

04

模块四 店务运营管理

单元一 服务规范

内容介绍

服务规范是美容店的服务管理体系，通过建立美容服务标准并用服务质量标准来规范美容师的行为，也是顾客感受到服务的质量并对服务机构评价的依据。在服务规范管理中，我们将围绕美容店会议管理和美容店运营管理系统两大重点内容进行学习，具体包括美容店会议的作用与意义、日常例会管理的执行流程、美容店管理运营系统的功能模块、美容店管理运营系统能够解决的问题、如何借助门店管理运营系统有效管理等内容，使我们明确建立美容店服务管理体系的重要性，以及服务规范是美容店服务管理的统一化和专业化标准的体现。

学习导航

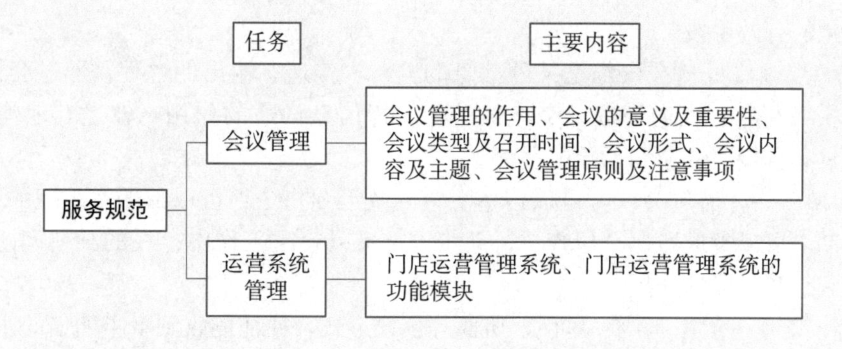

任务一 会议管理

学习目标

1. 了解美容店会议的作用与意义。
2. 掌握日常例会管理的执行流程。

情景导入

小丽是美容会所的店长，感到每天运营管理的压力很大，面对团队纪律松散、工作互相推诿，店员整天混天撩日却又牢骚满腹，不仅指令无法有效贯彻，业绩更无从谈起。冰冻三尺非一日之寒，这些问题是日积月累的结果。如何让管理者的指令和新讯息及时传达到位，工作能按计划推进并达到预期的效果，从日常会议做起，科学合理地组织，是解决上述问题的重要途径，也是美容店团队建设和管理者威信建立的有效措施。日常会议有哪些？如何组织和管理，一起来学习以下内容。

学习任务

一、会议管理的作用

1. 集思广益　通过会议使不同的人、不同的想法汇聚一堂，相互碰撞，擦出火花，从而产生一些富有创意、切实可行的“金点子”，并通过会议进行决策，是实现决策科学化、民主化的有效手段。

2. 信息交流　任何会议都是某种信息的输入、传递、输出的过程，通过会议可以上传下达，联络左右，互通情况，交流经验，发挥信息沟通的作用，较之其他沟通形式，会议沟通具有直接、快速和形象的优势。

3. 加强领导　通过会议，可以传达上级的政策和指令，可以部署本组织的中心工作和重大行动，可以责成所属单位统一行动步调，可以解决工作中存在的某些问题。因此，会议能起到行政手段的作用。

4. 协调矛盾　运用座谈、对话、协商等会议形式，往往能收到事半功倍的协调效果。

二、会议的意义及重要性

1. 鼓舞士气　激励员工气势，树立良好的工作信心，彰显积极向上的精神面貌。

2. 宣传公司企业文化　晨会是传播企业文化的媒介，可以培养企业员工良好的习惯及行为观念。通过晨会，可以对工作教养、工作伦理及工作习惯加以宣传，不断地宣传和改进必然会有所收获，从而提升整个公司员工的整体素质。

3. 增强组织凝聚力　通过对司歌、司训、口号等不断重复，使公司的核心使命、价值观、愿景目标、行为准则等渗透到每一位员工的灵魂中，增强员工的使命感和责任感，进而增强组织凝聚力；通过轮流主持、相互分享、共同学习，增强每位员工的舞台感，提升员工的信心，增进彼此的了解，增强团队的斗志，促进团队成员的融合，进而增强组织凝聚力。

4. 增强员工活力　通过演讲、发言、唱歌、运动等形式，使员工进入积极、高昂的工作状态；通过交流学习等形式，促进员工提升学习能力、思维能力、表达能力等。

5. 推进工作进展

(1) 通过当众设定目标、每日通告工作进度、员工间业务竞赛等形式，增强员工的工作紧迫感，促进工作目标的更快达成。

(2) 通过每天的信息动态了解、小知识学习、读书心得分享等形式，激发员工的学习热情，不断提高员工的工作能力及职业素质，间接推动各类工作目标的达成。

6. 提高员工的综合能力　晨会可以提供教导的园地，利用晨会，可以对新产品、新方法、新工艺进行说明，在提高员工技术水平的同时，还可以进行品质观念的灌输及公司各项政策的宣传。

7. 实施追踪与管理　通过晨会可以实施追踪与管理，可以对产品品质的异常进行检讨、分析与矫正，可以对过去工作加以回顾，总结经验、改正缺点。同时通过晨会，可以进行生产安排、市场反应、上级指令的传达，从而使员工更清楚地了解整个公司的方针政策、市场运转情况及自己的工作方向，提升工作效率。

8. 树立主管者威信　晨会可以培养部门主管的权威与形象、风范与气质，给主管提供良好的锻炼环境，有利于带动部门气氛及提供良好的沟通机制。

三、会议类型及召开时间

早（晨）会、晚会、周会、月度会议、季度会议、年度会议、节前沟通培训会议和其他临时增加的会议，每一种会议都要有一系列的流程和制度保障。一般美容店会议周期参考如下：①早晚日例会，每日召开；②管理人员会议，每日进行；③销售部会议，每日进行；④美容部会议，每月 1 次；⑤后勤会议，每月 1 次；⑥全体员工会议，每月 1 次。

四、会议形式

有面对面会议、电话会议、视频会议等。

五、会议内容及主题

1. 成功案例分享　包括销售成功案例、技术优异、客户效果成功案例及获得会员表扬等。

2. 激励　包括公司发展方向、激励小故事、好人好事、个人积极心态及个人目标等。

3. 技术/专业知识类　包括仪器/产品/项目专业知识、技术服务细节、沟通话术及最新品项资讯等。

4. 公司制度与标准培训　包括岗位职责、仪容仪表、各岗位工作流程、客户服务流程、培训制度、薪酬制度及奖罚制度等。

5. 问题解决回复　包括每日问题反馈、总经理信箱反馈及顾客反馈等。

6. 各类通知函件　包括内部通知及外部通知等。

六、会议管理原则及注意事项

1. 有效沟通原则　说倾听者想听的话，听诉说者想表达的意思，做到这样就能以20%的时间解决80%的沟通问题。

2. 明确沟通目标　在会议之前就要明确目标，避免无逻辑、无条理的发言，做到话少而精，言简意赅。

3. 明确时间约束　有的店长在会议期间喜欢长篇阔论、冗长的发言，不仅会让听者感到枯燥乏味，而且发言人也容易出现逻辑混乱的情况。

4. 重视每个细节　细节决定成败。每一个微小的错误都要及时更正，每一个细小正确的做法都值得鼓励。

5. 积极认真倾听　自我表现是人性特点之一，倾听他人表达是吸纳信息的手段，从倾听中获取有效信息，从而创造沟通价值。

6. 努力达成目的　制定目标，加以执行力，从而实现目标。目标也是用来不断超越的。

任务分析

会议的本质是人与人之间的沟通、组织与组织之间的沟通。会议是企业管理的一种有效形式和手段，是提高工作效率和工作质量的一种有效途径，也是企业文化的一种具体表现；会议是团队沟通协调的一个重要手段，其作用是解决问题，如果不能执行到位、产生有效结果，那么再多的会议都是浪费时间。会议开得好是一种效率，起正面积极作用的会议能让团队学会集思广益，激发团队思维；团队协作，显示组织存在；高效沟通，群体信息互通，有助于打造高执行力、高凝聚力、高战斗力的团队。会议开得不好就是浪费时间，起反面作用的会议，会带来队员之间的矛盾激化、目标难以达成、团队执行力低下、增加店长的管理难度、团队情绪消极低迷等一系列问题。因此，会议管理首先要确定会议有没有必要开，并制定相关的会议管理制度，才能保证会议达到预期目标。

任务准备

1. 建立相关的会议管理制度。
2. 会议内容准备（案例、问题收集，公司通知、培训标准等）。
3. 会议主持人员及参会人员准备（会议登记表、签到表）。

任务实施

一、会议管理举例

1. 会前准备　决定会议有必要开，就要进行会议的准备，包括与会人员的选择、准备会议的议程、进行会前的准备。

2. 制定相关的会议管理规定

(1) 有效地进行会议，要求遵守时间，会议主持人要控制会议流程。

(2) 会议现场纪律监督，确保会议按时组织召开，不拖延。

(3) 安排专员负责会议纪要的记录，会议结束前要对会议做总结，同时有效的会议还要有符合标准的会议记录。

(4) 无故缺席会议者应根据制度处罚。

(5) 参加会议人员现场签字确认。

(6) 会议相关内容在规定时间内进行传达、存档。

二、晨会组织案例

1. 确定会议的时间、地点、主题、参加人员　会议发布的要素：会议主题、会议流程、会议时间、会议地点、主持人、参会人员、注意事项及会议通知发布。

2. 会议场地布置　根据参加人员的数量、地点，布置桌子、椅子，满足会议的需要。

3. 设备调试　要提前调试会议室的计算机、音响、话筒、LED、投影设备，避免会议中出现差错。

4. 会议材料及办公设备　提前准备会议签到表、会议传阅的资料、白纸、笔、黑板、白板等工具，根据会议大小的需要，甚至可以准备一些水果、点心、矿泉水等。

5. 会议执行　主持人应根据会议议程和时间、组织会议说明开会的目的、会议规则、纪律要求、介绍会议的议程。

6. 会议纪要记录　每次会议都要有记录文件存档，目的是方便以后补充。同时可以作为下一次会议的参考，并保证与会者没有借口声称不知道会议上讨论的任何事情。会议记录必须包括会议主题、会议日期、出席者名单、哪些人缺席、何人做何事等都与会议有关。

会议记录表

7. 会议总结　开会也是一种激励作用，需要做会议小结。会议结束前由主持人总结会议讨论的结果，以达成一致的方案，确认行动计划。行动计划至少要明确由谁执行什么任务，何时完成。

- **总结情景 1：成功有效的晨会——会议达到以下预期目标**

1. 统一团队的价值观　通过对店中某些现象的评价，让员工了解：门店运营的原则是什么、底线是什么、提倡什么及反对什么。

2. 保障目标的实现　通过晨会检查员工每天工作的进度，来落实目标的完成情况，细分到每天每人。

3. 部署重点工作　将当日的工作重点进行部署和强调，如套餐消耗量，确保每个成员知悉，同时便于相互间的配合。

4. 提振员工的信心　一日之计在于晨，良好的精神状态是高效工作的前提，主管要利用好晨会，倡导正能量，增强员工的信心。

5. 培养雷厉风行作风　每项工作要有安排、有检查、有追踪、有落实，让员工意识到工作必须落地，养成以目标为导向，工作无借口的习惯。

6. 促进成员能力提高　通过内部成员对工作中的经验教训分享，敦促其他成员的借鉴和应用。

7. 解决信息的"断层"现象　将晨会作为信息交流的平台，及时传达公司高层的指示和精神，以及重大信息的反馈。

8. 建立领导的权威　通过员工整齐的队列，正确的站姿要求，以及队伍前领导的"位置"和训话来强化在员工心目中的"地位"，在员工的潜意识里就形成了你的"管理地位"。

● **总结情景 2：分析晨会开不好的原因**

美容店晨会天天有，有质量的不常见，对于美容店来讲，开晨会就感觉是家常便饭，但是很多美容店的晨会更像是点名会、激励会，晨会流于形式、只灌鸡汤，为什么会这样？

1. 计划性差　晨会召开随意性很强，想到啥说啥，没有根据店内的实际问题事先确定好开会的主题与内容。

2. 纪律性差　缺乏明确的流程与要求，有空就开，没空就不开；员工缺席也无所谓。

3. 激励性弱　晨会开成形式主义，喊两句口号，跳两支舞，无法调动员工内心真正的激情与信心。

4. 无互动性　基本上是中高管的"独角戏"或"训导会"。

5. 有效性低　因为没有针对性与目的性，晨会沦落成形式主义，开会者没兴趣，参与者也没激情，不能真正达到晨会的目的。

三、晨会召开的关键因素

1. 晨会的时间　可以安排在班前召开，一般掌握在 10～20 分钟为宜（与人数多少有关，如果 10 人以上，可以考虑分组召开）。

2. 晨会的地点　一般选择在就近的工作场所或办公区域，但是要确保开会时周围环境不影响会议的效果。

3. 先整队，后开会　所有员工必须按统一要求，做到站姿标准，着装统一，整齐划一，主持人在队列前方进行讲评。

4. 主持人的选定　晨会开始阶段，最好以主管本人为主，之后根据部门形势的管控情况，决定是否调整或轮流主持。主持人站立位置：主管要在队列前方的位置，最好能随着不同的汇报对象，位置也随之变化，但要始终站在汇报者的正前方，两眼目视对方，无论点评还是在听取其汇报。

5. 遵循的原则　为了节省时间，防止扯皮和跑题，晨会还要遵循（最好使用统一的晨会表单）：正常内容不汇报，只谈结果，简明扼要，原因不解释、困难不解释；对成员

之间可以自行协调解决的，不得提报晨会；晨会非讨论会议，不能反复纠结于某事，凡只牵扯个别人、耗时较长的，一律会后解决等。

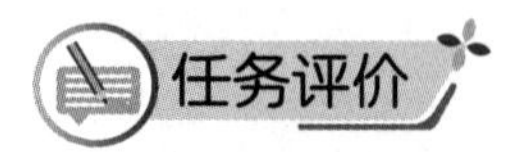

想一想

1. 会议组织的注意事项有哪些？
2. 会议组织如何有效开展？
3. 会议内容从何而来？

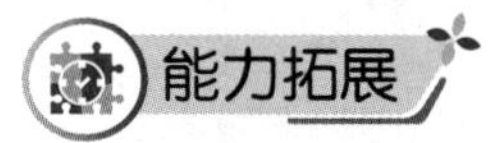

扫描二维码学习。

参考案例

（黄晓惠，饶丹妮）

任务二 运营系统管理

学习目标

1. 了解门店管理运营系统的功能模块。
2. 了解门店管理运营系统能够解决哪些问题（对工作带来的便捷和效率）。
3. 如何借助门店管理运营系统有效的管理。

情景导入

琳琳是美容会所的前台预订收银员，进入行业近半年时间，每天的预订收银工作都是运用纸质 Booking 表进行管理，又慢又烦，而且容易排位出错，经常造成顾客等待、投诉，顾客服务体验感极差，技师也不满意，让她非常懊恼，觉得很难适应这个岗位，甚至有了辞职的想法。

小美是美容会所的一名美容顾问，掌握了大量的顾客资源，但是对于庞大的顾客资源，回访方式大多是先在一堆书面的顾客档案、预约单中翻看会员预约信息，然后打电话了解护理的情况，再叮嘱日常保养的注意事项，最后为其预约下次到店时间。顾客的信息、需求、顾客的消费和疗程只能依靠书面的顾客档案或小本子记录，顾客的疗程管理更是只能凭自己记忆管理。看上去每个人都在做事，但实际上是从早忙到晚，效率低、业绩差、成长慢，甚至拖垮了整个美容店。顾客资源是销售人员的命脉，那如何做好顾客管理呢？一套门店管理系统就显得非常有必要。

学习任务

如果美容业管理者没有系统化、正规化、条理化管理，不能建立基本运营体系，或者管理者运营能力不足，跟不上时代发展和进步，不重视美容店的长久发展，那么，店铺难以持久经营。

面对越来越多的女性对于美丽的追求永无止境，因此在美丽的追求中，一家又一家的美容店出现在城市的大街小巷中，这也就意味着美业市场越来越火热了，同时也预示着市场竞争在不断加大。而作为传统行业之一的美业，面对市场的不断变化，需要对其进行改变，跟上时代的脚步，与互联网相结合，通过借助互联网下的产物（如美业智能管理软件等）与数字化的管理方式进行转型升级。

一、什么是门店管理运营系统

门店运营管理系统是为美容店、员工提供轻松便捷的工作流程，实现数据化、场景化管理，为顾客提供专业的年轻化方案与完整的服务体验，提升企业数字化运营能力、经济效益提升的系统管理工具。门店管理系统能够帮助提升美容院业绩，留住顾客、轻松管店、营销拓客。

二、门店管理运营系统的功能模块

门店全流程管理运营系统，一般都会包含五大类管理体系和十大功能模块，每个体系相互关联，各个模块环环相扣，全链条式管控。

管理运营系统包含有 PC 端、商家端、客户端，企业内部根据不同岗位设置的不同权限，使用不同的功能模块。

1. *预订管理* 门店运营动态全局把握，顾客预订疏而不漏，让效益最大化。

2. *顾客管理* 全面顾客管理体系，顾客动态需求一目了然，顾客价值倍增。

3. *营销管理* 随时掌控营销动态，即时把握顾客需求，让营销变赢销。

4. *配料管理* 项目标准化配方，员工标准化作业，让产品消耗成本大幅下降。

5. *收银管理* 自动复核、快速收银、即时结账，让顾客消费百分百信任。

6. *员工管理* 一条龙实现员工考勤签到、上牌排班、业绩奖金核算，让管理更轻松。

7. *物料管理* 站式供应链管理，全面系统化操作，真正实现无纸化办公。

8. *查询中心* 数据自动流转，自成报表，提供强大的运营分析支持，让管理更科学。

9. *参数设置* 设置各项基本参数，满足营运需要，保障日常营业通畅无阻。

10. *系统设置* 维护系统使用，灵活设置各项权限，保障系统百分百顺利进行。

任务分析

移动互联网人工智能时代，消费者都已经在变了，我们每天用手机在线上预订，在线上购买，在线上对比价格，在线上找好玩有趣的地方。而传统经营模式的美容店，与顾客互动的形式和内容较为单一，也不便捷。显然，美容店的经营如果没有可以触发体验和分享的工具，没有互联网系统，不使用互联网，自然别人就发现不了你，消费者自然就不去光顾，所以传统美容店会出现老客不来新客不进。由此可见，美容店运用互联网运营管理系统势在必行。

任务准备

1. *局域网、广域网建设* 企业内部首先要开通网络，SaaS 系统局域网即可使用，需要互联网链接，需要介入光纤网络或 5G 网络。

2. *SaaS 管理软件系统、App、小程序及后台安装* 美容店家根据企业内部运营需要，可以购买行业内比较成熟的运营系统（如引导美管理系统），功能模块相对是通用版本的，有实力条件和资源的企业，可根据实际运营需要内部自行研发，更适合内部运作，且更新迭代快速，更具有个性化。

3. 设备采购配置　计算机、平板、路由器、服务器、网线、打印机等一系列配套的设备。

4. 注册小程序账号申请　准备相关资料、腾讯认证、开通微信支付等。

5. 上线前准备　门店管理系统上线前的初始化数据准备。

任务实施

当前，以大数据、云计算、人工智能为代表的新一代数字技术日新月异，催生了数字经济这一新的经济发展形态。

多年来，消费互联网的充分发展为我国数字技术的创新、数字企业的成长以及数字产业的蓬勃发展提供了重要机遇。党的十九大报告明确提出，“加快发展先进制造业，推动互联网、大数据、人工智能和实体经济深度融合”。

美业门店数字化转型，本质上是一次高难度的“组织和经营管理体系转型升级”，技术变化很快，比如采购引导美系统、入驻互联网平台、开通新媒体账号、注册直播账号，这些起步操作很容易，但组织的改变需要比较长的时间。

美业门店数字化转型，绝不是采购先进技术工具，部署 IT 基础设施和软件就能解决问题，更需要组织从管理模式上进行重大变革。例如，打造敏捷组织、重视业务与 IT 服务深度融合、建立高效的跨部门协同机制、建设数字化转型所需的组织文化，这是美业店在数字化过程中必须关注的四大核心问题。

一言以蔽之，美业店数字化转型，关键在于人才和背后的数字化管理。

门店需要上线系统的实施流程

1. 门店管理系统考察　评估、确定。

2. 确定实施　上线计划、负责团队确定。

3. 实施上线准备

（1）门店管理系统软件安装，小程序申请。

（2）系统设置数据收集、准备（包括基础数据准备、系统环境测试、部署调式、系统设置、培训准备等）。

4. 系统静态初始化数据设置

● 步骤一：完善后台的基础设置

完成门店设置、职位架构、权限分配、管理层账号的建立、门店员工信息的录入等。

● 步骤二：完善小程序的内容

完成项目、商品的整理、精修和上传、轮播图、特别优惠项目、本季热门项目等活动板块的设置等。

● 步骤三：顾客信息整理

梳理到店顾客真实手机号信息、顾客剩余疗程次数、充值卡余额、赠品等（建议以一年内活跃顾客为主先行导入）。

● 步骤四：引导美系统运用操作培训

后台端、商家端、小程序功能模块操作使用。

● 步骤五：营销拓客落地

灵活运用系统拓客、留客及养客、使用适合的营销方案提高店内业绩，充分实现 4.0 时代互联网美容店。

● 步骤六：薪酬制度的设置

结合系统去设置薪酬奖金。

● 步骤七：物料板块的设置

上线物料及仓库板块，上线前需要联系系统管理者，协助上线前的数据导入。

5. 组织管理系统培训

（1）系统管理员培训、关键用户培训。

（2）系统使用操作说明，使用标准，各模块信息设置、数据建设。

（3）店内员工的培训、考核使用工作。

（4）管理系统上线并使用。

（5）上线后系统运行管理，使用维护。

▶ 案例 1 轻松管店——预约管理

Booking 表能掌控门店运营情况，合理安排规划门店人员，更不用每天守在店里盯着。10 秒钟完成线上预约，无需纸质表登记。

无需检查哪些技师在不在，哪些项目会不会操作，哪个房间空闲，哪台仪器可用。这就是管理系统的“预约管理”模块，省时省力快捷而不会出错（图 4-1-2-1）。

案例 1
操作视频

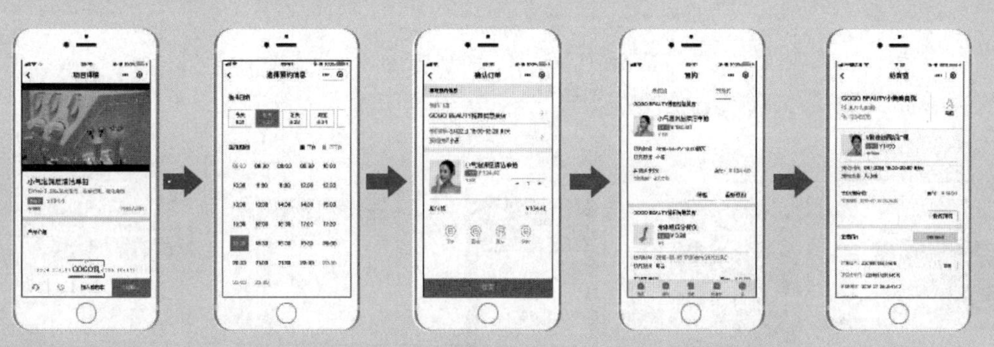
1.进入项目详情页
2.进入订单，找到项目
3.选择门店、时间、美容师进行预约
4.查看列表中的预约项目
5.查看预约详情

图 4-1-2-1 案例 1 手机操作界面

案例 2
操作视频

案例 2　精准客拓客管理，让顾客倍增

精准口碑拓客营销方式，轻松开启老带新无限涨客、涨业绩模式。

运用好管理系统工具，无需纸质顾客档案管理方式，就可以做到精准客拓客，想要多少顾客都不难，老顾客提成激励更有效率。这就是实现“关系链精准客拓客”有效拓客系统，轻松实现顾客转化“留住顾客”！轻松实现顾客倍增，业绩倍增目标（图 4－1－2－2）。

图 4－1－2－2　案例 2 手机操作界面

案例 3
操作视频

案例 3　门店店铺直达客户手机里

传统的打广告、派传单，这种效果还好吗？

运用管理系统定制专属店铺小程序，系统直接把店铺开在顾客手机里，随时随地营销到顾客视线里，这就是“移动互联网新营销”（图 4－1－2－3）。

图 4－1－2－3　案例 3 手机操作界面

任务评价

1. 美容店使用运营管理系统的经营变化有哪些？
2. 店员使用运营管理系统的效益提高心得分享。

能力拓展

通过门店管理系统，将线上线下相结合，以此来助力美容店的智能化升级。

1. 多维度消息推送　时刻与顾客保持联系，加强顾客忠诚度；消息精准推送，系统自动发送通知提示，提高顾客转化率及忠诚度，促进顾客消费，延长生命周期。

2. 高效精准拓新客　老客带新，社交流量裂变获取更多客源；店面营销、员工推广等，跟踪推广过程，拓客结果直观掌控。

3. 多样化营销工具　搭配使用刺激顾客回头消费，稳定客源；拼团、秒杀、砍价、抽奖等多种营销工具任意搭配，以及灵活可变的营销方案，全面助力门店拓客、留客、锁客。

4. 自定义营销内容　以消费数据为依据，制定灵活可变的营销方案。

（黄晓惠，饶丹妮）

04

模块四　店务运营管理

单元二　服务流程

内容介绍

随着人们生活水平的提高，对服务的要求也越来越高。美容服务质量关系到美容店的生存与发展，美容店员工应严格遵守顾客服务流程及操作规范，以优质的服务来提升顾客的满意度和忠诚度。顾客服务流程是指从预约开始，一直到进门接受服务结束及服务跟进全过程。本单元的主要学习任务是顾客预约、待客准备、顾客到店服务等环节的规范流程。在为顾客服务的各个环节中，员工必须遵守的服务流程、行为规范和语言规范，高质量的服务贯穿于顾客服务的全过程。店长除了监督店内提供产品和专业的技术外，还要随时监督员工的服务规范。

学习导航

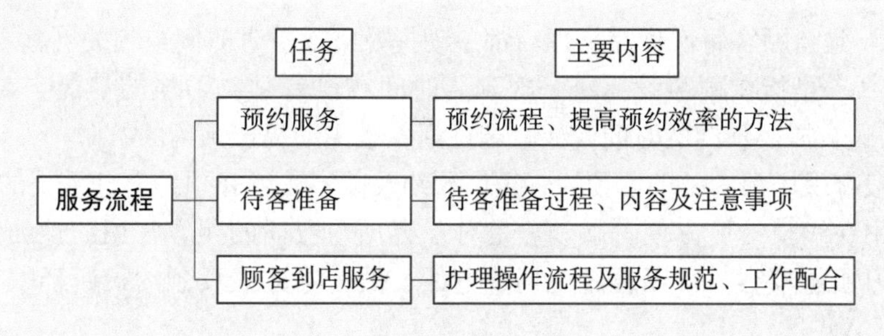

任务一 预约服务

学习目标

1. 熟悉美容店顾客预约流程和注意事项。
2. 能够灵活运用预约的方法成功预约。

情景导入

小丽是一名新美容师，已预约今天早上10:00为顾客张女士服务。晨会后，店长要求小丽务必再次电话确认顾客到店时间，但小丽打电话后无人接听，上午接近11:00顾客终于赶来，这时包间已经占用，需要顾客等待，张女士非常生气。小丽认为顾客迟到应该由个人承担后果，顾客觉得交通堵塞又不是个人原因，于是双方发生争吵。想一想，如果你是小丽，如何避免类似情况的发生?

学习任务

美容店客流不稳定，顾客到店无规律，随意性大。做好预约服务，可有效避免顾客集中到店或高峰期人手安排不过来、忙而无序、让顾客等待时间较长，否则会影响顾客的消费体验，从而导致顾客流失的情况。美容店为控制好销售进度，不得不重视并做好预约工作。

一、预约与反预约

1. 预约　是指顾客每次做完护理后都主动提及下次护理时间与相关事宜。

2. 反预约　是指在顾客没提出下次到店时间或没有预约习惯的情况下，由美容师、顾问/店长向顾客提及预约的时间，让顾客逐渐养成主动提出预约的习惯。

预约一般有现场预约、电话预约、短信预约及美容店顾客预约管理系统的在线预约4种方式。其中在线预约更方便、高效，是对于有预约习惯的顾客常用的预约方式。但对于没有预约习惯的顾客，可以通过现场、电话、微信等方式反预约，便于顾客逐渐养成预约的习惯。

（一）现场预约

现场预约在当次护理结束时进行，顾问和美容师引导顾客要按时做护理，最后在划卡时再由前台以文字方式确认下次护理的时间。

（二）电话预约流程及注意事项

1. 预约流程　接电话→问候顾客→倾听→询问是否预约→询问预约美容师→询问预约时间→询问预约项目→询问顾客卡号→预约登记→确认预约并道别→结束通话。

2. 注意事项

（1）电话预约一般在护理当天早上或前一天晚上。

（2）休息时间和工作时间不预约。

（3）对方电话铃声响三遍未接，不要接着再打，可发短信通知。

（4）接听顾客预约电话时，先报自己单位名称和自己的姓名。

（5）内容简明扼要，语言清晰、热情亲切、语速适中。

（6）最后要重复一遍预约的时间，并提醒顾客要准时，尽量不要影响后面预约的顾客。

（7）预约已满，给出其他可安排的时间让顾客选择，并用婉转的口吻咨询对方能否另择时间。

（三）短信预约

短信不宜太长，但语气要温馨，短信预约的要点为提示预约时间。

【短信内容示范】温馨提示：×姐，美丽需要精心呵护，明天×点我们为您做好了护理准备，敬候光临，特此提醒！××美容店××。

二、预约常见问题

1. 顾客没有预约习惯　培养顾客预约习惯，可以合理安排员工时间，提前做好准备从而提升服务质量。对于没有预约习惯的老顾客，一般是美容师引导→顾问确认→店长强调→前台填表，逐渐培养顾客主动预约的习惯。对于新顾客，一般是先电话预约，再按老顾客的方法培养顾客主动预约习惯。对于计划外到店的顾客，先临时安排员工加班或正在休息的员工轮排，之后实施预约机制，培养其预约的习惯。

2. 顾客迟到或取消预约　针对具体情况进行引导和提醒。如顾客是第一次迟到或临时取消，可以婉言提示此行为给店里带来的不利影响。如顾客经常不遵守预约，可以巧妙拒绝一次她的预约，或安排新手美容师做一次护理，突出差异化服务，并在护理过程中引导预约，但要视顾客的情况确定。

3. 某个时段顾客集中到店　对于顾客不多的时段采取优惠计价等方式引导顾客。如果预约合理、翻床率够的情况下，仍然出现顾客集中到店情况，提示要增加人手或床位，扩大经营。

三、如何提高预约效率

1. 合理安排美容师的工作量　根据美容师服务项目所需时间，合理安排美容师每天的工作量，例如以每位顾客服务流程一个半小时至两小时计算，美容师一天安排约 4 位顾客，才可能有足够时间把准备工作做到位。

2. 合理安排顾客预约时间　因顾客情况不同，应当留意上一位顾客与下一位顾客的时间间隔，间隔时间适当宽松一些。

3. *提前与顾客确认预约信息* 预约前一天通过电话或其他方式与顾客确认，既提醒顾客准时到达，也可避免取消预约或迟到的情况。

4. *告知顾客服务流程及规定* 与顾客确定时间的时候，让顾客了解美容师的服务流程都是事先安排好的，不便任意调换，否则会打乱美容师预约顾客的时间，影响为其他顾客的服务。如迟到，下一位预约的顾客按时到店，只能缩短为其服务的时间，这样可提醒其以后需准时到店。

四、预约提示

（1）根据顾客皮肤状况及工作量合理安排，至少提前一天做好预约计划。

（2）为顾客服务的美容师预约顾客，顾问/店长负责督促和帮助。

（3）必须参照顾客资料的空闲时间预约顾客，以免打扰顾客。

任务分析

预约服务是为了避免出现美容师工作效率、服务质量下降，影响顾客服务体验，甚至让顾客失去对店内的信任，进而选择其他美容店的情况。做好预约管理，可节省双方时间，提高服务效率和顾客满意度。有效缓解由于美容师/顾问人手不够或顾客过多、消费时间过于集中等造成顾客长时间等候的现象。

任务准备

1. 建立预约系统并确定预约负责人。
2. 顾客预约登记表及运用。
3. 预约与反预约流程。

任务实施

一、填写预约登记相关表格

1. *顾客预约表* 根据顾客预约时间安排好预约的顾客，对临时来访顾客，在客满的状况下，礼貌地请临时来访人员另约时间。预约的顾客比约定时间晚到达半小时以上，又未来电话更改说明或店内电话无法取得其联系的情况下，才可安排其他顾客。

（1）预约表每半个小时为一个约定时间段，同一时间内最多约定的顾客数要小于或等于店内床位数量或美容师数量。如床位数量多于美容师数量，则约客数量取决于美容师数量；如床位数少于美容师数量，则约客数量取决于床位数量。

（2）与安排顾客预约前，务必看清楚顾客要求服务的时间或安排的时间内有无空闲美容师，并要了解清楚此前此后有没有和其他约定时间段的顾客发生冲撞，同时还要认真考虑到美容师操作项目所需要的时间，避免发生顾客约好到达时，约定的美容师正服务其他顾客或即将服务其他顾客的状况。

（3）安排预约需考虑美容师需有适当的休息，如预留用餐、喝水、如厕时间等。

（4）顾客临时取消预约，用红笔勾去预约记录，以方便其他安排能核对无误；不宜用涂改液覆盖字迹。

（5）清楚填写预约表内容，避免发生安排冲撞情况，要充分考虑到美容师、床位、项目操作时间、预留休息或用餐时间等因素。

（6）预约表要留存完整记录，以便于后期核查备用。

2. 新顾客轮排表

（1）按店内美容师人员数量及上岗资格，采取抽签排序方式，按先后顺序排列新顾客接待人员，并按此顺序，循环安排。

（2）如遇到某美容师轮排到新顾客时，该美容师正忙或休息，则按顺序安排下一位轮到的美容师接待新顾客。后续有了新顾客，首先安排原来在忙的那位美容师，并在原有基础上继续循环安排新顾客。

（3）新顾客轮排表需留存完整，在每一位美容师名下的顾客一目了然，如有美容师调离，则后续美容师“填空”，顾客交接安排清晰。

3. 熟客替值表　替值办法可采取抽签决定先后顺序。当某美容师的熟客预约服务时，该美容师休息或在同一时间已约定其他顾客，则首先征求顾客意见另外预约时间，或顾客不介意可安排其他美容师替值，如发生在替值当次包期、包卡或购买产品，则业绩记入该替值美容师名下，但该顾客依然归入原美容师名下，后续服务仍由其跟进（特殊情况另议）。

4. 顾客签到表　预约顾客或临时来访顾客在能够安排的情况下，到店操作前需请顾客配合进行签字，前台店务助理需将顾客签到后要求享有的服务项目及为顾客安排的美容师在登记表上详细填写完备，并将顾客服务时间及服务完毕离开时间、顾客所在的床位号及储物柜号登记在表内，以便备查。

二、预约实战演练

情景1　电话预约

1. 接电话：前台待电话铃响3声后，拿起电话听筒，面带微笑地使用标准话术：您好！×××美容店，我是×××，很高兴为您服务（问候语3～5秒内完成），同时准备好记录的工具和表格（预约登记簿、笔等）。

2. 聆听：如顾客报出自己的姓名，前台需立即尊称顾客（×××女士/××姐），然后聆听顾客提出的问题，必要时重复顾客提问以确认。准确回答顾客提问，如当时不能回答，需向顾客说明原因，记录下顾客的联系方式和姓名，并告知顾客待落实后给予答复。

3. 询问：请问您要预约吗？您有指定的美容师吗？（不熟悉的顾客）

×××女士/×××姐，您好！您要预约是吧？请问上次是哪位美容师为您服务的？今天要换一位美容师吗？我给您推荐一位顾客特别喜欢的优秀美容师如何？（熟悉的顾客）。

请问您想约什么时间？×××美容师在，×××时间有位，您什么时间比较合适？

请问您做×××护理（护理项目名称）吗？

请问您的卡号？

4. 预约登记：边听边将预约内容登记在预约表中，如顾客预约项目、时间等。用礼貌热情的语气重复顾客预约的内容，确认并致谢道别。

“×××女士您好！我跟您确认一下，您预约的时间是×××（时），做×××护理，您预约的美容师是×××，（确认后）谢谢！我们将提前安排等您，×点见！”

情景2 现场预约

某年3月5日，美容师小丽为张女士做完面部补水护理，根据这一情景，进行现场预约。

小丽：引导张女士观察对比护理后的效果，从专业的角度建议定期到店做护理的必要性。提示预约下次护理时间（3月12日）可否确定？

顾问：了解顾客护理后感受，对美容师小丽的评价。肯定护理效果，确定下次护理时间。如：

顾问：张姐，您觉得今天给您做护理的小丽做得怎样？

顾客：还可以。

顾问：您的皮肤弹性不错，补水效果明显，眼周的细纹有改善，但护理要坚持做，效果才会更好。这样，您把下次的护理时间定一下好吧。

小丽：我帮张姐定了3月12日下午14:00。

顾问：张姐，3月12日正好是周五，下午人多，等一下我给您安排，周四我会提前打电话提醒您的。

前台：张姐，刚才顾问告诉我您下周五过来，我已给您安排好了，周四我再短信通知您，好吗？

××年3月11日下午下班前，前台发信息提醒张女士，第2天到店的时间。

××年3月12日上午上班后，前台电话或微信提醒顾客预约的时间，美容师提前确认顾客到店时间。

任务评价

如果本次顾客是3月5日下午2:00做的护理，美容师/顾问已经确认3月13日下午14:00是下次预约时间，如果你在3月12日中午接到顾客电话，要求下午17:00做护理，这时你应该如何处理？

（刘余青）

任务二 待客准备

学习目标

1. 熟悉美容店待客准备的内容与要求。
2. 能够根据预约安排，认真准备好项目所需物料及仪器设备。
3. 关心顾客进店的视觉感受和体验。

学习任务

顾客服务贯穿着美容店经营活动的全过程，建立美容店待客准备标准，是确保顾客服务品质的重要环节。

一、顾客到店前的准备

顾客预约之后，美容师/顾问在等待顾客时，要提前把为顾客进行服务的各项准备工作做好，以节省时间，保证提供优质高效的服务。顾客到店前，需从以下5个方面提前做好准备。

（一）顾客资料准备

美容师/顾问在前台查看顾客档案，了解顾客基本信息（姓名、年龄、职业、喜好）、上次到店时间、护理项目、顾客的剩余疗程，了解顾客的需求及身体的一些特殊情况，准备顾客到店后需要填写的各类表格。将顾客档案提供的信息整理成标准的流程和话术，为顾客到店的沟通做好准备。

美容师仪容检查对照表

（二）仪容仪表准备

美容师/顾问按美容服务礼仪整理好自己的仪容仪表，如补妆、漱口、整理头发、戴口罩、整理工作服等，调整自己的精神状态到最佳，保证以标准的职业形象迎接顾客。

（三）物料准备

一般提前15分钟准备好服务需要的产品和物料。美容师按项目物料清单到配料间领取/准备产品和物料，要认真核对，确认准备齐全无错漏。

准备物料

（四）房间准备

一般提前15分钟为顾客准备好服务的房间及所用的仪器设备，如仪器、泡浴、太空舱等仪器设备，房间温度、音乐、灯光、卫生符合美容服务环境准备及项目要求，美容床

准备房间

需整理成项目要求的待客状态，挂上待客牌。

（五）迎接顾客

美容师/顾问在准备好以上内容后，按接待礼仪要求（仪容、仪表、站姿）到大堂或门口迎接顾客，留意为顾客准备的茶水温度。在等待顾客到来的时候，可电话联系顾客，告知顾客已为她准备好房间，再确认顾客到店时间、是否需要预留车位。如自己忙碌不能亲自迎接，需要提前安排好，并婉转向顾客表达歉意。

准备迎接顾客

二、待客准备注意事项

待客准备工作是美容服务流程中顾客服务的重要内容之一，准备工作的好坏直接影响顾客对服务的满意度，在一定程度上反映了店内美容师的专业知识储备、技术水平，以及服务意识和工作责任心。此外，准备工作的细节需特别注意。

（一）顾客信息准确

查看顾客档案时要认真仔细注意主要信息，避免发生张冠李戴、错漏等差错。如顾客到店时间、护理项目、是否有特殊要求或禁忌等，特别是本店顾客信息有相似和容易搞错混淆的情况，更要查看清楚。

（二）物料取用适量

所需物料、产品按需准确取量，避免取量过多或不足，造成浪费或操作中补料等情况。

（三）房间准备用心

必须在顾客到店前确认房间温度、音乐、灯光已调整至符合规范要求的范围，房间、美容床、用品的卫生及摆放符合卫生管理规范，让顾客进入房间感觉舒适、温馨，正是顾客喜欢的环境氛围，感受到准备工作的细致。

（四）注重礼仪细节

1. 及时迎接　顾客到店马上迎接，热情招待，如引导顾客先到休息区休息，送上提前准备好的花茶，不让顾客有被冷落、没人接待的感觉。

2. 待客真诚　对顾客的态度和赞美，要发自内心，让顾客心情愉悦，愿意交流。

3. 保持微笑　在接待顾客中时刻保持微笑，使用礼貌用语问候。顾客说话时，认真倾听，不随便打断。

4. 关注顾客　与顾客交谈时，要时刻注意顾客语言、神态、情绪表现，不同的顾客以不同的方式接待。

任务分析

待客准备周到与否，直接影响后续服务的效率，以及顾客对门店工作管理是否规范的整体印象。准备的工作内容繁杂细致，是美容店标准化服务的重要环节，要尽量准备充分，各个细节考虑周到，才能保证后续服务流程的顺利进行。美容师是待客准备具体工作的主要责任人，平时一定要多参加培训，提升专业能力和服务水平，熟悉标准化服

务流程和话术，才能提高工作效率和服务质量，更好地服务顾客。

任务准备

1. 美容师/顾问查看预约顾客档案（了解顾客相关信息，如卡项、到店时间、护理项目等）。

2. 护理项目所需物料，如毛巾、产品、一次性耗品等。

3. 房间安排及准备，如空调、温度、美容床整理等。

任务实施

顾客到店前必须备齐产品及用具，服务顾客前必须检查所用仪器及床位准备工作和顾客资料档案，一般由店长或美容顾问督促并检查各个细节完成情况。

一、对预约顾客信息的熟悉情况

为了避免顾客迟到或取消预约，一般在前一天与顾客确认到店的准确时间及项目，最好以电话的方式确认。根据顾客的情况分析该顾客是否有临时取消或迟到的可能性，这就需要熟悉顾客档案的相关信息。

案例分析

“情景导入”中小丽与顾客意见分歧的原因分析

如果“情景导入”中的小丽电话联系不上顾客时，应再次查看该顾客的预约，确定预约是10点钟（排除看错预约时间的可能），再从顾客的工作性质、到店距离等，分析电话联系不上的原因，做好迟到或取消预约的准备，并以其他方式（发短信、微信留言）告知顾客电话联系不上之后的安排，等待到某个时间（如10点30分），继续联系顾客，仍然联系不上再安排下一位顾客，并以短信或微信形式告知顾客没有继续等待的原因。小丽如果事前考虑周到一些，对顾客到店的线路及交通工具等细节了解清楚，有可能避免张女士生气。

由此可见，详细了解顾客到店的信息要仔细，注意细节，考虑周全是做好准备工作所必需的环节。

二、顾客到店前“三确认”做到位

1. 确认时间　与顾客确认到店时间，告知顾客疗程时长，提示已成功预约，希望准时到达。了解交通路径，预测是否准时。

2. 确认项目　确认操作的项目，以便准备仪器和配料。针对项目，给予相关提醒（如不能过饱或过饥、防晒等）。

3. 确认需求　准备什么房间（是否需要太空舱、泡浴）、是否需要车位、到店路线、是否有指定美容师等，逢用餐时段确认是餐前还是餐后到店。

注意：以上信息的确认务必掌握与预约顾客常用的联系方式，选择顾客接受的方式，按预约服务流程规范与顾客联系并确认，有应对突发情况的预案。

三、确定顾客到店前已准备好

1. 提取顾客档案，准备好相关表格　如顾客档案表、开卡记录表、护理记录表、购买产品记录表等。

2. 物料准备齐备并摆放到位　按项目所需物料清单核对物料齐备，并按规范正确摆放在小推车上。

3. 房间呈待客状态　将房间的灯光、温度、音乐调整到适合项目要求的环境氛围，美容床上毛巾备齐，按项目要求铺好（如身体护理/面部护理），挂上待客牌。

4. 美容师/美容顾问仪容仪表检查　一切准备就绪迎接顾客时，检查美容师/美容顾问妆容、工装、精神状态是否符合接待要求。

5. 注意事项

（1）美容师/顾问准备时，要充分考虑各种服务项目所需的时间及美容师的数量、工作状况及可能出现的特殊情况。既不能把预约与间隔时间留得太短，也不能太长，确定合理的预约与间隔时间是提高美容店工作效率及顾客满意度的关键。

（2）如出现临时决定增加或减少项目，要有应对的方案，妥善处理好，避免引起顾客不满。如果处理不当，将延误下一位顾客服务的时间或美容师闲置，会引起顾客不满。

任务评价

1. 顾客到店前的“三确认”具体内容有哪些？

2. 想一想，说一说：如果你是前面情景导入中的小丽，你应该什么时间联系顾客？如果电话联系上顾客该怎么提示她按时到店？联系不上应以什么方式与她再次确认到店时间、护理项目及需求？请写出具体沟通的内容。

知识链接

美容师以专业的形象、知识、技能，关心顾客，真心实意地替顾客着想，并细致耐心地为每一位顾客提供针对性的美容服务。在服务的过程中，让顾客感到被关怀、被尊重，从而与顾客建立起信任、信赖的服务关系。对美容师的服务要求概括为“五心”服务，即专心：专业用心；细心：细致耐心地服务顾客；诚心：真心实意替顾客着想；关心：关注重视顾客感受；爱心：爱护尊重顾客。

（刘余青）

任务三 顾客到店服务

学习目标

1. 熟悉美容门店的护理操作流程及服务规范。
2. 能够按照护理操作流程及规范服务好顾客。

学习任务

一、服务流程

顾客到店后服务流程如图 4－2－3－1。

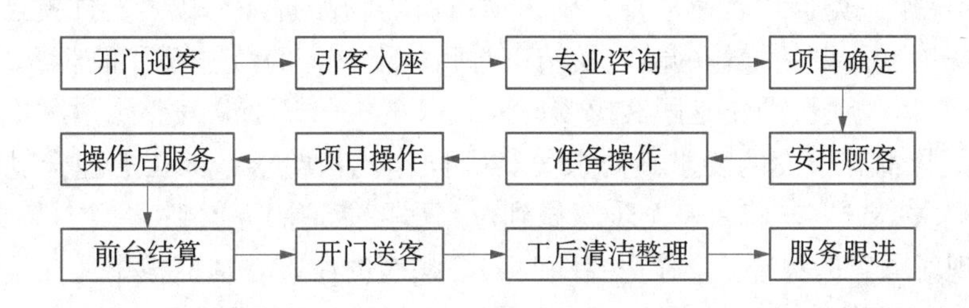

图 4－2－3－1 服务流程

二、服务流程规范要求

1. 开门迎客 顾客到达店门口或电梯、停车场时，美容师/顾问主动微笑迎接或指引停车，为顾客打开车门，如有大件行李，帮忙拎，并抢前一步开门，指引进店。开门迎接顾客的美容师整体形象必须符合礼仪要求。

2. 引客入座 顾客进店后，指引顾客到休息区入座，送上花茶，引见顾问/美容师。引客入座的表情、语言、手势等肢体动作要表现出专业的水准，让顾客有亲切感。

引荐顾问

如果是第一次到店的顾客，需要做信息登记和确认，美容师/顾问可介绍本店的特色，让顾客对美容店有一个初步了解，加深对美容店的认可。

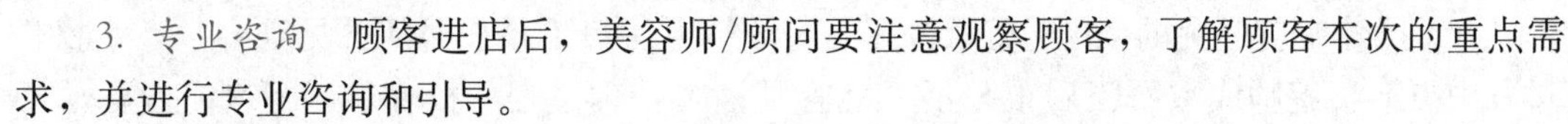

3. 专业咨询 顾客进店后，美容师/顾问要注意观察顾客，了解顾客本次的重点需求，并进行专业咨询和引导。

（1）新顾客：全面了解顾客皮肤健康状况，如皮肤检测、分析、询问既往健康及美容史，建立顾客档案，填写《顾客资料卡》，根据顾客皮肤情况提出护理建议，设计个性化护理方案。

（2）老顾客：了解上次护理后的感受，给顾客适度的赞美、积极的鼓励，给顾客建立信心。关心顾客的健康状况，认真观察顾客皮肤变化，对比护理前后的变化，指出此次护理的关键点，如需要做皮肤测试。根据需要介绍新项目或建议护理升级，调整护理产品等。

4. 项目确定

（1）新顾客：介绍试做优惠项目（强调脸部身体一起体验的效果），讲解体验价值，全程操作流程概述。与顾客沟通体验之后的感受，根据实际情况重点推荐适合顾客的疗程及产品特点，讲解护理方案的程序及作用，准确报出全套护理的价格、选用的产品及方法，询问顾客对方案的意见，进行沟通并最终征得顾客的同意。成交后刷卡、付现金或付交订金，不成交可预约下次护理时间。

（2）老顾客：目测或专业仪器测试，护理前和护理后的区别。针对问题皮肤，讲解护理升级或调整护理的原因或预期效果，最终征得顾客同意。

5. 安排顾客　顾客项目确认后，带顾客到指定区域换拖鞋，进入护理间沐浴，指引顾客放好随身携带物品、更衣、躺下，将床的高度调整至顾客感觉舒适后，为顾客盖好被子、包好头发等，按项目护理操作要求做好。

6. 准备操作　美容师迅速检查并确认项目所需物品备好、顾客安排妥当，然后告知顾客项目所需时间、开始操作的时间及结束时间，当顾客的面进行手部消毒。

7. 项目操作　项目操作是顾客感受时间最长的一个环节，对整个过程中的服务、手法、技术、效果都有很高的要求。要求美容师操作要精益求精，在护理全过程中严格执行操作规范，关心顾客，将每一个步骤做到位，尽可能地服务周到。

（1）体现对顾客的关心：操作中要随时关心顾客的冷暖，加减被子。在给顾客用毛巾包头时，要询问顾客毛巾的松紧度，在给顾客做按摩时，要随时询问顾客对手法轻重的感受。在操作中，美容师暂时离开顾客时要告知顾客（如换水或拿取物料等情况），在护理过程中每一步操作/每一次用的产品都要轻声提示顾客并告诉产品名称，有何功效。

（2）体现服务的专业度

1）介绍项目方法与步骤：详细的介绍项目的方法、步骤，使顾客清楚护理的每个步骤，以赢得顾客的理解和信任，放心地接受护理，并能主动与美容师配合。

2）讲解美容仪器：尽量用简练的、通俗易懂的语言为顾客讲解项目所用仪器的作用原理和功能，以消除顾客疑虑。

3）介绍美容产品：向顾客介绍护理疗程所需产品的安全性、作用、适应证、以往顾客使用的效果及反馈意见等，让顾客使用起来放心。

4）说明美容项目的效果：这是顾客最关心的问题。要客观地介绍，不可夸大效果或随意说。

（3）操作中应避免的问题：①顾客在美容床躺下后等了很长时间不见美容师；②操作过程中更换美容师或敷面膜后很久不见美容师；③护理过程中操作步骤不规范、手法不

到位；④美容师挪动美容车或仪器声音大；⑤美容师只顾操作，不过问顾客感受或闲聊话多声音大影响顾客休息。

8. 操作后服务

操作后服务

(1) 轻声告诉顾客护理已结束，并询问是否还需要别的帮助。有些顾客做完护理要多躺一会儿，有的就立即起身，美容师在护理结束时应轻声告诉顾客，并询问顾客是多躺一会儿还是要立即起身，是否还需要别的帮助。如果顾客要立即起身应双手扶住其背部帮助其起来；如果顾客要休息一会儿应为其盖好被子，关好门让其安静休息。

(2) 取开毛巾时不要将护理产品残余物弄到顾客脸上或身上。面膜护理时可能会有膜渣散落在毛巾上，取毛巾时动作要轻柔、干净利落，不要把面膜渣弄到顾客的身上或者是脸上。

(3) 扶顾客起身后为顾客做腰背部放松按摩。顾客躺的时间长可能会感到腰背部僵硬、不舒服，美容师最好为顾客做一下腰背部放松按摩，可轻敲，也可揉按，缓解顾客的不适感。

(4) 顾客起身后要帮其整理头发和衣物。顾客起身后要整理头发和更衣，有的需要吹头、补妆，美容师要引导其到化妆区并协助其整理。

(5) 护理后及时为顾客送上一杯清淡饮品。顾客到休息区之后，美容师给顾客送上一杯清淡饮品（如花茶/糖水），以补充身体的水分，促进护理效果，同时让顾客感觉到美容店服务周到贴心。

(6) 询问顾客对护理服务的意见与建议。美容师可在为顾客送饮品的时候，询问顾客对此次服务有什么意见或者建议，了解顾客的感受以及对自己服务的建议，通过进一步沟通交流，提高自己专业技术水平。

(7) 提醒顾客收好随身物品。很多前来做护理的顾客随身所带物品或饰物较多，可能护理前取下随手放在旁边小推车的小抽屉里或台面上，护理结束匆忙离开容易遗忘。因此做完护理后，美容师要记得提醒顾客检查是否收好随身所带物品，如果事后发现顾客忘记带走某件东西，应及时交还给顾客。

(8) 详细记录每次护理情况。每次为顾客护理完之后都应详细记录护理情况，包括所用产品、仪器、手法、护理时间长短、改善程度等，以决定下次护理是否需要调整。同时，也便于掌握顾客护理改善情况及日后服务跟进。

(9) 护理记录及消费确认。每一位顾客护理后，美容师要在护理卡上记录每次护理用的产品、护理时间、护理频率、改善程度、是否购买产品及每次护理消费等，并引导顾客核对项目内容，核对无误请顾客签字。如顾客有疑问或登记错误，需向顾客解释清楚。

9. 前台结算　美容师带顾客到前台结算时，一定要细心诚实，把账单交给顾客，让顾客核对清楚。如果顾客有疑问，应立刻给顾客解释清楚，待顾客确认消费金额并签字。如果有些顾客因为时间匆忙而忘记结账，应该以礼貌委婉的方式进行提醒。

若顾客需要购买一些产品带回家使用，应先将其所需产品准备好，备齐产品使用说明等资料，给顾客讲清楚正确的使用方法和步骤，并在结账前或结账时当着顾客的面进行清点，查看包装是否完整，让顾客放心，并用袋子装好便于顾客带走。

电梯送客

停车场送客

10. 开门送客　为顾客开门，并送至门外。送客前再次提醒顾客拿齐包物、整理妆容、下次准时做护理及护理后注意事项。下次做护理的时间最好在顾客出门前能和顾客确定，不能确定的也要做到提醒顾客下次准时做护理。

11. 工后清洁整理　送走顾客后，美容师迅速返回护理间收拾整理护理区域，归置、清理用品、用具，将场地和小推车清洁干净，争取在最短的时间内迅速完成清洁、整理工作，包括产品归位、更换干净床单和毛巾及整理美容床等，以减少下一位顾客的等候时间。

12. 服务后跟进　每次顾客做完护理以后，要做好服务效果的跟进和家居护理指导等工作，管理和维护好顾客。一般对开卡顾客跟进的是“一五七法则”，即第 1 天询问效果、感觉，叮嘱要注意的事项；第 5 天，再次跟进询问感觉，并提醒下次服务的时间快到了；第 7 天，没有过来的顾客，要询问原因，再次确定时间并提醒顾客按时来店进行护理。对于没有开卡的顾客，则隔 3 天左右跟进，需了解其去向，尽可能避免到店的顾客流失。

任务实施

一、服务流程中的工作配合

▶ 案例 1　顾客到店前的配合

1. 美容顾问与美容师共同分析客户档案，详细了解顾客的基本情况、项目需求、特殊需求、消费习惯及历史消费记录，从而判断顾客的消费实力、探讨如何服务及深度挖掘顾客的需求，制定出季度、年度方案。

2. 美容顾问提前安排好顾客的护理房间，并与美容师交接房间布置的需求，由美容师完成顾客护理房间的准备工作。如果涉及顾客特殊日子需特殊布置，美容顾问需与行政主管、美容师一起完成。

▶ 案例 2　顾客护理前的配合

1. 美容顾问为顾客安排好项目后，带领顾客到达美容房，介绍顾客给美容师认识，此时美容师需微笑问候顾客并引领顾客进美容房内。

2. 顾客沐浴时顾问与美容师在配料吧或房间门口再次进行详细情况交接，包括顾客当天护理的项目、顾客需求及销售方向。

▶ 案例 3　顾客护理中的配合

1. 美容师按照标准流程操作，美容顾问在顾客项目结束前，进美容房关心顾客，同时交接美容师与顾客有关的操作重点及注意事项。

2. 美容师在项目操作开始前需对顾客进行皮肤分析，确定美容顾问安排的项目，且按照美容顾问之前交接的护理内容进一步说明。

▶ 案例 4　顾客护理结束后的配合

1. 美容师与美容顾问详细交接顾客在护理中的反馈情况及护理后的销售铺垫的情况。

2. 美容师将顾客送到前台顾问间，把顾客移交给美容顾问，同时回到美容房间收拾物品，认真填写顾客反馈记录。

▶ 案例 5　主管配合接待流程

在顾客来到美容店之前，主管要对美容顾问进行悉心指导，让美容顾问查看顾客的特殊需求，提前做好顾客接待的准备工作，并针对顾客需求制定相应的美容方案。

当顾客抵达美容店时，美容顾问主动引领顾客到顾问接待室，此时主管应热情问候顾客。

在美容顾问接待顾客的过程中，主管可陪同、旁听或监控顾问的接待流程，以便及时在接待顾客的服务过程中随时解决出现的问题，同时也可避免出现两者之间的交接不顺利而导致顾客等待或不满意的情况发生。

当顾客在美容护理时，主管应适时指导之前所接待过程中待改进的问题，同时协同美容顾问梳理工作思路与沟通话术，抓住顾客的需求点，让顾问更全面地给顾客讲解所设定的方案，更准确地了解顾客所需，设定需求方案。

护理结束后，主管主动迎接顾客并询问对于本次护理的满意度。若有不满的问题，应及时进行解决及安抚；如遇特殊节日，主管可附送顾客小礼物，做好客情服务。

当顾客离开时，主管应陪同美容顾问一并送客，目送顾客离开方可回到美容店。

在顾客离开美容店后，主管要对美容顾问此次的接待工作再次进行指导，指出顾问在接待中的优、缺点，从而提升美容顾问的服务技能与专业技能。

二、服务流程话术

▶ 案例 6　指引顾客

指引顾客进房

指引顾客到功能区域的过程中，要注意关心顾客，避免发生意外。例如，提醒顾客注意台阶、地滑、小心头顶；若无独立洗手间，需提醒顾客是否先上洗手间等。

在引领顾客至护理间接受护理操作的过程中，可简要介绍美容店的有关情况。对于新顾客，可介绍美容店的大体布局、功能分区等；对于老顾客，可介绍美容店新引进的项目、功能效果等。另外，对于顾客的提问，要耐心细致地逐一回答，尤其要注意了解顾客的心理需求，使引领这个过渡阶段成为促成顾客消费、展示良好服务的一个环节。在引领时顾问要始终保持微笑，体现礼貌周到、言语诚恳、服务亲切。

案例7 护理操作

指引顾客沐浴

美容师按项目护理服务标准流程进行操作前，给顾客介绍此次护理项目的操作流程及具体功效。操作过程中可根据顾客的症状反应，适当普及一些健康保养的小知识，并简单介绍护理完成后的效果，让顾客心里清楚，安心享受服务。

● 情景1：顾客沐浴

指引顾客沐浴是护理前的顾客准备环节。在顾客沐浴之前，美容师先把房间温度调高，避免沐浴出来着凉；对于新顾客，需要介绍房间相关用品的使用，尤其是介绍沐浴间冷热水的使用开关；顾客沐浴时，要告知美容师就在门口等候，美容师不能长时间离开，避免顾客沐浴后敲门找不到美容师；顾客沐浴结束，美容师可敲门征求顾客意见是否需要协助更衣，征得顾客同意后进入沐浴间，帮助顾客披上干毛巾。待顾客进入房间后，先及时帮助顾客擦干身体、躺下，细心盖上被子。对于老顾客，有时可简单一些，会让顾客感觉比较随意自然，更有亲切感。

● 情景2：操作前

介绍项目

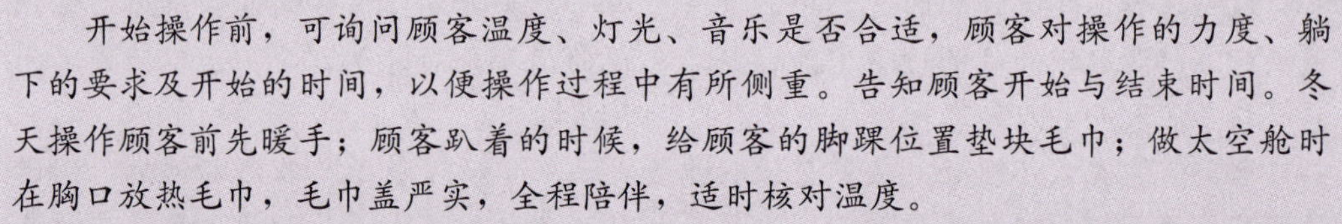

开始操作前，可询问顾客温度、灯光、音乐是否合适，顾客对操作的力度、躺下的要求及开始的时间，以便操作过程中有所侧重。告知顾客开始与结束时间。冬天操作顾客前先暖手；顾客趴着的时候，给顾客的脚踝位置垫块毛巾；做太空舱时在胸口放热毛巾，毛巾盖严实，全程陪伴，适时核对温度。

注意事项：开始操作前，检查确认关门和凳子移动时不会发出声音，当着顾客的面用酒精进行手部消毒，戴好口罩，身体避免碰撞床头使顾客感觉不适。

● 情景3：护理操作中

在具体操作过程中，美容师要从细节中了解顾客需求并及时响应：要记住顾客习惯的力度和需要加强的穴位，加强后并告诉她，提升被重视感。在护理的过程中可分享其他顾客的案例，吸引顾客的兴趣，发掘顾客潜在的需求。

确认顾客需求

操作注意事项

(1) 禁忌对顾客品头论足，或泄露顾客的隐私。

(2) 美容师尽量不在中途离开。

(3) 禁忌在为顾客操作的过程中其他人员进入房间，杜绝操作过程中换人，或操作结束后没有交代就离开房间。

(4) 如操作中顾客手机铃响，需要提醒是否接听，并用纸巾包着手机递给顾客。

(5) 操作过程中美容师电话调至静音，禁止接听电话。

(6) 如果预计会超时，需征求顾客意见。

结束操作时沟通话术

● 情景4：结束操作时沟通话术，详见二维码。

● 情景5：送客

当顾客从美容房间出来后，店长或美容顾问引领顾客到顾问间或洽谈室稍坐，递上茶水、水果等，询问对此次接待服务的满意度，进行效果引导及专业建议。为顾客讲解护理后的居家保养方法及注意事项。

当顾客离开时，做到热情送客，欢迎再次光临。如果美容师没有时间送客，需要安排好，或由顾问负责，将顾客送到店门口/电梯口/车上，目送其离开。

任务分析

护理操作是服务顾客最基本的工作，通过护理操作，为顾客提供优质的服务。护理操作的过程中，美容师与顾客接触时间最长，距离最近，除了要加强专业知识和技术技能学习外，还需要不断拓展自己的知识面，在与顾客沟通互动过程中，针对顾客反馈，进行思考总结，重点是赢得顾客的信任，从而提高顾客服务满意度，提高美容店销售业绩。

任务评价

美容服务流程考核评价表

1. 根据护理服务流程及规范，对各个环节的操作及沟通等内容进行自评、互评。
2. 想一想、说一说：

（1）简述新老顾客的服务流程。

（2）美容师和顾问在服务顾客的过程中该如何配合？

能力拓展

美容师小芳的老顾客琴姐，上周在美容店做了超声波面部养肤项目，现在是护理后的第5天，美容师应该以什么方式与琴姐联系？如何沟通？在服务跟进中有哪些注意事项？

（刘余青，傅润红）

05

模块五　物料耗材管理

单元一　物料进货管理

内容介绍

经营一个美容店，需要很多学问，不只是单单每天开门营业那么容易，而是需要一个专业化的系统管理。美容店需要培养员工学会对美容店内部物料管理进行常规盘点，学会物料管理的分类、采购的流程、使用管理流程、入库先后顺序管理流程、入库清点台账管理方法、库存管理的制度以及各环节的注意事项和风险防范。只有做到每个细节环环相扣，更准确核算成本，做好策划方案，才能配合整个美容店的经营。

学习导航

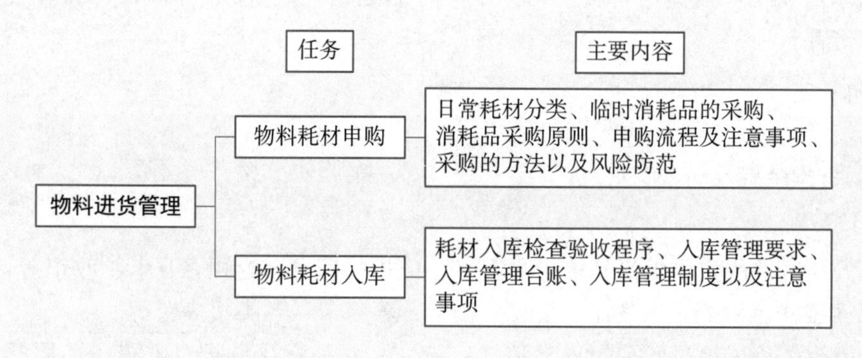

任务一 物料耗材申购

学习目标

1. 了解耗材类别、采购原则及风险防范。
2. 掌握物料耗材申购流程及注意事项。

情景导入

小丽是某美容店的员工，店内的产品快要消耗完，她在写物品提交申请单之后，发现该产品市面上供货的厂家很多，价格比现在合作的供应商价格便宜，小丽不知该如何选择？是继续用原来的供应商，还是寻找价格低的供应商？经过公司一番讨论，决定用新的供应商。虽然小丽负责采购工作，但是之前她没有负责过此项工作，那么她在采购过程中应如何做呢？

学习任务

采购前的有效规划非常重要，及时了解顾客需求及库存，有计划采购，可避免在执行的过程中出现错误或失误让物料堆积。美容店每一季度都有主推的产品和项目，随着季节和需求的变化，要提前备货，以保证美容店运营，满足顾客需求，同时，也要避免堆积过多产品。

一、消耗品采购

（一）日常消耗品分类

1. 日常消耗品

（1）大厅区域的主要工作是接待顾客，登记相关信息，给顾客开卡、收银等，所需要的消耗品主要包括：茶壶、茶杯、茶、会员卡、项目卡、各类报表单等。

（2）美容、美体项目所需的日常消耗品有：水盆、产品调配盘、梳子、眉笔、眉剪、眉镊、喷壶、毛巾、刮痧板、火罐等。

2. 配料用消耗品　主要是配料间的消耗品。这个区域的消耗品主要包括：原装套盒产品、大瓶产品分装盒，水、乳、膏、膜、粉等，即使是同一产品类别，有的甚至要准备几种型号、不同功效的，如同样是膜，分冷膜、热膜、中药膜、冰膜，眼膜、颈膜，胸膜、体膜、减肥膜等。配料间消耗的其他产品，如眼膜纸、面膜纸、棉签、调膜碗、

面扑等。

3. 辅料用消耗品　主要是美容房间的消耗品。这个区域主要是给顾客提供美容服务的区域，其消耗品主要包括卸妆水、保鲜膜、脱脂棉、医用酒精、一次性洗脸巾等。

（二）临时消耗品

临时采购是指美容企业正常采购计划之外的采购活动。例如，为了开展各种促销活动，在正常采购计划之外采购的物品，是为了满足各种促销活动的需要。美容企业的促销活动分为计划内促销和计划外促销。

1. 计划内促销　计划内促销活动在每年的年度经营计划中列出计划，如节假日促销活动、店庆促销活动、例行促销活动等，这类促销活动所需的产品归入日常采购工作中，按照日常采购的原则和规定进行采购。

2. 计划外促销　计划外促销活动产品的采购，如果采购量较少，可以归入紧急采购活动，采购程序依照紧急采购执行。大多数情况下，计划外活动采购物品的采购量较大，可采用向美容企业合作供应商询价采购的方式进行采购，采购物品的质量、价格比照以前采购的情况，或稍有变化，但要求交货期更短，以满足促销活动的需要。

案例 1

某美容店附近新开了一家规模颇大的养生会所，准备在近几日举行盛大的开店庆祝活动，该店新开期间促销活动很多，各种产品和服务优惠力度巨大，这给美容店店长小美带来了很大的压力，为了避免老顾客被新开的美容养生会所的促销活动吸引过去，小美决定开展针锋相对的回馈老顾客的优惠活动。于是，小美请示上级，紧急策划促销活动，这需要临时采购大批产品。时间紧，任务重，小美能够及时采购到质量好、价格实惠、数量足够又不会产生积压的产品吗?

案例分析

小美作为美容店店长，除了做好美容店日常的经营管理工作，还要密切关注竞争对手的动向，一旦发现竞争对手有影响本企业经营的行为，应根据竞争对手的意图做好相应策略部署，早做准备，以保证美容店的经营不受影响。小美在平时的采购工作中，做好供应商的管理工作，降低采购风险，与供应商保持良好的合作关系，并要求供应商多储存本地市场畅销的化妆品，以备紧急采购之用。因此，在这次竞争店的大规模促销活动开始前，小美就启动了临时促销的采购计划，通知供应商做好供货准备，启动活动采购程序采购相关化妆品。相信小美以平时科学的采购管理为基础，在此次临时采购活动中会获得圆满成功。

（三）消耗品采购原则

美容企业用于销售或维持持续经营所需的产品需按照实际需求及时采购，以便通过经营销售获取利润。如何获得足够的合适产品或物料，是美容企业进行采购管理的一个关键环节，可以说能否在适当的时机采购符合顾客需求的产品，是美容企业能否成功经营的重要内容。

消耗品采购的过程应遵循5个原则，即5R原则：是指合适的时间、合适的数量、合适的价格、合适的质量、合适的供应商。

1. 合适的时间（Right time） 采购产品的时机或采购周期的控制。产品销售旺季采购时需提前做好采购计划，适当提前进行采购，避免需求高峰时期过高的采购价格和较长的交货时间。同时应根据产品销售周期控制采购数量和采购次数，保证产品既不积压又不至于断货。

2. 合适的数量（Right quantity） 采购产品时，如采购数量太少，会导致采购成本过高，以及断货的风险。采购数量太多，会导致产品积压，占用过多的资金和仓储面积，增加成本，甚至导致产品因积压时间过长而变质，给企业带来较大损失。一般而言，确定采购量时应根据产品销售速度、用料清单、安全库存和现有库存量信息等4个因素，计算出正确的采购数量，然后提交采购申请单，进行采购活动。

3. 合适的价格（Right price） 产品的采购价格直接关系到企业的经营成本，过高或过低的价格都会给企业带来较大的经营风险。产品采购的价格应包含产品价格和采购活动本身的成本。过高的采购价格导致产品成本较高，产品销售不畅，利润下降。过低的采购价格可能导致采购的产品质量不高，或者品牌知名度较低，同样造成销售不畅。合适的价格是指企业的目标顾客能够接受的价格，应根据目标顾客对价格的承受能力采购相应价格水平的产品。

4. 合适的质量（Right quality） 美容企业采购的产品主要面向顾客销售为主，产品的质量应适合顾客的需求。一般来说，产品质量越高，价格相应也会较高，如果顾客的经济能力不够，则缺乏购买质量较高产品的支付能力。当然，产品质量也不是越低越好。产品质量低，价格可能较低，但产品品牌、效果都会较差，不符合美容企业顾客的要求。因此，美容企业在采购产品时，产品的质量应以顾客的要求为准。

5. 合适的供应商（Right supplier） 美容企业应综合考虑供应商的地理位置、企业规模、技术水平、信誉和合作意愿等因素。供应商的地理位置影响物流成本和交货时间。供应商的企业规模大小会影响采购数量以及优惠条件，如果美容企业本身采购量较小，规模大的供应商可能会出现“店大欺客”的现象。供应商规模较小，对美容企业来说，存在一定的供货能力不够的风险。供应商的技术水平及产品质量应符合美容企业的要求，同时，应优先向信誉良好、积极合作的供应商采购相关产品。

（四）消耗品采购注意事项

1. 技术水平 技术水平是指供应商提供产品的技术参数能否达到要求。供应商应具有一支技术水平能力较高的技术队伍，能够生产出符合顾客需求的产品，能够持续不断开发和改进产品。选择具有高技术水平的供应商，对美容企业的长远发展有利。

2. 产品质量 产品质量是一个很重要的指标，供应商必须有一个良好的质量控制体系，能够长期稳定地提供质量可靠的产品。产品质量除了静态的质量检验以外，还要在产品的实际使用过程中考察产品的实际使用效果。

3. 供应能力 供应商应当具备一定规模的生产能力和发展潜力，保证能够供应采购企业所需购买产品的数量及采购方持续增长的产品需求。

4. 价格　供应商应能提供有竞争力的产品价格，但这不意味着是最低的价格。这个价格是综合了产品的质量、购买数量、付款条件、退换货、售后服务等其他条件后的价格。供应商还应有能力向购买方提供改进产品成本的方案。

5. 地理位置　供应商的地理位置对美容企业的库存量有较大的影响。如果物品单价较高，需求量大，距离较近的供应商有利于管理。地理位置近意味着送货时间短，运输成本低，美容企业紧急缺货时，可以快速送货给顾客。

6. 售后服务　供应商必须具备优良的售后服务，为顾客提供产品使用培训、技术培训、维修、退换货等服务。

7. 交货准确率　供应商在交货时的产品应和采购合同标明的产品清单一致，误差率不能高于某一极限数值，如万分之一。

8. 快速响应能力　是指供应商在接到采购方的采购指令时，应能在采购方规定的时间内交付产品或迅速做出反应。

9. 信用状况　合格的供应商应具有良好的市场信誉。美容企业应严格考察供应商与其他企业合作的情况，一旦发现供应商曾经有不诚信的行为，应谨慎与这类供应商合作。

10. 合作意愿　考察供应商是否有足够意愿与本企业合作。只有那些真诚合作的供应商，才能给本企业合适的产品、价格以及优良的售后服务。

▶案例 2　某美容企业化妆品采购合同范本（见二维码）

采购合同范本

二、耐用品采购

（一）耐用品种类

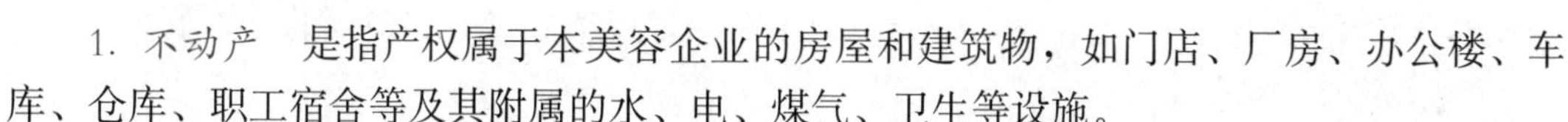

1. 不动产　是指产权属于本美容企业的房屋和建筑物，如门店、厂房、办公楼、车库、仓库、职工宿舍等及其附属的水、电、煤气、卫生等设施。

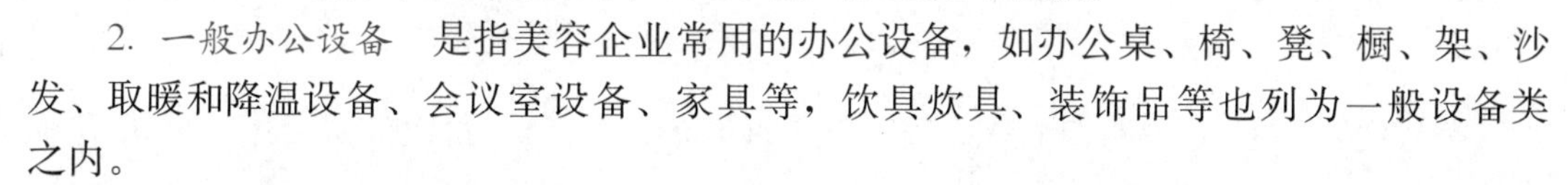

2. 一般办公设备　是指美容企业常用的办公设备，如办公桌、椅、凳、橱、架、沙发、取暖和降温设备、会议室设备、家具等，饮具炊具、装饰品等也列为一般设备类之内。

3. 专用设备　是指属于美容企业所有专门用于某项工作的设备，如放映摄像设备、电脑、通讯等电子设备及美容仪器设备、器械等。

4. 运输设备　是指美容企业各种交通运输工具，包括后勤部门使用的采购用车等。

5. 其他设备　是指以上各类未包括的固定资产，美容企业各主管部门可根据具体情况适当划分，也可将以上各类适当细分，增加种类。

（二）耐用品采购流程

美容行业的专业技术更新快，顾客对服务质量要求高，所以在采购固定资产时，一定要遵守技术先进、质量可靠、经济耐用、易于操作、维修方便、服务及时周到等原则。其采购流程如图 5－1－1－1。

（三）耐用品采购注意事项

（1）耐用品采购货品要符合国家技术标准要求。

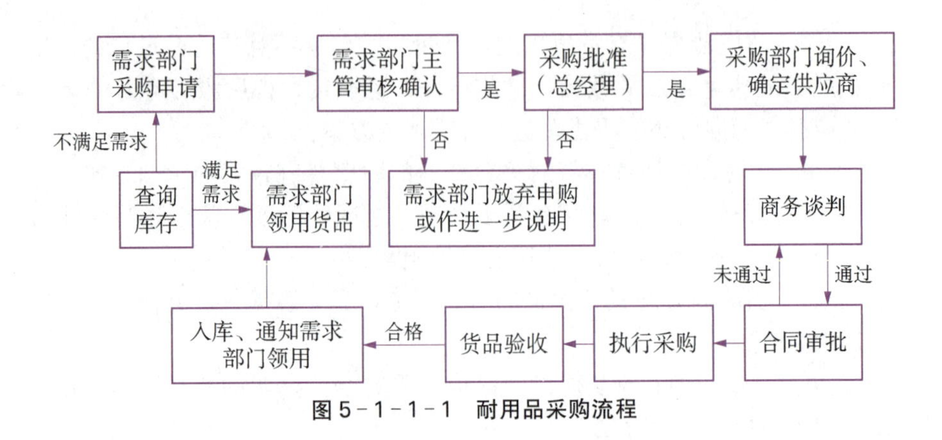

图 5-1-1-1 耐用品采购流程

（2）耐用品采购货品要符合国家环保政策法规要求。

（3）耐用品采购货品要适应科技的发展，满足企业未来一定时间内的使用需求。

（4）耐用品采购货品应有合格证明、说明书等完整的相关文件。

（5）耐用品采购货品的供应商具备完善的售后服务能力。

三、订购方法

（一）经济订购批量法

订货批量是指每次订购产品的数量。在某种产品全年需求量已知的情况下，一方面，降低订购批量，必然增加订购次数，增加订购成本；另一方面，减少订购次数，必然增加订购批量，在减少订货成本的同时增加产品储存成本。经济订购批量就是在保证美容企业经营活动正常进行的前提下，使订货成本和储存成本之和达到最低的订购批量。

1. 最佳订货批量公式

$$Q=\sqrt{2DS/I}$$

公式说明：Q—最佳订货批量；D—产品的年需求量；S—每次订购费用；I—单位储存成本。

2. 最佳订货周期公式

$$T=Q/D$$

3. 每年最佳订货次数公式

$$N=D/Q$$

案例 3

某美容企业每年需采购某种化妆品 3 600 单位，单位储存成本 2 元，每次订货费用 25 元。则：

最佳订货批量：$Q=\sqrt{2DS/I}=\sqrt{2\times3\,600\times25/2}=300$ 单位

最佳订货周期：T＝Q/D＝300/3 600 ≈ 0.083（年）或 0.083 × 365＝30（天）
最佳订货次数：N＝D/Q＝3 600/300＝12（次）

（二）固定期间法

这种订购方法是每个月的第一周下订单，每次订单涵盖的周期都是固定的，每次订购数量都是变动的。这种订购方法适合订购成本较高的情况。订购周期的长短主要凭借过去的经验或主观判断决定。采用这种订购方法每期都会有剩余存货。在美容企业中此种方法适用于成本较高、顾客群体比较固定的高端项目产品。

▶ 案例 4

固定期间法采购产品见表 5-1-1-1。

表 5-1-1-1　固定期间法采购产品举例

时间（周）	1	2	3	4	5	6	7	8	9	10	11	12	合计
净需求		10	10		14		9	12	30	7	15	5	112
订购数量	25				30				60				115

（三）固定数量法

这种订购方法每次订购的数量都相同，订购的数量凭过去的经验或直觉。这种订购方法不考虑订购成本和储存成本这两项因素，美容企业中此种方法适用于订购用量稳定的基础类美容项目产品。

▶ 案例 5

固定数量法采购产品见表 5-1-1-2。

表 5-1-1-2　固定数量法采购产品举例

时间（周）	1	2	3	4	5	6	7	8	9	10	11	12	合计
净需求		10	10		14		9	12	30	7	15	5	112
订购数量		40					40		40				120

（四）拟对比采购法

这种采购方法每次采购的订购数量和每一期的净需求数量相同，每一期都不留库存。如果订购成本不高，这种方法最适用。美容企业中此种方法适用于订购用量少、量身订制的如治疗性、特殊性能的美容产品。

▶ 案例 6

拟对比采购法采购产品见表5-1-1-3。

表5-1-1-3 拟对比采购法采购产品举例

时间（周）	1	2	3	4	5	6	7	8	9	10	11	12	合计
净需求		10	10		14		9	12	30	7	15	5	112
订购数量		10	10		14		9	12	30	7	15	5	112

（五）物料需求计划法

这是一种新的库存计划与控制方法，是建立在计算机基础上的采购计划与库存控制系统。其主要内容包括顾客需求管理、产品购置计划以及库存纪录。其中顾客需求管理包括顾客订单管理及销售预测，将实际的顾客订单数与科学的顾客需求预测相结合，即能得出顾客需要什么以及需求多少。应注意的是，顾客需求预测应是科学的预测，而不是主观的猜测或只是一个主观的愿望。美容企业在制定需求计划时，要充分考虑到季节变化、促销活动等多方面因素，使采购计划更趋合理。

四、采购风险

1. 外因性风险　通常包括意外风险、价格风险、技术风险、合同风险和质量风险。
2. 内因性风险　通常包括计划风险、合同风险、验收风险、存量风险和责任风险。

五、采购风险防范措施

采购风险及防范措施

（1）建立完善的物资采购管理制度。

（2）加强物资采购的管理监督。

（3）加强现代信息技术在采购决策中的应用。

（4）制定科学合理的供应商评估、准入和淘汰制度，建立并适时更新供应商管理系统。

（5）强化合同全过程管理，规范合同审核，提高合同履行效力。

任务分析

无论是消耗品采购还是耐用品采购，都要考虑到采购过程中的风险因素，可通过分析美容店每日用量、最近的推广活动等需求，按采购流程图，将采购活动进行分解，针对不同的流程节点，分析采购工作实际情况，将采购风险降至最低。必须根据采购各环节，建立完善的防范措施，特别是每一个环节的管理制度。如不加强管理监督，将会给企业带来无法预料的损失。采购风险防范措施是降低采购风险的有效途径。

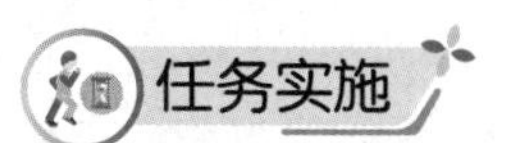

任务准备

影响采购价格的因素及确定方式

1. 消耗品采购需求（案例）。
2. 消耗品订货清单（案例）。
3. 消耗品采购、价格管理及价格确定方式。

任务实施

▶ 案例 7

某美容店开业准备进货，如采购不足将出现缺货的尴尬局面，一定要在开业前将货品储备充足，并备齐所需物料，美容店开业之时才能井井有条地迎接顾客上门。

● 步骤一：消耗品需求分析

美容店初次拿货不宜过多，否则卖不出去的产品沉积下来会导致资金无法回笼，影响美容店的资金运转，也不宜太少，否则开业当日产品不够卖，不仅影响业绩，补货也是一件麻烦而又费周折的事。因此，开业前通过推广阶段获取的数据统计分析，了解首批顾客需求，并根据首批顾客的人数及意向项目有一个粗略的预估，然后有针对性地进货。

● 步骤二：确认开业所需消耗品的数量，特别是必备美容产品

(1) 初次进货必备美容产品。①面部项目：院装的卸妆油、洗面奶、水、乳、精华、眼霜、隔离、防晒霜、面膜粉、按摩膏、按摩精油等，以及护肤品系列单品及面部、眼部护理套盒等；②身体项目：院装按摩精油、按摩膏、身体膜、艾灸条等，以及各种功能的养生套盒及纤体套盒。以上各类产品数量以估计的首批顾客人数确定。

(2) 其他消耗品，如大厅茶壶、茶杯、茶、会员卡、项目卡、各类报表单等，视具体情况确定。

(3) 美容、美体项目所需的日常消耗品，如水盆、产品调配盘、梳子、眉笔、眉剪、眉镊、毛巾、刮痧板、火罐等与美容床配套。

● 步骤三：按美容店消耗品采购流程及管理规定，走审批流程

根据需求确认进货多少后，填写相关表格，如《进货登记表》《采购货物申请表》《消耗品采购清单》等，提交有关部门或负责人审批签字。

采购货物申请表

● 步骤四：制定采购计划

采购申购单经审核批准后制定出采购计划。

● 步骤五：执行采购计划

安排有关人员按采购计划进行采购。

物料申购是美容店成本管控最重要的环节，提早做好物料规划，就能显著提高工作效率，提升美容店利润。物品采购到位后交由仓库管理员统一清点入库，并核对采购计划是否缺失，登记在册后，告知有关人员有货，可进行统一发放。

注意事项：物料不足时，仓库管理人员、配料师等有关人员需及时登记所需物品

名称、数量等，避免重复申购；物料申购要根据美容店的运营需求进行并填写申购单，所申请物品必须经主管审核、确认采购物品的紧缺性和数量的合理性，防止过量申购，造成不必要的积压。

任务评价

请对以下案例进行分析。

案例8

美容店都会因为一些突发因素，需临时紧急开展促销活动，如竞争对手在附近开新店、竞争对手突然推出优惠力度很大的促销活动。在这些情况下，需紧急采购化妆品等物品，以应对竞争对手的突然袭击。那么，美容企业怎样才能在短时间内采购到合适的化妆品呢？

案例9

某美容经营企业每年需要某种化妆品3 600单位，该化妆品单位成本为169元，单位储存成本为1元，每次订货成本25元。该企业平均多少天采购一次？每次采购数量是多少？每年采购次数是多少？请说明原因。

能力拓展

请对以下案例进行分析。

案例8

某美容店制定的临时物资采购管理制度，是否符合采购管理规范。物资采购管理制度内容如下。

1. 临时采购商品及服务费用报销必须凭后勤部审核后的《临时采购申请》方可执行，否则财务不予承认，费用由采购部门自行承担。

2. 采购发起方未按付款标准组织相关部门联合采购付款者，费用由采购部门自行承担。

3. 临时采购物资到货品质由采购发起人全权负责。供应商送货过程中有破损、短缺和低质情况，由采购发起人与供应商沟通解决，物资发放和存放品质由总务后勤部监督，不符合发放标准的物资，总务后勤人员可以拒发和拒收，并反馈办公室对采购发起人进行考核。

（孙静静，洪　涛）

任务二 物料耗材入库

学习目标

1. 了解物料耗材入库程序及入库管理要求。
2. 熟悉物料耗材入库台账及入库管理制度。

情景导入

美美在美容店内负责产品仓库，美容店新到了一批产品，在产品的入库检查过程中，发现产品日期临近有效期。遇到这种情况，美美不知道该如何处理？是将产品入库？还是退回厂家？

学习任务

加强物料的科学管理，对于降低美容店经营成本是非常重要的，物料入库是美容店经营活动中不可缺少的环节。无论产品、消耗品还是耐用品的使用都是有时限的，要保证物料不变质、受损、短缺和有效的使用价值，通过物料入库检查和物料存储期间保质，确保物料质量和数量两方面都不受损失。为此，物料入库时，物料管理人员应按物料入库程序操作，进行物料清点、核对，把好物料入库关。

一、物料入库检查验收

（一）物料入库检查流程

物料入库前要按验收程序，提前准备好各环节所使用的清单和表格，然后依次开展相关工作。一般物料入库检验流程如图 5－1－2－1 所示。

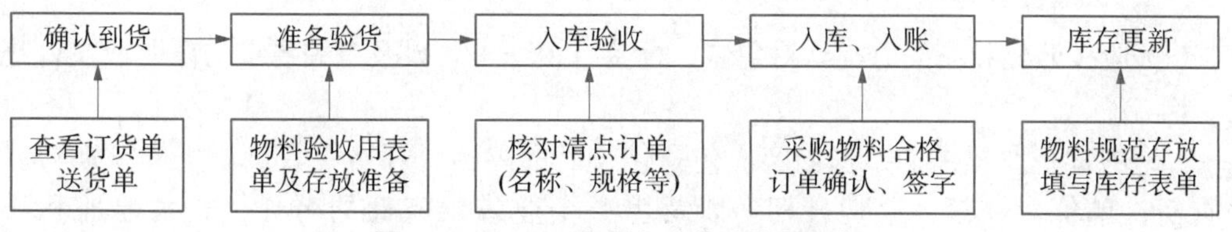

图 5－1－2－1　物料入库检验流程示意

（二）物料采购确定及入库

1. 物料采购确认

（1）下物料采购订单时应该认真审核库存数量，做到以销定进。

（2）审核物料采购订单时，应根据美容店实际情况，核定进货数，杜绝出现库存积压、滞销等情况。

（3）物料采购订单确定后，通知供货商送货时间，并及时通知仓库管理员。

2. 物料验收

（1）收到物料时，仓库安排收货人收货。

（2）收货人必须严格认真检查商品外包装是否完好，若出现破损、原装短少、临近有效期等情况，必须拒绝收货，并及时上报采购部。因收货时未及时对商品进行检查，出现的破损、原装短少、临近有效期，所造成的经济损失由该收货人承担。

（3）确定商品外包装完好后，收货人必须依照相关单据：订单、随货同行联，对进货商品品名、等级、数量、规格、金额、单价、有效期进行核实，核实正确后方可入库保管。若单据与商品实物不相符，应及时上报采购部；若进货商品未经核对入库，造成的货、单不相符，由该收货人承担由此造成的损失。

3. 物料入库

（1）验收合格的物料应及时搬运到仓库，并按照仓库管理堆放距离要求、先进先出的原则进行摆放。

（2）入库物料在搬运过程中，应按照商品外包装上的标识进行搬运。

（3）入库物料明细必须由收货人和仓库管理员核对签字认可，做到账、货相符。

物料检查验收记录表样例

（4）物料入库后，仓库管理员依据验收单及时记账、更新库存，详细记录商品的名称、数量、规格、入库时间、单证号码、验收情况、存货单位等，做到账、货相符。

（5）按收货仓库管理流程进行单据流转时，每个环节不得超出一个工作日。

（三）收货检查验收基本要求

（1）产品到货质量验收，由验收人员负责，验收人员须具备相关经验。

（2）验收人员应按照验收程序对产品进行逐批的验收。

（3）验收应包括外观性状检查和内外包装标识的检查。

（4）验收随机抽取的产品应具有代表性。

二、化妆品入库

（一）化妆品入库检查验收要求

（1）应按照化妆品的分类，对包装、标签、说明书，以及有关要求的证明或文件进行逐一检查。

（2）供货企业提供的票据内容应包括化妆品的名称、规格、数量、生产日期/批号、保质期、单价、金额、销货日期，以及生产企业或供应商的名称、联系地址和联系方式。

（3）整件包装中应有产品合格证。

（4）验收进口化妆品，应凭加盖供货企业原印章的《进口化妆品批准证书》复印件验收并保存。

（5）化妆品包装的显著位置上应有产品名称、批准文号（特殊用途化妆品）、产品批号、生产日期、有效期、质量合格标志，以及生产企业的名称、地址等。包装、标签或说明书上还应有化妆品的成分、功能、用法、用量、禁忌、注意事项，以及贮藏条件等。化妆品标签、小包装或者说明书上不得注有适应证，不得宣传疗效，不得使用医疗术语。

（6）按照批次核对检查。

（7）加盖供货企业原印章的《检验报告书》复印件留存，不能提供检验报告或其复印件的产品，不得验收入店。

（8）对销后退回、配送后退回的化妆品，验收人员应按进货验收的规定逐批验收，对质量有疑问的应进行处理。

（9）采购和验收人员应建立购货台账，按照每次购入的情况如实记录，内容包括：名称、规格、数量、批准文号、生产日期/批号、有效期、生产厂商、购进价格、购货日期、供应商名称及联系方式、验收结论、采购和验收人员等信息。

化妆品验收表样例

（10）购货台账应按照供应商、供货品种、供货时间顺序等分类管理，记录保存期应当比产品有效期延长6个月，并不得少于2年。

（11）验收中发现不符合验收规定的产品应拒收。

（二）化妆品入库管理要求

（1）所有入库化妆品都必须进行外观质量检查，按照购货（验收）台账核对后方准入库。

（2）保管员应根据化妆品的储存要求，合理储存。

（3）应保持库区、货架的清洁卫生，定期进行清扫，做好防火、防潮、防热、防霉、防虫、防鼠和防污染等工作。

（4）应定期检查仓库的储存条件，做好仓库的防晒、温湿度监测和管理。

（5）应根据库存的流转情况，定期检查质量情况，发现质量异常产品立即放置于“待处理”区，报告质量负责人处理。

（三）注意事项

（1）负责人对不合格的产品实行有效控制管理。

（2）质量不合格产品不得采购、上柜和销售。

（3）不合格产品须存放在不合格品区，挂红牌标志，应专账管理。

（4）管理人员在检查的过程中发现不合格产品，要及时停止销售并进行汇报，移至不合格品区。发现假劣产品，要报告食品药品监督管理局，不得擅自退货。

（5）不合格产品的确认、报损销毁应有记录，记录保存2年。

任务分析

物料入库看似一项简单的工作，但在门店的经营管理中处于极其重要的地位，负责入库检查验收的人员应熟悉入库验收的凭证，对产品的数量、品种、规格等库存明细，认真仔细地清点、核对，才能把好物料关，特别是化妆品的入库质量关。同时，要注意及时入库、更新库存，保证账物相符，以便建立合理的库存比例，确定合理的订货周期，以减少资金占用量，为产品销售利润来源分析提供翔实计算依据，同时也为定期开展产品促销或推广新品活动提供可依据的数据分析。

物料入库清单样例

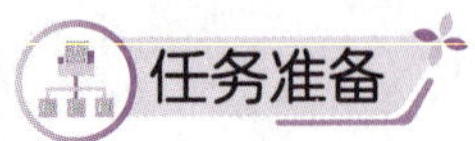

1. 资料准备　《产品配送单》《产品订货单》《入库明细表》《入库登记表》等。

2. 人员准备　安排收货人，通知收货时间。

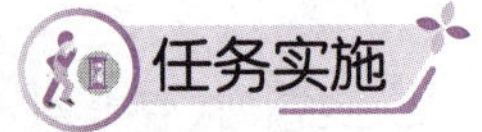

▶ 案例

美美所在门店最近推出一款面部仪器＋产品的项目，前期宣传有5位顾客确定在本门店做美容，另有10位顾客想做，但不确定。每人配送产品成本价为5 000元，按15人配送产品的量进货，货款共计7.5万元。

一、配送产品订单确认

将某品牌2020年订货单与某品牌2020年面部仪器＋产品项目产品配送单进行核对，按每样产品每人配送的数量计算订单数量。核对产品种类、数量是否满足预计15人的配送量；如每人项目消费为1.5万元，保证有5人做该项目，刚好收回进货成本7.5万元。

1. 某品牌2020年订货单　见表5－1－2－1。

表5－1－2－1　某品牌2020年订货单

序号	编号	品名	规格	零售价（元）	折价（元）	数量	金额（元）
1	××	××面霜	50 g	100		15	
2	××	××修复水	120 ml	120		30	
3	××	××冻干粉	10 g	50		60	
4	××	××乳液	50 ml	180		30	
5	××	××凝胶	80 ml	160		30	
6	××	××面膜	15片	300		600	
7	××	××精化液	20 ml	260		230	
8	××	××洁面霜	30 g	80		30	

备注：表中折价是根据不同的门店进货量，厂家活动的优惠，折扣不同，以当时进货实际计算。

2. 某品牌2020年面部仪器＋产品项目产品配送单　见表5－1－2－2。

表 5-1-2-2　某品牌产品配送单

序号	编号	品名	规格	零售价（元）	配送数量/人	总数量	金额（元）
1	××	××面霜	50 g	100	1 瓶	15	
2	××	××修复水	120 ml	120	2 支	30	
3	××	××冻干粉	10 g	50	4 瓶	60	
4	××	××乳液	50 ml	180	2 支	30	
5	××	××凝胶	80 ml	160	2 支	30	
6	××	××面膜	15 片	300	15 片	600	
7	××	××精化液	20 ml	260	4 支	60	
8	××	××洁面霜	30 g	80	2 瓶	30	

3. 确定　订单确定无误后，打货款，通知供货商发货。

二、产品检查入库

1. 核对　核对发货单和订货单，两单产品一致。按发货单或订货单核对产品。产品核对按前述化妆品入库检查验收要求核对。

2. 产品入库　产品核对无误后，放入仓库规定位置保存。当天填写好入库登记表，更新产品库存。

三、注意事项

(1) 产品入库时，收货人员根据“配货清单”亲自与仓库管理人员办理交接手续，核对、清点产品。

(2) 产品名称、规格如有不相符的情况，应及时与供货商沟通退换货事宜。

(3) 如果产品数量不足，要及时联系补充，以防影响活动开展。

(4) 对产品验收合格后，对所有入库产品要仔细填写产品明细表，避免错漏与账物不符。

任务评价

1. 简述产品入库流程。产品入库的注意事项有哪些？

2. 想一想，以下做法是否符合物料耗材入库管理要求？

(1) 产品入库当天没时间入账，出库做好出库登记明细和管理台账，等忙完这 2 天再做入账。

(2) 到货的产品无论是否有差错，务必在第一时间反馈，这是一种专业表现，也是保证自己利益的良好习惯。

(3) 根据入库的详细信息，对产品进行分类，消耗品的管理和耐用品的管理分别按入库流程工作表进行分配，确保每一个细节管理表的报表都非常明晰，便于合理采购物料。

能力拓展

美美进行产品入库检查的时间是2020年3月2日，而这批产品是原装面部护理产品，有效期是2020年4月30日。如果你是美美，应该如何处理？

（孙静静，洪　涛）

05

模块五　物料耗材管理

单元二　物料消耗管理

内容介绍

制定并落实完善的物料消耗管理制度，是美容门店控制运营成本、减少损耗，适时、适量、适价、适质满足日常经营需要，提升销售业绩的关键。无论是物料领取与归还，还是产品销售及退换货，都要及时录入管理系统，方便实时查看，动态掌握产品消耗情况，确保经营者及时调整销售战略，避免热销产品断货，影响经营效益；避免产品过期，造成损失或滞销，导致资金周转缓慢等，真正助力门店效益提升。

学习导航

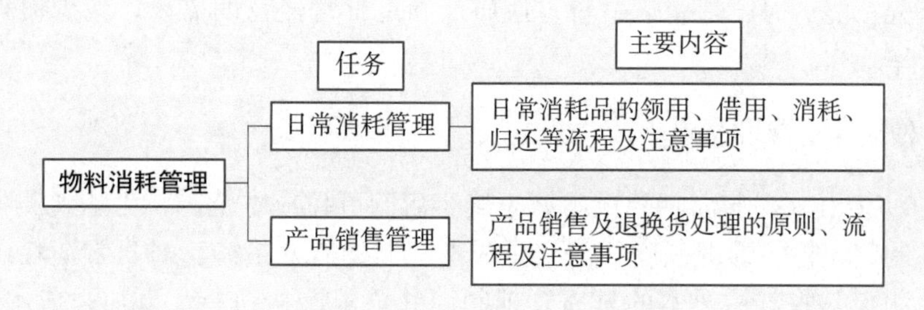

任务一 日常消耗管理

学习目标

1. 了解日常消耗品领用与归还流程及相关管理制度。
2. 了解日常消耗管理与成本之间的关系。

情景导入

任何美容店都是以追求经营利润最大化为目标，而合理规划、控制成本是成功经营的关键。在美容店经营中，日常消耗管理是成本控制的重要环节。如何有效地进行日常消耗管理，以达到美容店成本控制的目标，是管理者必须考虑的问题。那么，美容店是怎样进行日常消耗管理来降低成本压力的呢？一起来学习。

学习任务

一、日常消耗管理的目的

物料成本在日常消耗成本中占的比例较大，物料管理的目的就是以最低费用和迅速且理想的流程，能适时、适量、适价、适质地满足日常经营的需要，减少损耗，发挥物料的最大效率。

二、日常消耗管理措施

1. 消耗成本控制　日常消耗成本属于美容店的可控成本范围，为达到美容店成本控制的目标，制定完善的管理制度并落实是成本控制的有效措施。对日常消耗成本进行合理的核算，制定一些节约成本的具体管理制度并要求严格执行，以加强成本控制管理，让美容店的每一位员工有节约的意识，养成不浪费的好习惯。

2. 互联网大数据管理　随着美业市场经济变化，经营成本变高，产品日趋复杂、高级和多样化，各类消耗（物料、耗材、绩效等）的数据总结分析是店务每天的常规工作，如用电子表格式的管理模式，数据准确性不够，且费时费工，不能及时、准确掌握物料动态，成本管理效率低、成本高，最终导致消耗成本得不到有效的控制，采购也会出现偏差，经营成本也增加。互联网时代，采用可以实时同步的互联网管理方式进行物料进销存管理，可随时查阅消耗明细，掌握每日物料流动最新动态，提高工作效率，方便美

容店管理者及时做出决策。

3. *每日清点*　各功能区域（配料间、美容间、前台、休息区、顾问间、浴区等）当班人员，下班前必须对自己责任区所有物料、日耗品进行清点，并做好交接或回收记录。如发现丢失或破损等问题，应及时汇报上级处理。每日清点小到一次性面巾纸、一次性水杯，大到仪器设备耗材的使用情况都要如实记录。例如，一袋面膜，通常能敷 15 人，而清点的结果是一袋只做 10 人。耗材清单是成本控制的直观体现，可以从这些记录中去分析或查找原因。

4. *领用流程管理*　凡是日常经营用的物料、耗材等统一管理，分类建账（如仪器类、日常用品、办公用品等），严格按领用流程办理领用手续。物料领用流程管理的目的就是既要保证正常经营的需要，又要做到不浪费，不会因为缺少物料而影响经营。为加强对物料的科学管理，采取科学的保管方法，同时做好物料从入库到出库各环节的质量管理，仓库、配料室应建立相应的管理制度和工作流程，使物料成本得到有效控制。例如，配料员根据项目需求，用标准量具量取所需产品。避免了人为因素造成的使用过量或不足。

5. *物料借用管理*　护理中，除了日常护理消耗领用的物料以外，还有可能因为店面活动、采购不及时等原因出现物料短缺，需从其他部门或单位借用物料。凡是需要跨部门或单位借用时，一定要办好借用手续。被借方仓管员或配料师负责登记好借用物料的数量、规格和生产日期等内容，以确保还借清楚，对外借出时，也需按此程序履行审批手续。

物料管理案例

三、物料领取与归还

配料人员根据配料间物料的出入情况进行统计，物料领取或归还时都应按有关管理规定办理相关手续。例如，领取人员凭单领取，并在美容产品领取单上登记签字，归还时也须履行相关手续；财务根据每月护理项目的次数，统计月耗材使用情况并上交店长；与上月耗材相核对，发现耗料增多需向上级领导汇报，尽快找出原因，制定相应措施。

（一）物料领取

美容项目配料统一由配料师调配，由美容师根据项目派工单到配料间领取。一般调配师需提前 10 分钟左右到达岗位，做好配料间清洁卫生工作。查看当天预约情况，检查当天配料产品，不够的应及时补上。根据美容师计算机派工单进行配料，如果是特殊皮肤顾客，要和美容师沟通确认产品后再进行配料，根据顾客实际配料状况进行加减或者换料，并向顾客说明配料调整的情况，如实填写配料单，顾客可在护理前或护理后核对并确认配料单。

（二）物品借出与归还

美容师领取或借出的物品如果没有消耗需及时归还。

配料领用注意事项：

1. 配料员根据美容师的项目派工单，配料前要与美容师确认。
2. 严格按项目需求，使用标准量具准确取量、规范配料操作。
3. 认真核对配料清单，不可多配或少配。
4. 美容师领用物料时需仔细核对物料清单，确认无误后签名。
5. 出料有差异时需在出料单备注栏写清楚差异原因。
6. 换料或增、减物料时需审批领取。
7. 门店店长或主管审核当天门店所有出库单据。

1. 日常物品归还　在美容护理中所需要的日常物品（如眉刀、粉刺针、小型的仪器等物品），护理结束后，美容师应将借用的物品清洗干净返还配料师，配料师清点用物数量无误后，在物品借出的相关表格上记录已归还，并由借出或归还人签字。

2. 个人临时借用物品归还　在护理过程中，美容师由于某些原因需要借用派工单以外的物品，也需按领用审批流程办理借出手续，用完后按规定时间归还。如果是消耗品，则按照规定量使用后按时归还。如果是非消耗品，则使用完毕需清洁后按时归还，配料师确认无误后签字。

四、其他消耗品的管理

其他消耗品主要是休息区、咨询室消耗的用品。例如，服务间、洗浴室的洗漱用品、休息区水吧、水果、点心、养生粥及沙发区域、咨询室的消耗物品等。这些消耗品主要是助力其他美容项目高效推进的辅助用品，其作用发挥的好坏，直接影响美容店的业绩。这类消耗用品的管理需要注意以下几个方面。

1. 专人检查、发放　如休息区消耗品管理由该区域当天的责任人负责检查和发放，休息区水吧台可采用自助形式。

2. 保持物品新鲜　应季水果品种多样新鲜，点心用专业多层透明罩收纳，坚果、果脯用密封玻璃瓶陈列，各种电热玻璃器皿、养生茶或养生饮品、粥品汤羹、咸菜、小菜、花生米、小料等要备注名称。

3. 干净整洁常更新　休息沙发区域所陈列的书、杂志、产品项目介绍资料、产品陈列及试用装、当月促销海报等要干净整洁，经常更新。

4. 形式多样方便顾客　咨询室的产品项目介绍、价目单、诊断表格、项目设定计划表格等码放整齐，随时根据顾客需要方便拿取。

日常消耗品管理的注意事项:

1. 工作人员要掌握所有领取产品的用途、用量，避免浪费或量不足。
2. 物料的领取与归还、借出与回收等要建账管理，做到账物相符，落实责任人签字。
3. 多与顾客沟通，告知顾客购买消耗产品的次数及使用期限等，让顾客知晓服务内容，知悉消费状况，增加顾客的满意度。

任务分析

开美容店应该如何合理控制经营成本，才能保证不亏本并且获得相应的利润呢？运营成本是美容店经营管理三大成本之一，美容店要想获得更多的利润，就要尽量压缩成本，提升业绩。需要注意的是，不能为了压缩运营成本而一味地采购低质消耗品，一定要把握合理有效的成本控制。要控制消耗成本，不仅是让员工养成节约的习惯，关注每一个细节，避免浪费，更重要的是科学管理。互联网时代，美容店管理就需要懂得应用先进的信息化手段来进行分析，借助先进的商业智能技术管理系统，才能提高管理质效。

任务准备

1. 运营管理系统、管理制度培训。
2. 美容师派工单，项目所需物料领用清单。
3. 物料及各类物料领用登记表。

4. 调配量具使用方法及调配流程。

任务实施

1. 学习美容店管理系统及规章制度　美容师/配料/仓管/财务等涉及物料采购、保管、使用相关岗位员工，入职后要学习所在门店的管理系统，了解管理系统操作及相关表格登记制度（如产品出入库台账、产品使用情况登记等）、化妆品管理制度、消耗管理制度等。

2. 学习每日工作流程及岗位职责　涉及物料消耗管理相关岗位的员工（如店长/美容师/配料师……），可通过员工培训、参加例会等形式学习公司员工手册、店务管理手册等，了解所在岗位的工作流程及岗位职责，做到权责分明，各司其职，各个岗位之间相互配合，提高工作效率和服务质量的同时，有效加强消耗成本管控。

案例 1　美容师领用物料

美容师需查看当天预约本，顾客预约的项目有面部护理和身体护理，所用产品都是按单次分装，供一次护理的用量。美容师要根据项目需要提前准备好所有物料（图 5-2-1-1）。

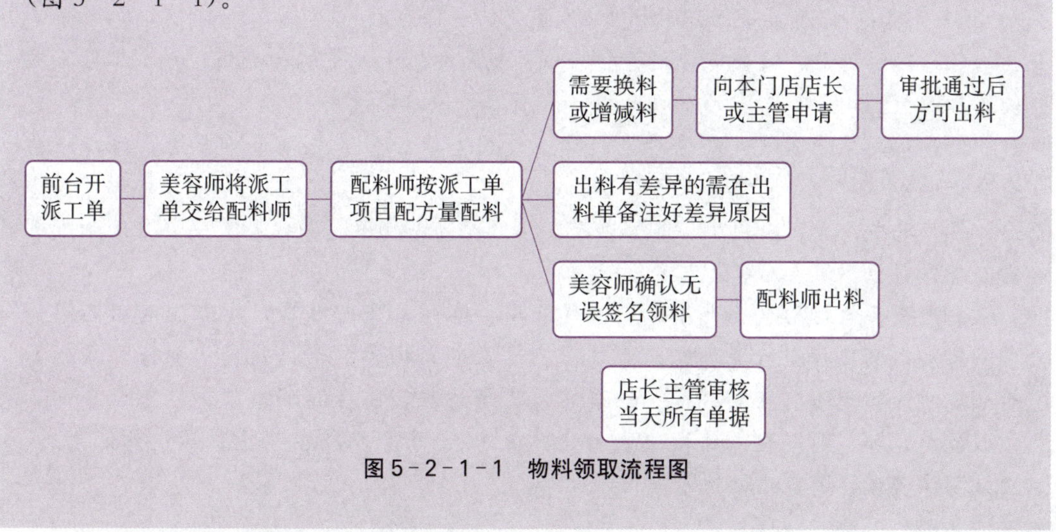

图 5-2-1-1　物料领取流程图

（1）耗品：①面部操作用品：洗面巾 2～3 片、盆罩 1 个、棉片 2～4 片；②顾客用品：浴帽、纸内裤、盆罩各 1 个，无纺布 2 块。

（2）耐用品准备：美容护理必需品：大毛巾 2 条（床上铺 1 条，盖 1 条）、小毛巾 3 条、刮痧板 1 个、调膜碗和调膜棒、洗面盆、美容袍 1 件、拖鞋 1 双等。

（3）美容师核对清点：美容师到配料间领取所需物料后，当场核对清点无误，确认签字。

（4）用后清洁整理归还：护理结束，如有剩余的面膜或其他产品，美容师可建议顾客涂抹在脚板或手臂，滋润手脚皮肤，物尽其用；其他耐用品（刮痧板、调膜碗等）清洗干净后归还，布草类放在清洁间。

（5）借用后归还：特殊情况下有可能会临时借用，其借用流程与物料领取及归还的流程基本一致。首先要填写物料借用申请单，并根据情况找上级主管顾问、店长等签字，配料师按物料借用申请单出物料，并在当日物料借用单上填写目录，包括借用日期，借用人签字，服务的美容师或借用人使用后归还并签字，配料师确认无误后也要签字（图5-2-1-2）。

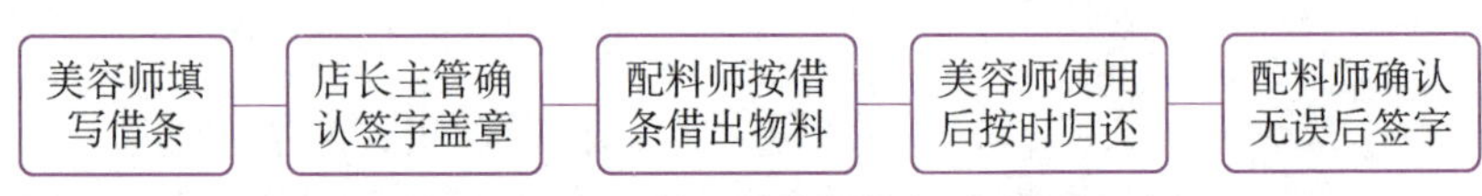

图5-2-1-2 物料借用与归还流程图

案例2 耐用品的清洁及管理

（1）毛巾、美容袍均为顾客一次用完需重新洗涤并消毒再使用的二次用品，因此需要有个周转预留量，基本按店内最高客流量、每日2次洗涤更换频次计算总量。

1）大毛巾×2×最高客流量×2（另备急需6条左右）。

2）小毛巾×3×最高客流量×2（另备急需10条左右）。

3）美容袍×1×最高客流量×2（另备急需3件左右）。

（2）其他耐用品均在前台预备与床位数相同的若干件，以备领用；个别工具可按美容师人数人均1个分发，如刮痧板、修眉刀等，方便使用。

（3）耐用品除需统一洗涤外，一律在使用完毕后用水洗涤干净并消毒后归还前台。如小碗、膜粉棒、膜粉盆等。

（4）毛巾、美容袍用毕，美容师及时清理至布草回收筐中，严禁丢弃在地上或裸露在外，甚至不做善后整理工作。

一般全套消耗品（如大小毛巾、美容袍、浴帽、纸内裤等）在专用的用品存储柜中存放，顾客护理后由美容师帮其取出。在顾客操作完毕离店后，美容师需到前台领取相应数量的消耗品补足。如遗忘或操作遗漏，前台的顾客签到表可以查询到该服务美容师，则当此工作按未完成记录，店长/店务助理在“美容师操作记录表”上未签字确认，则当此操作不被记入业绩。

任务评价

1. 某配料师在配料时不小心把精华液洒到了地上，她就直接把缺少精华液的产品给了美容师，你认为配料师这样做对吗？

2. 美容师小美在为顾客敷面膜时，发现其已熟睡，为了不影响顾客休息，小美就减少了操作步骤，没有给顾客敷眼膜，又担心顾客醒来会不满，于是决定把剩余眼膜退回去。想一想，她的这个行为可能会带来什么后果？

（迟淑清，傅润红）

任务二 产品销售管理

学习目标

1. 了解美容店产品销售与库存管理的联系。
2. 熟悉美容店产品销售管理的内容与要求。

情景导入

美容行业发展面临着竞争的压力和经营的压力，由于一些美容店的老板没有好的经营理念，疏于产品销售管理，造成产品推销混乱，背离消费者的立场，让顾客对“免费体验”“优惠活动”等产生质疑。要知道信任和价值是产品销售的核心，一旦失去顾客的信任，将面临经营危机。而正确的产品销售理念及销售行为，体现以顾客为本的销售是赢得顾客信任的关键。那么，美容店的产品销售是如何体现顾客为本的呢？

学习任务

产品销售管理的目的是最大限度提升产品销售业绩，尽量避免产品积压。防止畅销产品断货和顾客流失的同时，要保证销售产品质量及服务价值。

一、美容产品销售管理要点

（一）规范销售

1. 严把售出产品质量关　必须严格执行国家的法律法规，不得销售过期产品或无证化妆品。如未经批准的特殊用途和未完成备案登记的普通化妆品，以及资质不全的产品，限量成分超标或含有禁用化学物质、存在质量缺陷等。

2. 诚信服务　诚信是美容店销售管理的重点，最终目的是为了提高美容店良好的口碑，增强市场的竞争力，美容店诚信的实质应该以诚心让利于消费者，用专业的技术和语言正确引导顾客消费。不允许过度夸大产品功效，不切实际的承诺产品的效果，误导顾客消费。对于弄虚作假、欺骗顾客的后果，轻者诱骗顾客花钱而不见效，重者对顾客皮肤及健康造成伤害。

3. 标签清晰　产品标签是产品质量的重要组成部分之一，必须符合国家《化妆品监督管理条例》规定标注和禁止标注的内容（例如，应标注化妆品生产许可证编号、全成分、净含量、使用期限、使用方法，以及必要的安全警示等，禁止标注明示或者暗示具有医疗作用的内容）。

4. 把握分寸　互联网时代，美容产品资讯更加透明，顾客对于产品和服务质量的要求都较高，同时消费更加理性。一旦顾客流露出不愿意购买的意向，应停止推销产品的行为，否则会让顾客产生反感情绪。

（二）关注库存

美容市场瞬息万变，不能一次进货太多，造成库存积压，同样也不能进货太少，造成断货，所以美容店管理者要随时关注库存，并根据库存情况作出相应处理，避免出现产品过期或过季滞销。

1. 正确面对　库存并不一定是滞销货，更不等于次品。形成库存的原因有很多，要找到形成库存的原因，具体分析，并找出相应的解决方法。值得注意的是，不能为了资金周转，抱着能卖多少就多少的心态，用蒙骗顾客或强行销售的方法来尽快消化库存。

2. 调整项目　根据销售明细分析，对项目做出调整，以适应库存品的特点以及消费对象。例如存货中某类产品比较多时，应加强经常性项目中该产品的优势活动（价格降低或是服务次数增加）。合理的调整以优惠套餐的形式推出，或专门为存货设计一个开卡有明显优惠的服务项目，用于吸引和鼓励顾客购买。无论采取哪种方式，都不能违背顾客意愿，或者不考虑顾客的实际需求。

3. 搭配销售　把堆积下来的库存进行适当的搭配，能起到相辅相成、促进销售的作用。特别是与畅销产品搭配得当，效果会更好。搭配的前提是让顾客感觉配合使用，效果更明显，而且实惠。或者将库存产品打散重新进行组合成适应季节及消费热点和顾客需要的新的套装。

4. 转为赠品　有些库存很难销售出去的时候，应该及时地把它转变为赠品，从而提升美容店的消费气氛。

二、注重产品定位与服务

（一）产品定位

美容店的产品是影响美容店经营的重要因素，很多美容店一般在短时间内很难达到盈利的目的，最根本的原因就是对产品定位不清晰，选择的产品对顾客缺乏吸引力，要花费大量的时间和资金在产品的推广上面，才可能赢得顾客的认可。如果选择的产品有一定的影响力，很容易就能影响顾客的直接消费。为节约成本，可大规模采购、批发，也可选择一些质量好、使用效果突出的基础护理类、功能类、疗程类服务项目，以便得到更多的售后支持，产品系列也相对比较完整。如何选择产品，一般是根据店面的服务定位、服务项目先确定产品定位，再合理规划和选择，才可能避免盲目采购、库存流动缓慢等，以免增加经营成本。

（二）专业服务

美容店产品以达到解决顾客的皮肤问题为主要目的，是以销售服务为主，顺带销售产品，主要通过美容师销售。因此，美容师的专业服务和指导是美容店产品销售与商场

和化妆品专卖店产品销售最大的区别。要做好服务，就要加强对美容师专业知识和化妆品经营相关法律、法规的培训，从而对顾客在产品的选择和使用方面给予专业的建议和引导。

三、售出产品退换管理

（一）退货处理

顾客在使用产品过程中因过敏或其他原因要求退换时，需按退货流程进行退货处理（图 5－2－2－1）。

（1）由销售此单的人员填写退货单，注明退货原因，同时销售人员、部门负责人及店长均需要签字。

（2）收银员根据退货单金额及领导确认的签字退款项给到顾客本人，并由顾客本人签字确认。

（3）此项退款金额要在当月专项营业额中减除，当月绩效提点中，相关人员要减除此项上月所有提成，如因个人操作失误导致的退款，将按制度过失处罚。

（4）此项产品如无日期和质量问题，需要重新入库，再出库给调配间，作为院装消耗，以减少损失。

（5）如遇到购买后未使用要求退款的顾客，首先检查产品是否完好无损不影响二次销售，然后核实是否符合退货标准，按上述（2）～（3）条处理，处理完成，重新入库。

（二）换货处理

如产品销售后，顾客要求换货或换成其他项目，也有因为产品外观、日期等不满意而要求置换产品的，也应按流程进行处理（图 5－2－2－1）。

（1）由销售此单的人员填写退换货单，注明退换货原因，并由销售人员、部门负责人及店长签字。

（2）收银员根据退换货单的金额及领导确认的签字，进行产品所产生的差价找补，并由顾客本人签字确认。

（3）由销售此单的相关人员，检查产品是否完好无损、不影响二次销售，然后核实是否符合退换货标准。

（4）销售人员填写入库单并原渠道退回的产品入库，填写出库单，根据所换产品做出库领取。

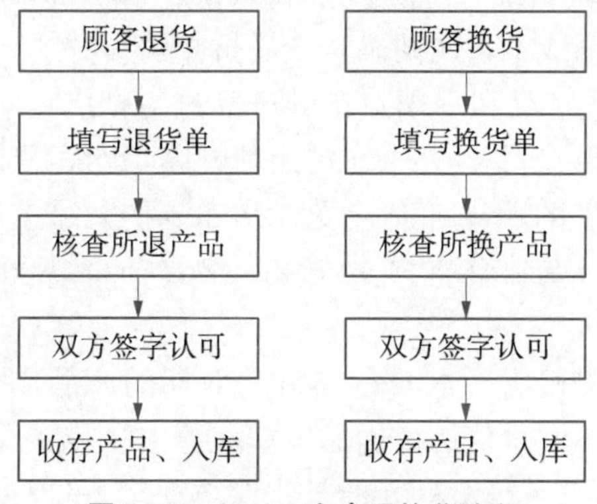

图 5－2－2－1　客户退换货流程

相关表格

任务准备

1. 美容店销售管理相关制度。
2. 产品库存、销售明细等相关表格。

任务分析

美容店产品是美容店经营的基础，顾客会通过美容师的介绍，以及对产品的体验来决定美容店是否值得自己信任。因此，美容师的专业能力和职业规范意识的培养，是做好产品销售管理的核心内容，也是影响顾客产生消费意识的关键。美容店产品销售管理的意义不仅是为了提升销售业绩，让美容店得到更好的发展。同时还应满足消费者的需求，提供专业的服务，提升产品的效果，提高美容店的信誉度。如果在销售过程中，只追求产品利润最大化，成本最小化，不讲诚信，或不考虑顾客的需求过度推销，或销售过期、不合格产品，将会影响到美容店的经营状况。

任务实施

一、动态监控销售与库存明细

1. 实时掌握产品出入库明细　所有产品出入库都要及时录入管理系统，方便实时查看产品销售情况，包括所有库存的历史记录，根据查看历史销售记录的数据分析销售状况。

2. 实时掌握产品库存情况　每天销售的产品（项目）要与库存的产品进行实时查对。每销售一单都要在销售和库存那里做好登记。当库存快不足的时候进销存管理系统应该及时提出预警提示，以更好地实时掌握产品（项目）销售库存情况，避免热销产品（项目）断货，影响经营。

3. 及时处理库存　当美容店出现库存堆积的问题，要尽早处理，避免产品过期造成损失或滞销，导致资金周转缓慢。一般处理方式如下。

（1）折扣促销：一是要合理计算出折扣的幅度，尽量控制在盈利范围内，尽可能地收回成本；二是要找准时机，利用节假日、换季等特殊阶段销售降价产品，顾客关注度较高。如根据产品进货和销售明细（进货价格和数量、销售价格和数量、现有存量）计算出该产品售价多少才能收回成本，从而确定产品折扣的幅度。

（2）捆绑销售：将过季产品和本季热销的产品进行捆绑，然后给予一定程度的折扣，用热销产品的销量带动积压产品。这种方式让利顾客，顾客只需多出一部分钱就能得到另一款产品，大多数有需求的顾客都能接受，这样能扩大滞销产品的知名度和受众认可度。例如，购买×××面部紧致套装/美白套装一套，补68元可获××防晒霜一支（原价128元/支）。

（3）活动赠送：将产品积压严重或是临近有效期的产品作为赠品。以充值、开卡优惠、购买产品等形式可获不同价值的赠送品，如充值1000元，可获价值98元的××洗面奶一支；充值2000元，可获价值298元的补水套盒一套。这种赠送活动，一般是根据消

费的额度越多，赠送的让利就越大，这样才有吸引力。

无论采取上述哪种方式处理库存，都必须坚持诚信服务，真正让顾客得到实惠，用诚信和专业的服务赢得顾客好的口碑。在产品销售的经营过程中，美容店经营者需要特别注意两点：其一，严格把控出售产品质量，为顾客提供专业的美容方案，根据顾客实际需求销售正规厂家生产的合格产品。其二，实时掌控美容店产品进货和库存情况，尤其对季节性产品和短期热门产品理性进货，避免产生过季滞销的情况；对积压和滞销的产品尽快处理，尽可能减小损失，提高资金周转率。

二、产品销售案例分享

▶案例　销售产品价违背诚信经营原则

● 情景 1：某美容店一款产品进货价 300 元，市场价是 1000 元。在刚开始的阶段，美容店遵从市场的价位以 1000 元销售，后面产品卖火了，经营者想多赚一些，就将价位提高到 1200 元。然后和顾客说进货价提高，不得不提价，虽然实际拿货的价格是多少顾客不清楚。但是，现在新闻媒体非常发达，可能不经意间对美容店的产品价格方面有些报道，或顾客通过一些渠道了解到进货价没变，而是美容店提价以赚取更多的利润。这样会让顾客感觉被美容师欺骗了。

案例分析

实际上不管进货价是多少，市场价定在多少，顾客可以接受才会购买，但不能接受她所信任的美容店对她的欺骗。因此，经营者们在对产品的定价方面一定要保证真实、诚信。顾客了解产品的渠道很多，用这种先低价吸引顾客，待产品热销再抬价的理由谎称进货价提升的缘故，容易导致顾客不信任而流失。如果开始以进货成本吸引顾客，后面提价，顾客可以理解。

● 情景 2：开始在正规公司进货，当产品卖火以后，依旧保持市场的价格不变，但是改变了进货的渠道，用低于原来的进货价，引进假冒伪劣、质量不过关的产品。若使用假冒伪劣的产品，一旦被查出来，不仅是流失顾客那么简单，更有可能会被追究法律责任，面临倒闭的问题。因此，在产品销售中不能做违法、伤害消费者权益的事情。

案例启示

经营必须保证产品质量、遵守国家法律法规。

● 情景 3：各类促销活动的优惠顾客能感受得到。许多美容店办促销活动都是为了让更多的顾客消费，从中获取更大的利润。有这个想法和动机没错。但是，如果不讲诚信，同样会失去顾客。既然举办活动，就应该站在消费者的角度去举办。消费者需要的是什么，才去办理相关的活动，而不是以打折低价的幌子，让消费者消费得更多。像这样的例子还不少，下面的例子，也是导致预约不成功的常见原因之一。

×××美容店每个月都搞活动，熟悉的顾客每次都参加活动，活动优惠的项目有面部护理（美白、补水、祛斑……）、身体护理（胸部护理、肩颈护理……），以及仪器美容（拉皮、嫩肤……）等，渐渐地参加活动的顾客越来越少、业绩越来越差，为什么会这样？让我们听听顾客张女士怎么说："我一开始做面部补水项目，每次都给我推荐活动优惠的产品和项目，包括家居的产品也很多，有的作用都差不多，除了家里一大堆产品外，现在的套盒和预存都还有很多。上次到店，美容师还给我推荐活动优惠的项目，也不考虑我的消耗能不能跟上我的购买，让我感觉他们只考虑业绩而不考虑我的感受，搞得我都有点怕去做护理了。"

案例分析

顾客张女士一开始只做一个项目，可能就这个需求或是先体验以后再增加，美容师在为张女士服务的过程中，向顾客推荐产品和项目时应站在顾客的角度考虑，首先要了解张女士之前购买的产品和项目使用情况，所推荐产品起到补充，满足需求的作用。而不是过多购买以致用不完造成浪费。此案例给我们的提示是，在美容店经营的过程中，顾客的消耗管理十分重要，任何活动都是以顾客需求为基础，才会让顾客产生消费的动力。

诚信销售可以让美容店提高知名度，吸引更多的顾客进店。如果面临顾客流失严重的情况，应去思考自己是否在某些方面失去了诚信。尽早发现，可以尽早地挽回流失的顾客。

任务评价

1. 过期的美容产品能否转为赠品送给顾客？

2. 美容师将赠品当成礼品送给自己的亲朋好友，然后在赠送产品登记表上填写清楚，这样做可以吗？为什么？

（迟淑清）

05

模块五　物料耗材管理

单元三　库 存 管 理

内容介绍

库存是以将来使用为目的而暂时闲置的资源。美容门店的这些闲置资源可以存放在库房里，也可以摆放在陈列柜、配料间，其存（摆）放的原则、方法，因其种类、用途、销量及利润等的不同而有所差别；要定期对库存物品进行盘点，以保证账物相符，通过账面盘点、实物盘点法，即时了解库存，并对采购计划进行调整，合理控制进销存量，为美容门店正常运营提供保障。

学习导航

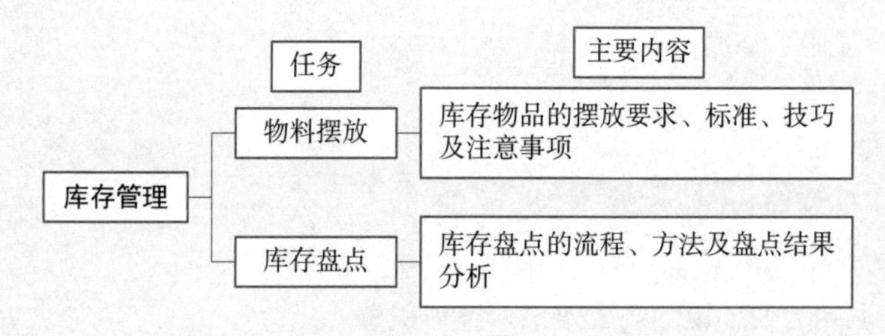

任务一　物料摆放

学习目标

1. 掌握美容店产品摆放的标准。
2. 能够按产品摆放标准，进行美容店陈列产品和库存产品的摆放。

情景导入

美容师小芬去库房领物料时，发现库房地面放了一箱店里新进畅销产品的外包装商标已发霉了，这些产品一旦出售会给美容店造成损失。库存管理看似简单，但是一个小小的疏忽，给美容店带来的损失不容小觑。如果仓库管理员按库存管理规范妥善存放入库产品，就可避免因存放不当造成的损失。

学习任务

一、陈列产品摆放

（一）产品陈列规范要求

（1）整齐、显眼、洁净。
（2）系统化分类。
（3）突出重点。
（4）表现个性特色。

（二）产品分类及摆放

1. 原则　取用方便，视觉刺激效果，整体美感。
2. 顺序　先重点，再一般，后普通。
3. 产品分类方法
（1）按用途分类。
（2）按产品编号分类。
（3）按主推产品和一般产品分类。
（4）按产品性质分类。
（5）按实用产品和观赏产品分类。

(6) 按专项产品和配套产品分类。

(7) 按项目、品牌、技术、服务类型分类。

以上分类法各有优劣，经常被采用的分类法有上述（1）（4）（6）（7）4种，即按用途分类，按产品性质分类，按专项产品和配套产品分类，按项目、品牌、技术、服务类型分类等分类法。

▶案例1 基本产品（按服务类型分类）

(1) 随时保持安全存量。

(2) 依产品类别陈列。

(3) 利用基本产品带动角落产品动态。

▶案例2 畅销产品（按主推产品和一般产品分类）

通常也是基本商品，但不绝对是。

(1) 根据产品所属商品类型陈列。

(2) 产品陈列在重要的位置。

(3) 切勿将畅销品远离其他商品类别而摆放在门口，除非是要促销的唯一产品。

▶案例3 高利润产品（按主推产品和一般产品分类）

这些高价位、高利润的产品可以显著增加营业额及利润，应大力推销。

(1) 强而有力的展示陈列。

(2) 清晰地指出它的用途、特性或品质对消费者有什么利益，消费者买到了有什么价值。

(3) 应摆在靠近畅销品或醒目的陈列位置。

(4) 成为产品柜展示或墙面展示的重点。

(5) 产品应放在方便易取的层架上，并和同类产品放在一起。

▶案例4 辅助产品及主导产品（按用途分类）

辅助产品和主导产品依照逻辑的排列，方便顾客选购，才容易售出。

▶案例5 促销产品及赠品（按专项产品和配套产品分类）

(1) 摆放促销产品时，使用一些别致、精致的容器盛载产品，用有特色的饰品装饰，富有特色的容器和装饰可起到画龙点睛的作用，让促销产品看起来更具有购买价值。

(2) 产品的标签一定要与宣传道具的主题相互协调，这样才能强化主题促销模式的效果。

(3) 展示位置会直接影响该产品业绩，必须清晰标识，并且容易找到。

(4) 根据产品类别陈列，利用此类产品吸引顾客进行消费。

(5) 将赠品大量堆放在显著之处，可以吸引顾客的关注。

案例6 滞销产品（按专项产品分类）

(1) 依产品类别陈列。

(2) 不占用畅销品的重要位置。

（三）产品组合

(1) 普通、一般产品占60%。

(2) 观赏产品占10%。

(3) 利润产品占15%，其他配套产品占15%。

（四）产品摆放要点

1. 注意顾客流量　美容店在对产品进行陈列的时候要对摆放区域进行把握，注意顾客流量，一般在顾客流量最多的区域，可以引起她们的关注。产品摆放要注意整体性，尽量陈列完整的产品系列，让顾客能够直观地从头到尾参观所有产品，不会留有死角，这样也就能够更好地把握住销售机会。

2. 遵循有利分配原则　在进行产品摆放时，越是畅销的产品就会摆在最前面，然后根据产品销售量的递减，依次进行排列，这种摆放方式又称为有利分配原则，也就是产品越畅销，占据的位置就越好。在此基础上，可以在一些畅销产品附近摆放一些能引起消费者购买欲望的快速消费型产品，以此带动这两类产品的销量，起到相互促进的效果。

3. 标签提示　在众多的陈列产品中，可在某些产品旁边摆放标签吸引顾客的关注，如新产品、特惠价、新项目等，或标识品质特色等增加销量。

4. 保持清新整洁　产品一旦放到了货架上，应定期检查和清理产品有无灰尘，标签有无脱落或被破坏和污损等，保持陈列产品处于清新整洁状态，避免让顾客误认为摆放的是滞销过季产品，从而影响产品销售业绩。

（五）产品陈列法

(1) 前进立体式陈列。这种陈列方式是将产品按照畅销量的多少进行摆放，将最畅销的产品摆成立体造型，陈列在最显眼的位置，而不是死板、规整的平面造型，这种陈列能够增强产品展示区的动感和多量感的视觉效果，有更强的吸引力，使顾客容易发现。

(2) 贴标价牌。位置一致，应标出原价与特价。

(3) 特殊陈列（动感法）。使陈列柜富于一定的变化色彩，以引起顾客格外关注，提高展示效果。

(4) 制造气氛陈列。

(5) 主推产品与辅助产品搭配陈列。

(6) 综合陈列。

二、陈列柜摆放

(一) 陈列柜外形、位置与顾客互动

1. 陈列柜款式及摆放　尽量采用开放式或半开放式陈列柜。让顾客与产品“零距离”接触，方便顾客浏览。陈列柜通常摆放于进门的左侧或左前方，即顾客进门时习惯关注的方向，以引起顾客关注。

贵宾等候区是陈列柜摆放的适合场所。如果店面的等候区比较大，可以在贵宾等候区沙发与沙发之间设一个比沙发略高的开放式的半圆或椭圆的柜台，方便顾客等候服务时了解产品，有效的促销产品。

2. 陈列柜装饰要求

(1) 符合经营特色和规模要求。

(2) 美观大方。

(3) 方便行走（$60\,m^2$ 以下的店面，通路宽度在 1 m 左右；$60\,m^2$ 以上的店面通路宽度在 1.5 m 以上）。

(4) 陈列高度（黄金视线位置）：即顾客水平视线上下 $10°\sim20°$ 的位置为妥。

(5) 陈列明亮度：尽量借助自然光，在自然光亮不足的情况下，应设辅助照明灯。

(二) 陈列柜分区

陈列柜通常分为 4 段（图 5－3－1－1），有序陈列各类产品。

1. 陈列柜上段　陈列具有感性色彩的，希望引起顾客注意的产品。

2. 陈列柜黄金段　陈列主推产品（高利润、新特产品）。

3. 陈列柜中段　陈列价格便宜，销量稳定的产品。

4. 陈列柜下段　陈列周转快，体积大、分量重的产品。

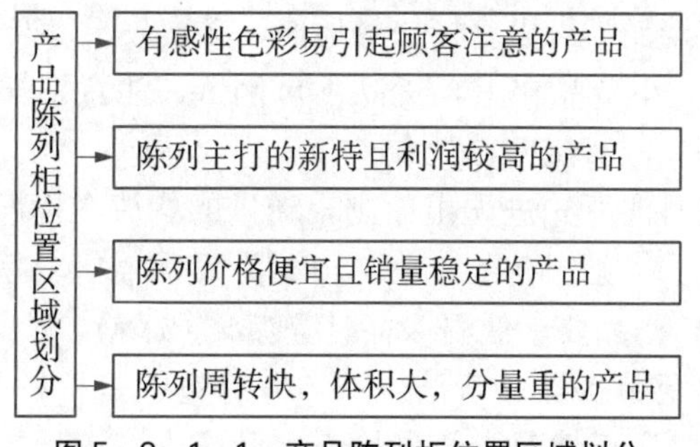

图 5－3－1－1　产品陈列柜位置区域划分

（三）陈列柜维护

陈列品一般4～8周更换或变换一次。陈列柜日常维护主要有以下几点：①保持基本风格，维护店面形象；②每日清洁，检查、整理；③拿取产品后要及时归位或补充；④可听取顾客建议，适当调整。

（四）产品摆放技巧

1. *主题分明*　陈列柜分区布局清晰，柜内陈列产品分类要主题分明。可以根据护理项目来，也可以根据身体部位来分类。使陈列产品清晰可见，让顾客一目了然，能够清晰明了地辨别产品的功效和种类。

2. *主次分明*　不同季节主推的护理项目不同，应随着季节的变化把适时热销的产品摆放在显眼区域，让顾客一眼就能看到。例如，夏季就放防晒、美白、修复的产品，秋冬就放一些保湿、身体护理的产品。摆放要有层次感，试用装放在顾客方便体验试用的地方。

3. *焦点设计*　利用一些饰品、产品柜的色彩、形状进行焦点设计，让产品更为突出，把顾客的眼球吸引到产品的焦点上来。

4. *以量陈列*　将一些做活动促销的产品堆放在产品柜的旁边，有序地排放，尽量堆积成一个形状，营造出量很多的感觉。再在上面贴上活动折扣价的标签，避免过多无序的产品堆在一起，看上去杂乱的感觉。

5. *高度适宜*　主打产品应该摆放在最显眼的位置，尽量与顾客视线平行，一般为1.5～1.7 m，可以正对门口、前台的背景墙上、休息区沙发旁边，这样方便顾客浏览。

三、库存产品存放

库房除了有详细的产品清单，记录美容店库存产品每天进出情况，即每天消耗产品和新增产品等情况，还要注意防火、防盗、防变质、防发霉等问题，以保证产品存放安全。

（一）库存产品存放原则

1. *分类存放*　所有产品必须分门别类、有序的、分区域的摆放，同时还需辟一块退货产品专区。产品排列整齐、便于盘点、存取方便；同类产品应集中存放同一场所，摆放时注意取拿方向一致。

2. *货架存放*　所有产品不可以直接接触地面，必须放于货架上面，遵循安全、稳重、美观原则，大货品在下，小货品在上，货品不可倒置，注意字样、商标的方向，货品摆放要整齐，货品之间保持1 cm空隙。

3. *先进先出*　摆放时注意先进先出原则，新进的货放在里面、下面，原先进的货放在外面、上面易拿的地方。“已开启”与“未开启”产品需区分摆放；气味性较大、挥发性强的产品应单独摆放；产品要求低温保存时应存放于冰箱。

4. *及时清理*　货架至少1周要清洁1次，并且每天坚持货品的清洁、轮替、整理，随时注意货品运转情形、库存情况，及早检查出已成为滞销品的产品，发现问题应及时上报。

5. 台账清晰 每天、每周、每月均做好盘点，并做好记录，做到“账账相符，账实相符”。收到产品需仔细核对进货单，不合格产品不得入库。领用产品需填写领用单。产品入柜应按项目、品牌、品类等要求进行摆放，库房台账按照供应商、供货品种、供货时间顺序等分类管理。清晰记录产品的有效期，过期产品应及时清理出库。

6. 注意通风 保持通风，注意防潮（产品用防潮包装或加干燥剂）、防虫，保持常温。

7. 严禁烟火 定期实施安全检查，易碎和易坏品应格外小心存放；禁止非本库人员擅自入库。

（二）摆放要求

1. “三化” 摆放系列化、整理经常化、手续表格化。

2. “二清” 规格清、数量清。

3. “两个一致” 账、物一致。

4. “六防” 防晒、防潮、防虫、防火、防盗、防变形。

案例分析

前面“情景导入”中出现的问题，是因为工作中没能做到经常整理，对库房存放产品数量不清，以及工作中没有按产品存放要求存放，将店里新进的畅销美容产品直接放在地面导致产品受潮发霉。由此可见，仓库管理人员在工作中必须严格按照工作流程认真负责地执行，丝毫的疏忽大意都可能给美容店或顾客造成不必要的损失。

任务分析

产品陈列及库存产品管理直接影响着门店的经营成本、服务质量。美容店所有产品只有妥善保管，才能保证他们的稳定性和使用期限。保存货品重点要防热、防晒、防冻、防潮及防污染。通常来说，化妆品的保质期为2年，但要注意美容产品的保质期，是指在未开封的情况下保存的年限，一经打开后，就要尽快将产品使用完。产品陈列需要根据美容门店经营面积、经营特色、顾客群及不同时期的主题等进行布展；陈列产品和库存产品的多少应根据各自情况有所取舍；产品陈列重点是符合宣传主题，吸引顾客关注；而库房产品重点是安全，方便盘点和取用。

任务准备

1. 陈列展柜、货架及货品等

（1）展柜、货架等既要与门店经营风格相统一，又要方便拿取存放，如开放式或半开放式的陈列柜是大多数美容店的首选。

（2）各类货品存放的标签。

2. 熟悉货品摆放的规范及要求

（1）陈列柜和产品摆放要求。

（2）产品陈列柜、货架功能划分。

（3）产品分类。

任务实施

▶ 案例　活动期间产品陈列

● 情景1：主题活动展示

“三八妇女节”来临之际，某美容店要开展以“展女性魅力”为主题的营销活动，已准备了6种不同系列的化妆品/护肤品，有单品、有院装盒及一些装饰用品。现要根据活动主题设计展柜陈列，要求突出活动主题和环境特点，能够吸引不同顾客驻足观看并有购买欲望。

● 情景2：五五摆放法

根据各种物料的形状、体积、重量等特性分类摆放，做到“五五成行，五五成方，五五成串，五五成堆，五五成层”，即高的五五成行，大的五五成方，带孔的五五成串，矮的五五成堆，小的五五成层（包）。要求达到横看成行，竖看成列，左右对齐，过目成数，整齐美观，并且各种材料有醒目的标志，这样便于点数、盘点和取送。

● 情景3：六号定位法

按库号、仓位号、货架号、层号、订单号、货品编号等6个号，进行分类叠放，登记造册。

● 情景4：分类管理法

将品种繁多的货品，按其特性、进出时间、价值大小等分类摆放在不同类别的仓区。

产品陈列案例

任务评价

想一想

1. 展柜陈列的注意事项有哪些？
2. 库房物品摆放的注意事项有哪些？
3. 功能间物料摆放的标准是什么？

产品展示柜陈列背后的经济哲学

能力拓展

1. 现场走访了解不同规模美容店的产品陈列与促销陈列展示，并分析哪种陈列方式更易吸引顾客驻足，对比不同宣传主题的特点，说出最吸引你关注的重要因素。

2. 产品陈列时哪些环境因素可以辅助产品更好造型，产生更好的视觉效果吸引顾客？

扫描二维码学习。

AIDMA法则

（迟淑清，傅润红）

任务二 库存盘点

学习目标

1. 掌握库存盘点的一般流程。
2. 了解盘点结果出现差异的常见原因。
3. 能够对盘点中出现的特殊情况进行处理。

情景导入

某美容店老板到了换季的时候，对于是否进货拿不定主意，担心原来的货没有卖完，再进新货会加大库存量，导致产品积压更多。如果美容店老板不能够控制好美容店的库存量和进货量，是有可能导致美容店存货越来越多，新货不敢进。最后的结果必然是难以满足顾客的需求，美容店业绩不断下降。如何管理好美容店库存问题，首先要了解一下库存盘点。

学习任务

一、盘点的目的和意义

美容门店在营运过程中存在各种损耗，通过盘点来计算出门店的真实存货、费用率、毛利率、货损率等经营指标，有助于对这段时间或一年内的营运管理进行综合考核和回顾。由于盘点的数据直接反映的是损耗，盘点的损耗可以反映出营运的失误和管理上的漏洞，从而可以发现问题、改善管理、降低损耗。

门店的盈利状况在盘点结束后才可以确定。盘点是为了了解美容门店在本盘点周期内的盈亏状况；了解美容门店目前最准确的库存金额，将所有商品的计算机库存数据恢复正确；得知损耗较大的项目或产品，以便于日后加强管理，控制损耗；发掘并清除滞销品、过期商品，整理环境，清除死角。

二、库存盘点方法

产品是美容店的有形资产，做好产品的管理才能做好美容店的经营，定期或不定期对店内产品进行清查、盘点，以掌握产品实际库存数量，核查产品是否账实相符，及时发现库存的结构和比例是否合理，做好货品的补、退、换工作，对一段时期内的营运绩效进行评估，避免因决策失误造成的货品积压，切实掌握该期间店铺的经营业绩，为美容店的正常运营提供保障。

1. 账面盘点法　账面盘点法就是将每天出入库物品的数量及单价等有关信息记录在计算机或账簿上，逐笔汇总账面库存结余数，以便随时从计算机或账簿上查清物品的出入库信息及库存结余量。

2. 实物盘点法　实物盘点法又称为现货盘点法或实地盘点法，即实际去仓库清点库存数，再依货品的单价计算出实际库存数量或金额的方法。

目前，大多数美容门店都采用账面来处理库存账务。当账面数与实存数发生差异时，很难判定是账面有误还是实物有误，此时可采用两种方法平行进行，以查清存在误差的原因。

账面盘点法与实物盘点法的难易程度不同。账面盘点法比实物盘点法相对简单，实物盘点法消耗的人力、时间较多，两者最大区别在于有无实物。账面盘点法是对库存账面进行盘点，实物盘点法是对库存现场实物进行盘点。通常情况下，采用两种方法共同进行盘点。

三、库存盘点流程

美容门店物品盘点一般分为制定盘点计划、进行盘点前准备、盘点实施、盘点结果差异原因分析、盘点结果处理、总结盘点经验等（如图 5－3－2－1）。制定科学的盘点流程，能保证盘点工作的准确性，实现美容店的高效管理，切实掌控店内经营业绩。

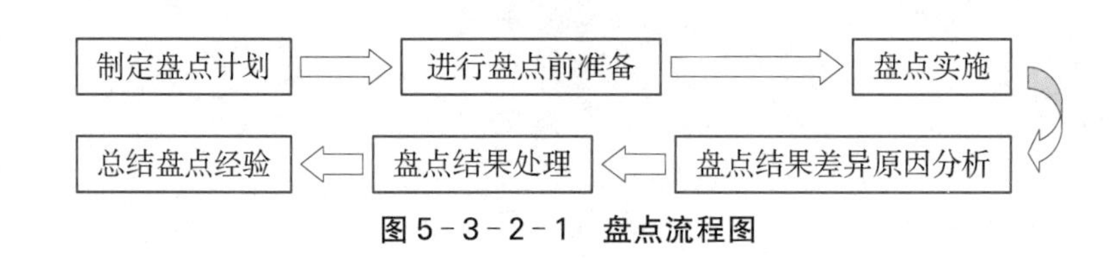

图 5－3－2－1　盘点流程图

任务分析

如果美容店管理者不能合理控制进货量和库存量，库存积压往往会浪费大笔产品成本，影响美容店的资金流动以及正常运营。库存盘点能及早掌握库存状况，以便对库存过剩、库存短缺及时处理，从而有效降低库存管理成本。随着美容项目的多样化，所有产品和耗材的数量、种类繁多，如果用传统的管理方法，要花大量的人力和时间，就很难做到定期盘点、核对账物。因此，现代信息技术的应用，越来越多的美容店引入智能化管理系统，能实时监控到产品的销售情况、库存情况、缺货情况等，清晰而又便捷。智能化管理系统应用结合定期现货盘点，可以最大限度减少误差，提高盘点工作效率。当盘点结果出现与台账差异的情况能快速找出原因并对账面进行调整，能及时了解库存并对采购计划进行调整，既保证销售流动能顺利进行，使库存产品量不至于达到存量不足的小限度，又避免积压资金。

任务准备

1. 确定盘点程序、方法和方案。
2. 确定盘点的人员，选取初盘、复盘、抽盘和录入的方式。
3. 熟悉管理系统操作。

任务实施

案例

小张是一家美容店的店长，准备在年前清空一批库存积压和过季的产品，及时补进些年前促销活动的产品。在进行库存清空和进货前，她需要对店内产品销售情况和库存情况进行盘点，查看哪些产品销售情况较差，哪些产品库存积压较多，哪些产品临近过期还没有卖完，清点出这些需要清仓处理的产品，同时要了解本店保有小库量，才能保证促销活动期间销售活动顺利进行，又不会因为进货过多造成资金积压。

一、制定盘点计划

盘点前制定的盘点计划越周密、详细，盘点工作进展就越顺利，盘点结果就越准确。盘点计划包括盘点的目的、盘点的形式、明确盘点的负责人、盘点的方法、盘点的参与人员、盘点前的准备工作、盘点具体时间、仓库停止作业时间、账务冻结时间、初盘时间、复盘时间、人员安排及分工、盘点中的注意事项和原则等。

1. *确定盘点形式*　美容店盘点可根据不同产品的特点、价值大小、流动速度、重要程度来分别确定不同的盘点形式。美容门店物品的常用盘点形式有以下几种。

（1）月盘点：仓库平均每月组织一次盘点，盘点时间一般在月底。

（2）半年盘点：仓库每半年进行一次盘点，以明确半年的商品销售业绩和利润值。

（3）年终盘点：仓库每年进行一次大盘点，盘点时间一般在年终放假前的销售淡季。

（4）不定期盘点：对于美容门店组织的大型促销活动或节假日促销活动后，为确保产品的正常供应及各美容店正常运营，要根据需要进行不定期盘点。

2. *确定盘点方法*　如账面盘点法、实物盘点法。

3. *确定盘点负责人及参与人员*　美容店的销售产品盘点一般以店长为第一责任人。参与人员主要是财务人员、库房管理人员，配料师、前台和美容师配合。

一般的月盘点可以由库房管理人员和美容师、配料师来完成。半年盘点和年终盘点则主要由总公司的财务人员完成，库房管理人员、美容师、配料师等作为辅助。

二、盘点前准备

1. *人员准备*　美容门店实物盘点店长为第一责任人，财务人员、库房管理人员、配料师、美容师、前台等人员视情况选取不同人员参与。盘点前要让参与人员熟悉盘点流程、盘点表如何填写、盘点的注意事项、盘点应遵循的原则、遇到问题如何进行处理等。

2. *数据资料准备* 根据盘点货品准备盘点资料，盘点资料主要包括：货品名称、编号、位置、数量、规格、账面数、产品单价等。盘点当天须核查、清理所有的入库、退货、调拨、领用等单据是否全部录入计算机中。

3. *货品及环境准备* 整理库房内货架上的商品，同类产品归类摆放并进行产品编码，确认仓库内货品与其他展示柜中货品均已编码，且编号连续无遗漏，原则上编号按由左到右、由上到下的顺序进行编写。

在对货品进行整理时，清除包装破损等损坏品，该退货的放到退货区并及时处理。

清除店内死角，检查前台陈列区及其他区域是否有盘点包括的产品，并于盘点前再次对产品进行检查归位。店内除陈列区展示柜中商品及特殊保管条件的商品以外，原则上同一商品应归类于同一货柜存放。

三、盘点实施步骤

1. *初盘* 由库房管理人员与店长指派的美容师等辅助人员两人以上共同进行，按照货架从左至右，从上至下的顺序进行盘点，依次用蓝笔在盘点表上登记货品名称、编号、数量、规格、单价等信息，盘点完后需确认签名。

初盘注意事项：①认真清点，保证结果准确；②同时对货品进行归位整理，将成箱装的货品放在对应的货品零件盒附近，距离不得超过 2 m；③注意查看商品的有效期，过期产品或即将过期的产品要取出放到待处理区；④发现成箱货品有异常情况（如外箱未封箱、外箱破裂或其他异常时）需要对箱内物料进行开箱点数；⑤注意检查货品有无存放错误、标示错误以及物料混装等。

2. *复盘* 一般由财务人员与店长指派的美容师等辅助人员两人以上共同进行，复盘仍然按从左至右、从上至下的顺序对所有物料重新点数，核对数量是否与初盘结果吻合，复盘人员要在盘点单上签名，盘点有误的数据用红笔更改并签名。

复盘注意事项：①先检查盘点配置图与实际现场是否一致，有否遗漏区域；②检查是否所有的箱装货品全部盘点完成，以及是否做盘点标记；③与初盘数据有差异的需要找初盘人予以当面核对，核对完成后，将正确的数量填写在“盘点表”的“复盘数量”栏，如以前已经填写且数量不一致，则予以修改。

3. *抽盘* 在“盘点计划”中明确，半年及年终盘点财务必须抽盘及抽盘的数量（如抽盘数量＞20%，金额＞50%）。平时盘点是否要抽盘，由财务人员与相关管理人员视情况确定。

抽盘注意事项：①财务部门依据初盘的《盘点表》安排财务人员与初盘人员一起进行抽盘；②选择库房死角或体积小、单价高、数量多的货品；③在盘点表上注明为抽盘；④抽盘与初盘如有差异，需与初盘人员进行盘点确认；⑤若抽盘货品差错率≥10%，必要时，财务部门要求仓库保管人员对所管全部货品进行重新盘点；⑥抽盘完成后，抽盘人员将盘点表上交财务部门。

4. *录入* 经店长审核的盘点表交由财务人员录入计算机，录入前将各类盘点数据汇总并记录盘点差异原因。例如将初盘、复盘、抽盘正确数据进行汇总，填入“盘点表”

的“最终正确数据”中并正确录入计算机。

录入注意事项：①仔细认真录入，确保录入数据正确无误；②交叉核对。录入完成后交由另一位财务人员核对输入数据并确认。

四、盘点结果差异原因分析

盘点结果差异是指盘点结果与账面出现差异，差异的结果一般分为盘盈和盘亏。盘点实物数或价值大于账面数或价值，就是盘盈；盘点实物数或价值小于账面数或价值就是盘亏。

1. 盘盈的常见原因

(1) 采购产品未及时入库。

(2) 顾客退回的产品未入库、入账。

(3) 整箱货品已开封，箱内货品不满而未开箱盘点。

(4) 将赠品计入盘点数量。

2. 盘亏的常见原因

(1) 货品盘点出现漏盘，店内展示区商品未盘点或存在盘点死角。

(2) 不合格产品退回后未及时做入账中。

(3) 过期产品或破损产品处理后未及时做账。

(4) 其他原因，如偷盗、遗失、财务人员录入错误，或账面数不准确等。

五、库存清空处理

1. 折扣促销　用打折的方式降价销售是清空库存产品最直接的一种方式。可以在原价的基础上，对需要清仓的部分过季产品在元旦节促销活动期间打折出售（如 5 折、3 折等），折扣的幅度应控制在盈利范围内，尽可能收回成本。避免盲目降价，尽量不让顾客产生太大心理落差。

2. 捆绑销售　捆绑销售也是清空库存的好方式，可以选择一款过季产品和本季热销的产品进行捆绑，然后给予一定程度的折扣，用热销产品的销量带动积压产品。扩大滞销过季产品的知名度和受众认可度。

3. 活动赠送　如果产品积压情况严重，或是临近过期，可以直接将这部分产品作为赠品。例如会员充值多少可以赠送什么产品。这种活动虽然没有带来直接利益，但带动了卡项销量。

经营经验：美容店经营管理者要重视产品库存管理问题，科学把控美容店产品的进货情况，尤其对季节性产品和短期热门产品要理性进货，避免产生过季滞销的情况；要实时掌控美容店产品的库存情况，了解库存堆积的原因，对滞销的产品尽快处理，尽可能减小损失。

六、案例分享

● 情景 1：货品盘盈

美容店在进行半年盘点中，发现产品盘点结果与台账结果出现较大差异，差异主要出现在一批新进货品中。经过财务人员、库房管理人员和店长再次盘点，发现原来新进货的部分商品在进货时厂家就有买一送一的服务，而在盘点时，错把赠品当新进货品，造成了盘盈。

● 情景 2：盘盈原因分析

对于错把赠品数量盘点进库存数量的情况，问题出在盘点的准备中，未把赠品单独存放，和货品一起存放没有贴标签，这也是产品盘盈的常见原因之一，库房管理人员平时就要养成货品归类存放、赠品单独存放的习惯，有利于对货品进行规范化管理，减少工作失误。

● 情景 3：盘点结果处理

（1）当盘点结果与账面出现重大差异时，应追查发生盈亏的原因，对出现问题货品进行区域确认并重新盘点，以免出现错盘、漏盘。

（2）盘点结果出现的差异，应明确相关责任人，对于由于保管原因造成的盘亏，根据情节轻重进行不同程度的补偿或处罚。

（3）与账面结果有差异的数据经店长和财务经理签核后，以盘点实际库存数量作为正确数据录入计算机并标注，以实现账物相符。

盘点经验总结及用表

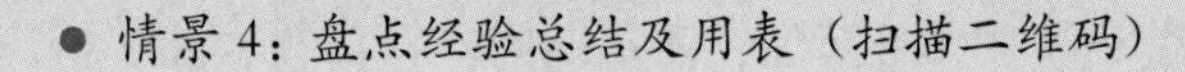

● 情景 4：盘点经验总结及用表（扫描二维码）

任务评价

1. 简述美容门店盘点流程。

2. 想一想：美容店哪些情况容易出现盘亏情况，为什么？盘点人员在盘点时应如何避免？

能力拓展

为案例中小张的美容店制定库存月盘点计划，库存产品准备在“三八妇女节”促销活动中清空。

（张婷婷）

06

模块六　财务管理

单元一　项目成本管理

内容介绍

门店财务管理是门店可持续经营的基础，财务数据可以直接反应经营的好坏，成本控制和收入的管理也决定利润的高低。只有深入理解财务管理才能持续经营，基业长青。

学习导航

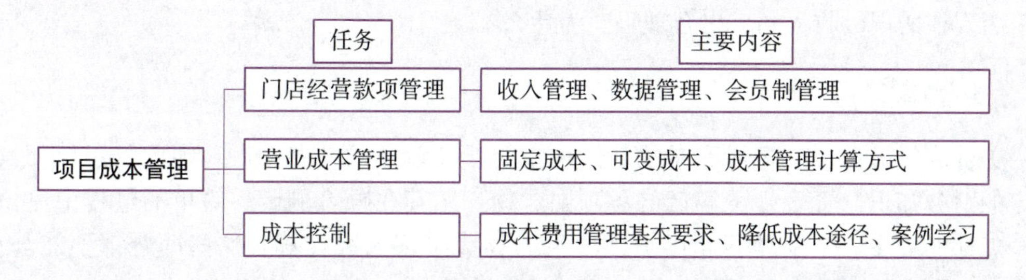

任务一 门店经营款项管理

学习目标

1. 熟悉门店收入管理的类型及管理系统。
2. 会使用运营管理系统及时查看门店运营数据。
3. 了解各种类型的会员卡及会员管理。

情景导入

小美在美容店工作了3年，经过3年的努力，升职为店长，负责美容店的管理工作，工作职责也由以前的服务顾客转为门店的全面管理。在经营方面，门店每月月租及物业管理费3万元，固定资产折旧每月2万元，人员开支每月7.5万元，其他费用1万元。门店每月的营业收入30万元，其中常规项目收入10万元，大客大单收入20万元，请问小美门店现在的现金收入和支出合理吗？为什么？

学习任务

美容店的前台、美容师等岗位工作难免会涉及财务的一些问题，因此，让员工具备一定的财务知识，管理好美容店的各项财、物，尤其在顾客刷卡、签单的过程中应该是一个怎样的程序，个别顾客超出护理项目的收费应该怎么计算，这些问题都不能马虎，门店的持续良性经营离不开收入管理、财务管理等。

一、收入管理

（一）收入分类

收入是指美容店在经营活动过程中销售商品、提供服务等实现的收益，是美容店从事经营活动的成果。按照美容店所从事业务活动的重要性不同，美容店的收入可以分为主营业务收入和其他业务收入。

1. 主营业务收入　又称基本业务收入，是指由美容店的主要经营活动所带来的收入。这类收入在美容店的收入总额中占有较大比重，直接决定美容店最终的经营业绩。美容店主营业务收入主要来源于自营化妆品和美容服务的销售收入。

2. 其他业务收入　是指美容店主营业务以外的其他业务，或附属业务所形成的收入。

这类业务性质一般与主营业务相关，收入金额不稳定，美容店管理者只需投入较少的精力获得的收益。美容店其他业务收入包括与其他企业的合作，如项目转介绍（瑜伽馆、健身房、口腔诊所等机构相互介绍）、大医美合作（带顾客去医院做医美）、无形资产转让收入、培训收入和美容仪器出租收入、技术指导收入等。

▶ 案例 1

某美容店当日实现化妆品销售收入 2000 元，美容服务收入 10000 元；仪器租赁收入 1000 元，培训指导收入 1000 元。计算该门店当日主营业务收入和其他业务收入。

解：（1）主营业务收入 = 化妆品销售收入 + 美容服务销售收入

= 2000 + 10000 = 12000 元

（2）其他业务收入 = 仪器租赁收入 + 培训指导收入

= 1000 + 1000 = 2000 元

（二）现金财务管理

具体参见表 6-1-1-1。

表 6-1-1-1　现金消耗表

日期	单号	会员编号	顾客姓名	消耗项目内容				次单价（元）	操作手工费	销售项目内容				
				分类	名称	数量	剩余			项目产品	数量	单位	金额（元）	购/卡扣/赠
9月16日	1	B8118	徐某	疗程卡	腋下淋巴	1	22	199		洗面奶	2	支	258	
				体验卡	胸部护理	1	0	298						
	2	B8102	王某	疗程卡	水润清新	1	5	158						
	3		刘某	128 体验	肩颈	1	0							
	4		夏某	128 体验	水润清新	1								
	5		姚某	138 体验卡	肩颈	1								
合计														

当日现金收入：	当月总收入：
POS 机收入：　　　线上：	当月总消耗：
	卡扣总收入：

制表人：

二、数据管理

数据是对事实或观察结果的总结，是对客观事物的逻辑归纳。数据本身没有意义，需要经过解释、分析，对实体行为产生影响时才有其意义。美容门店数据管理分析是美容店老板和管理者经营门店业绩的核心能力，只有做好数据分析，才知道问题出在哪里，如何调整，避免盲目跟风，浪费资源。所以，门店财务管理要具备一定的数据分析能力。

（一）数据结构组成

成本：人力成本、租金、管理费用、耗材产品成本。

业绩：现金、实耗、产品、项目业绩。

利润：毛利润、净利润。

不同的门店，数据分析参考不同，美容门店大体可以分为两类，即流量型和存量型门店。

流量型门店：新客户产值占总产值60%以上，每天新客流大，例如街边祛痘店、植发店。

存量型门店：老客户产值占总产值60%以上，每天客流稳定，例如小区附近美容店（表6－1－1－2）。

表6－1－1－2　存量型与流量型成熟企业数据结构参考

成本构成	产品与耗材成本（%）	人力成本（%）	获客成本促销成本（%）	租金（%）	装修摊销（%）	运营成本（%）	总部管理（%）	财务成本（%）	年度成本预算	优化目标
流量型	3～5	25～35	20～35	5～8	3～5	3～5	3～5	1～2		
存量型	35～40	18～25	3～5	5～10	5～7	3～5	5～6	1～2		

（二）门店三效数据指标

门店非常重要的三效数据指标，是指客效、坪效、人效。

1. 客效　年业绩/总顾客数（不含体验未成交客户，不含流失客户）。客效是运营数据重要指标（表6－1－1－3）。

表6－1－1－3　门店客效年参考值

门店	优秀	良好	一般	较差	很差
存量型门店客效	＞10万	5万～10万	3万～5万	2万～3万	＜2万
流量型门店客效	＞2万	1万～2万	0.5万～1万	0.3万～0.5万	＜0.3万

2. 坪效　门店利润率的第一指标。坪效＝年业绩/营业建筑面积，门店每平方米的产值（表6－1－1－4）。

表6－1－1－4　门店坪效参考值

坪效	优秀	良好	一般	较差
参考值（年业绩/营业面积）	＞3万	2万～3万	1.5万～2万	＜1.5万

3. 人效　是管理效率的核心指标。人效＝年业绩/门店总员工数，就是门店每个员工的平均产值（表6－1－1－5）。

表 6-1-1-5　门店员工的平均产值

人效	优秀	良好	一般	较差	很差
年参考值	＞100 万	70 万～100 万	50 万～70 万	30 万～50 万	＜30 万

（三）门店业绩四大指标数据分析

1. 现金业绩　门店自己基础项目实际收款总和（包括疗程卡、充值等，不包括居家产品和大项目合作分成业绩）。

2. 实耗业绩　顾客到店做服务消耗的项目金额累计总业绩，算消耗业绩。

3. 产品业绩　门店销售给顾客带回家使用的居家产品所产生的业绩。

4. 项目业绩　合作项目是指和厂家或代理商合作，厂家或代理商提供对应培训、销售服务，产生的业绩分成方式。

案例 2

某美容店实际数据表格如表 6-1-1-6。

表 6-1-1-6　某美容店各项目业绩汇总

四大指标	现金业绩（元）	实耗业绩（元）	产品业绩（元）	项目业绩（元）
月目标完成	200 000	160 000	64 000	96 000
实际完成	181 400	98 686	6 800	91 886

思考：通过这个表格，如果你是企业店长，你觉得哪里可能有问题，后期需要注意什么？如果你在门店负责财务，通过数据，你发现了什么问题？

案例 3

某门店每个月现金业绩 50 万元，其中与医美机构合作业绩 30 万元，与养生厂家合作业绩 10 万元，店内基础业绩 10 万元，家居产品几乎为零，消耗业绩 5 万元。请问：如果你是这家店老板，这个门店利润率是否是最大化？通过数据，你发现存在哪些问题？从财务管理的角度来看，门店实际分到手里的现金业绩有多少？

（四）现金七大数据分析

根据月度现金结构比例，从财务角度来判断是否合理，经营有无风险，主要是两手抓，一手抓大客户大单，另外一手抓新客成交、新客转卡，缺一不可。大客户不成交，说明不会寻找顾客需求和服务不够，新客不成交则是基本效果或体验流程有问题，有待改进。

1. 促销主打　门店每个月主要推广或促销项目都不同，但是一定要聚焦。聚焦项目后，才能聚焦培训、聚焦方案、聚焦促销力度、聚焦资源匹配，从而实现财务预算的精准。促销是团队全部集中精力去推广的，业绩和顾客普及率都要>30%。

2. 大客大单　门店几乎有一半业绩来自大客户的大单消费，根据不同门店对大单理解不同，一般是自己店里常规项目的10倍以上才算大项目大单。大单对于门店提高人效和坪效有非常重要的意义。

3. 新客成交　门店的持续流量需要不断有新顾客进来成为会员，新顾客成交是会员对门店的认同，也是业绩增加的基础。

4. 新客转卡　新顾客只有开了第2张卡后，才算转卡成功，转卡意味着新顾客归属感初步建立，有信任基础。转卡率是体现门店业绩的有效凭证。

5. 正常返单　正常返单也称复购率，是指顾客对之前项目的满意和认同度，有复购才是正常的，才是门店基业长青的基础。

6. 欠款回收　顾客偶尔有欠款很正常，需要定期提醒收回。需要提醒的是，不要让欠款成为常态，让顾客觉得门店利润很高，即使欠款还是有盈利的。

7. 其他　非计划内的业绩，例如疗程项目叠加等。

三、会员制管理

(一) 认识会员制

会员制服务是当前服务行业普遍采用的一种顾客服务管理模式，即通过发展会员，提供差别化的价格、服务、奖励等，实现对会员的精准营销管理，提高顾客的忠诚度，以增加企业的利润。对美容门店来说，可以通过会员制管理提前预收会员款项或美容服务费用，增加很多权益和服务，减少经营的资金压力，从而提高顾客对美容店的忠诚度(表6-1-1-7)。

表6-1-1-7　门店真假会员制鉴别表

类别	伪会员	真会员
行为表现	充多少送多少	消费达到不同级别不同权益
本质区别	促销收现套路	一切以会员为中心
如何开展	照搬照抄，随时开展	以终为始，清楚为什么要做

(二) 会员制类型

1. 付费型会员　一次性支付年费，享受会员身份带来的尊贵权益。

2. 储值型会员　先消费于办卡后划扣，不同等级、不同会员的权益不同，级别越高会员权益累计越多。

3. 消费型会员　顾客一次性消费达到某一会员星级，即可享受对应星级会员权益。

(三) 美容店会员卡的种类

会员卡泛指普通身份识别卡，包括商场、宾馆、健身中心、美容店、酒店等消费场所的会员认证。美容店的会员卡，可以分为月卡、季卡、年卡、会员卡和疗程卡等类型。

1. 月卡、季卡、年卡　这是中小型美容店常用的卡项，以时间为界限，符合目标消

费人群的需求。卡项本身价格低，各种收入水平的顾客都比较容易接受。如果年卡总额和月卡总额之间的价格差距较大，会使顾客认为相对月卡、季卡而言，购买年卡更划算，从而选择购买年卡。其缺点是，如果卡项设计的价格较低，美容店的收入较少，需要积极诱导顾客进行二次消费，否则难以支付美容店的成本，此举可能引起顾客的反感，降低顾客的忠诚度。

2. *疗程卡*　疗程卡销售相对容易，主要针对因问题性美容问题而到美容店寻找解决方法的顾客，美容店只需为其解决美容问题，对顾客而言，疗程卡更有服务保障。疗程卡以疗程为主，需确保顾客能在疗程内解决美容问题或取得显著效果，否则顾客对疗效不满意，就会在疗程结束后更换美容店，成为一次性消费会员。

3. *单项卡*　单项卡指卡项只能做一种项目，在美容店销售时可以成为会员卡的补充卡，通常用在推出新产品或新项目时，利润空间较大。因为单价高，卡额低，能帮助美容店短时间内回收资金。

4. *会员卡*　会员卡的特点在于可以预收顾客的大额现金，一次性回收投资成本的机会较高，留客能力较强，同时对美容店经营管理水平的要求也较高，资金风险更高，因为顾客预存的现金越多，意味着美容店的负债越高，如果因为某些因素，引起顾客大面积退卡会导致美容店的资金短缺。

美容店推出的所有卡项，均是先付款后消费的预付费模式。美容店如果没有预警机制及时发现现金不足，或者某些意外造成顾客退卡，都可能给美容店带来灾难性后果。因此，有效管理各种卡项和督促顾客消耗卡额是美容店成功经营的关键。

▶ 案例 4

某美容企业会员方案充值 5 万元送 5 万元项目，同时 3 年内每个月分期返还本金。这家企业是否可以良性经营？这算是为会员提供有价值服务吗？为什么？另外，从财务管理的角度看，是否有利润？

（四）会员卡设计原则

从本质上看，会员卡是一种良性增长的商业模式，并不是一种储值圈钱的套路行为。美容店要长期稳定地发展，赢得顾客的青睐，必须以优质产品和优质服务为基础，为顾客创造价值，才是可行的经营之道。相反，没有优质的产品和服务，任何精巧的会员卡设计都只是舍本逐末。

（1）会员卡之间的价位应保持合理的阶梯上升，拉大优惠的差距，体现会员制的意义。中间价位的会员卡的价格应该是美容店大部分顾客能够接受的价格，这样才能留住美容店的主要顾客。价位较低的会员卡主要用于吸引新顾客，使其以较低的价格体验美容店的优质服务，然后购买较高价格的会员卡，成为美容店的长期顾客。会员卡的最高价格应该体现顾客的尊贵和美容店服务的奢华，成为一种象征，塑造美容店高端形象，只有极少数顾客才有能力购买。

（2）会员卡的级别设置应为 3～5 级，不能过少或过多，每一个级别的会员卡都有典型的产品或美容服务组合，体现不同的价值。

(3) 会员卡的名称应能引发顾客美好的联想，如白金卡、钻石卡等，体现顾客的尊贵。

(4) 会员卡包含的赠送项目，卡额越高，赠送越多，折扣越低，保障高端顾客的利益。赠送项目以对顾客有利的产品或项目为主。

任务分析

美容门店要根据自己的经营定位制定美容产品和美容服务的价格，保障收入的最大化；要把握市场动态和变化趋势，预测美容店的销售收入，以销定购，以销定存，高效运营，降低成本，科学组织美容店经营活动；要严格执行销售收入的日常控制，科学采购，加快货款的回笼，保留合理的现金留存水平；经常进行销售收入方面的分析，不足之处及时调整，及时培训，及时加强考核，确保服务项目结构合理化，财务指标在合理正常的范围。

任务准备

1. 熟悉国家财务管理相关制度、美容门店财务管理的相关软件（如金蝶、用友、微信小程序、进销存软件）及相关款项管理的基本知识。

2. 清晰掌握门店常见的工资标准，提成制度，耗材成本。

3. 熟练运用相关财务及店务表格、计算公式（表6-1-1-8）。

表6-1-1-8　月业绩目标设置

时间	现金		实耗		护理		产品		客流	
	月目标		月目标		月目标		月目标		月目标	
	日均目标		日均目标		日均目标		日均目标		日均目标	
	日完成	累计完成	日完成	累计完成	日完成	累计完成	日完成	累计完成	日完成	累计完成
1										
2										
3										
4										
5										
↓										
30										

任务实施

应用所学理论结合案例、具体表格、方法等，能够掌握门店经营管理重要的数据部分，可以引导我们正向理解门店经营，而非只是停留在理论。

1. 主营业务收入和其他业务收入确认　美容店的主营业务收入主要是化妆品的销售收入和美容服务销售的收入。其他业务收入是主营业务之外的其他业务或附属业务所形成的收入。如无形资产转让收入、包装物和低值易耗品等出售和出租收入、技术转让收入、废旧物品出售收入、设备出租收入、仓库出租收入等。

2. 相关数据管理　对美容店的人力成本、租金、管理费用、耗材产品成本、现金、实耗、产品、项目业绩、毛利润、净利润等进行分析和管理。

3. 会员卡设计及管理　首先关注会员基本信息，门店常规关注顾客信息（见二维码）。其次要根据门店特点设计会员卡，会员卡类型主要有月卡、季卡、年卡、会员卡、单项卡、疗程卡等种类。

会员信息详情

任务评价

想要深入了解美容店经营管理的好坏，就必须清晰财务方面收入的结构，有多少会员，会员消费金额，比例多少。是否通过财务表格一目了然，胸有成竹。下面通过具体问题来看看，我们是否已经清晰掌握了店务财务管理知识。

一、简答

1. 美容店的数据有哪些？
2. 美容店核心四大指标数据有哪些？
3. 美容店会员卡有哪些类型，各有哪些优缺点？

二、案例分析

案例 5

浙江某美容店，门店面积有 500 m^2，员工 12 人，年度业绩 1 200 万元，有效总会员数为 200 人。请你分别算一算，这家店人效、坪效、客效分别是多少？是否优秀？

案例 6

某美容院现金结构表（表 6－1－1－8）。

表 6－1－1－8　某美容院现金结构表

七大项	促销主打	大客大单	新客成交	新客转卡	正常返单	欠款回收（元）	其他（元）
额度（元）	116 096	18 140	4 535	7 206	18 140	7 283	10 000
人数	35	2	4	3	20		
人均（元）	3 317	9 070	1 133	2 402	757		

从财务的视角来看，该美容店数据比例是否合理？有没有更好的比例实现利润最大化，现金收入最大化。

案例 7

某美容店开业促销，顾客在3天内办理会员卡定购产品或美容服务，可以终生成为永久性会员，此后下个年度开始，凡是在美容店消费，可永久性享受护理项目7折优惠，产品8折优惠。会员卡价格如下：全年48次贴心保姆VIP面部护理，价值100元/次，共4800元；全年48次贴心保姆VIP手部护理，价值50元/次，共2400元；全年48次贴心保姆VIP颈部护理，价值50元/次，共2400元；全年48次贴心保姆VIP身体护理，价值150元/次，共4800元。

美容店推出的这些美容卡项是否能够打动客户？美容店还可以推出哪些项目的疗程卡？这样的卡从财务角度来看，是否盈利？能否持续经营下去，为什么？

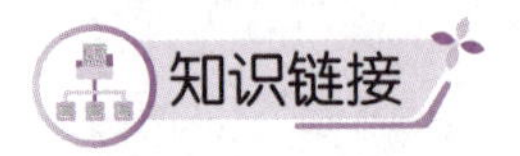

影响美容店业绩的6大因素

影响美容店业绩的因素很多，例如装修、地理位置、停车位、附近小区数量等，但是整体上离不开以下几个因素，如专业、销售、服务。

1. 想要的欲望是否强烈　没有动力的服务不会很好，海底捞的服务就是典型服务行业代表，热情细致。

2. 大客户大单是否完成　大客户是所有企业中非常重要的资源，根据二八定律，20%大客户创造80%的业绩，大客户服务不得不下功夫。

3. 核心员工进度是否正常　包括专业、技术手法、接待礼仪；还有客户预约，客户铺垫，客户需求寻找等，都要按照目标规划进行。

4. 促销活动或主打项目是否推广到位　每个月促销或主打项目一定要借助势能，线上线下同步传播，客户能感知，员工全力以赴去推广。

5. 日均客流量是否达标　没有流量就不会有业绩，客流量间接可以衡量门店的经营状况，包括业绩、口碑、服务力。

6. 工作规划的进度是否及时关注　老板或高管要时刻关注进度，不能不切合实际定目标，或者定目标后就等待会有好的结果，这样是行不通的。每周例会及时总结，发现并解决问题。

（秦国祯）

任务二 营业成本管理

学习目标

1. 掌握固定成本和可变成本的含义。
2. 对成本管理有清晰的认识。

学习任务

成本管理就是围绕企业所有费用的发生和产品成本的形成进行成本预测、成本计划、成本控制、成本核算、成本分析及成本考核等。同时，对企业的财务管理包括固定资金、流动资金、专用基金、盈利等的形成、分配和使用等。

一、固定成本

固定成本包括场地房租、装潢费用、设备投资等固定费用的管理。在资金的使用计划方面，必须针对各项费用使用的必需时期、金额、内容等做出明确的划分。

（一）房租

美容业经营过程中的场地费用占固定开支资金相当大一部分。场地的大小和地理位置会直接影响到这笔投资费用的多少。如果自己购买场地，则需要很大一笔资金，优势在于不用担心有些业主看见生意好随意涨价。购买场地的前提是经营者一定对此处前景看得很准，否则买下后要再脱手就不那么容易了。如果店铺是租用场地，可以有更多的资金周转。根据地段的不同，场租的涨落幅度很大，其金额受店面所处的环境、与闹市的距离、建筑物的结构等多种因素影响。如果地处繁华地段，客流集中，店铺租金就十分昂贵，而偏僻一点的地段，租金自然就比较便宜。

（二）装修资金

对旧店的装修，要从美学角度和实际需要方面去设计。在装修之前，必须对购买的设备材料、施工预算等事项了如指掌。投资者最好聘请一位装修方面的内行来参与设计，这样对装修效果的保障、成本的控制有很大的帮助。

（三）设备的投入及设备的折旧

新店开业，首先要考虑门店的主营项目，根据项目的需求来合理选择购买的仪器及设备，包括美容床的选择和软装设施的需要等。例如，以养生为主营项目的门店，美容床可以选择部分带有熏蒸功能的养生美容床或带有磁疗功能的美容床，以上这些都属于设备的投资预算。另外，设备在使用了一段时间后，需要不定期地更新，期间的设备折旧费用也属于固定成本，所以，经营者也需要考虑到设备的折旧成本。

二、可变成本

可变成本属于变动成本，主要包括广告促销活动费用、员工工资、培训成本、产品成本等费用。另外，产品的包装成本、水电费用、电话费用、行政管理费、卫生费和办公用品费、维修费用等也是属于可变成本的部分。

案例 1

小丽在美容店工作了3年，从美容师开始起步，用3年时间做到了店长，目前想开始创业，自己开美容店。通过2个月的商圈调查，最终选择了时尚商圈的一所转让的A美容店。该美容店面积有500 m^2，月租30 000元/月，投入装修50万元，软装设备等共计投入20万元。分店以减肥项目为主营，加盟了某A品牌，加盟费为3万元，首批进货6.8万元。人员方面聘请了4位美容师，人均工资3 000元/月。

本案例中，小丽的美容店总的固定成本如何计算？每月的固定成本又将如何计算？

开店前应运用正确的方法评估资金需求。一般来说，资金的需求估算包括固定成本和可变成本。

资金对于开店极为重要，它是开店的首要条件，如果资金不到位，开店则无从谈起。有了资金，则需精打细算，使投入产出比最大化。启动资金的评估及预算对于店铺经营者来说非常重要，店面租金、货物、人员工资等费用支出，在开店之前需要对资金的需求量有一定的把握。良好的资金管理是顺利开店的第一步。如果做事没有计划，终将得不偿失。

案例 1 分析

在经营范围及人员不变的情况下，其每月的固定成本开支为：场地月租费＋每月进货费用＋人员薪酬＋装修及设备折旧费。因此，该案例中小丽的美容分店固定成本计算如下：

总固定开支＝场地月租费3万元＋装修费50万元＋软装及设备20万元＋加盟品牌费3万元＋进货费用6.8万元＋人员薪酬1.2万元＝86万元。

（一）广告促销活动费用

促销是门店营运的必要环节之一，门店需要不定期地进行促销活动来拓客引流，在此期间需要根据促销活动的规模大小来预算开支。一般根据不同的季节和时间段来设定主题，成本费用则根据具体门店的促销方案来设定。

案例 2

马上到“三八妇女节”了，小敏的门店打算做一次“三八妇女节”的活动，节日当天凡进店消费满380元的顾客，均可获得价值380元的女神节小礼物一份（小礼

物是80元一个的旅行袋)。另外,充值满1000元的还可获得抽奖一次,抽奖的奖项设有:一等奖,可以获得价值480元的品牌香水一瓶(批发价300元/瓶);二等奖,可以获得价值380元的品牌丝巾一条(批发价200元/条);三等奖,可以获得价值280元品牌项链一条(批发价150元/条)。活动当天,小敏的门店进店顾客达到了30人,其中,消费满380元的顾客有20人,充值满1000元的有10人。抽奖获得一等奖的有2人,二等奖的有3人,三等奖的有5人。

想一想:小敏的门店"三八妇女节"当天支出促销活动的费用是多少?

案例2分析

该案例小敏的门店促销活动的开支包括了会场的布置、抽奖奖品的数量和不同奖品品种的费用。小敏门店"三八妇女节"当天支出促销活动奖品的费用如下:

80(元)×20(人)+300(元)×2(人)+200(元)×3(人)+150(元)×5(人)=3550(元)

(二)员工工资

员工工资是员工从美容店中获得的基于劳动付出的各种补偿,也是美容店对员工辛勤付出的回报。门店经营者开店首先需要思考人员的合理配比,根据门店的人员架构来合理招聘所需的岗位人员。不同岗位的人员薪酬如何制定,所需的人员数量多少,这些都是需要考虑清楚的。例如,美容师岗位需要多少人?美容顾问岗位需要多少人?店长岗位需要多少人?行政及后勤是否需要?以上不同岗位的人员薪酬如何设定?

员工的薪酬属于美容店固定支出的可变成本。其月薪工资结构见图6-1-2-1。

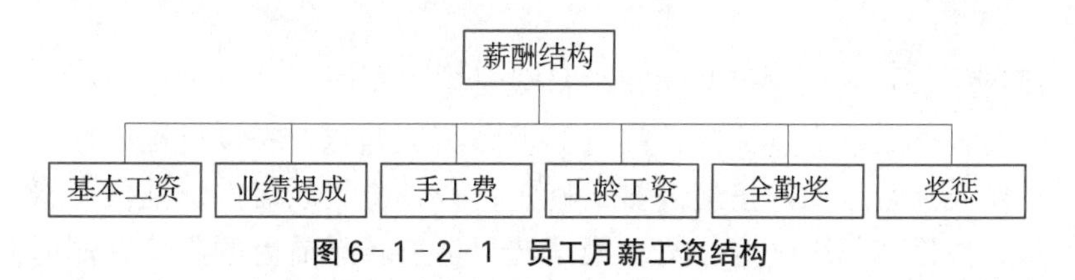

图6-1-2-1　员工月薪工资结构

1. 工资、奖金、福利

(1)基本工资:所任职岗位与职务定级的薪资为基本工资。

(2)业绩提成:员工完成业绩任务的提成。

(3)手工费:员工服务顾客项目的手工费。

(4)工龄工资:为了鼓励员工与公司共同发展,在公司工作每满一年,增加工龄工资(如:每人100元/年)。

(5)奖惩:①奖励:每月完成业绩的奖励或其他形式的特殊奖励;②违纪处罚:违反法律、法规规定的,以及公司规章制度规定的应从工资中扣除的款项(如缺勤扣款、迟到早退罚款和其他违反相关规章制度的处罚扣款等)。

2. 薪酬等级

(1)定薪原则:员工薪资依其所担任的职务、岗位所具备的综合素质状况(如学历、经历、学识、经验、技能等）综合评估后确定薪资额度，针对员工的岗位、职务、技术、技能，以及工作中表现与业绩和公司的经济效益，调整员工薪资。任何岗位的工资都会随员工职位或岗位的变化而晋升或降级，同时受绩效考核结果的影响。

（2）薪资等级：对应职务、职称、岗位，按不同的能力、贡献、经验等而设定的薪资等级。

3. 岗位定薪

（1）核薪原则：新聘任各等职位人员，原则上均按所聘任职位的第一级职等起薪，但有下列情形之一者可提高其级别一至二级：①其岗位直接相关经验已达三年以上；②所具能力特别优异，且为公司甚难招聘的人才；③公司急需人才；④取得相关岗位的专业资格证书的。

（2）新员工试用期核薪上限：①专业技能岗位零基础员工对应职位级别一等起薪；②专业技能岗位有同行业技能、无本专业技能经验，可视情况对应职位级别核定等级起薪；试用期满（不可超过 3 个月），正式任用后按其所担任职位和能力重新核定等级。

4. 试用期薪酬

（1）试用期工资为入职时的核定薪资。

（2）试用考核合格，转入正式员工，薪资在原等级上调一档。

5. 薪酬调整　员工工资调整分为定期调整及不定期调整两种类型。

（1）定期调整：①每年底公司依据年度绩效考核结果对员工基本工资进行调整；②依据公司经营情况，以及所在城市行业薪酬情况、居民消费水平等，每年对员工基本工资进行酌情调薪。

（2）不定期调整：是指公司在年中由于职务变动等原因对员工薪资进行的调整。包括以下方面。

1）转岗调薪：公司内部进行的岗位轮换或员工岗位晋升，员工薪资标准按新岗位定薪酬等级，按与该员工原薪点标准最接近的上限薪级确定；若该员工原薪点标准高于新岗位所在薪档中最高薪级，则按最高薪级确定；若该员工原薪点标准低于晋升后所在薪档中最低薪级，按最低薪级确定；奖金根据转岗员工转岗前后的岗位在职时间及绩效考核结果进行核算。

2）特别调薪：包括以下方面：①员工工作表现突出，主管提交相应事迹，调整相应的职位等级或相应职位层次上的提升，薪资相应调整；②当员工在工作中有重大贡献或失误（不构成降级、辞退处理），根据公司有关决议、决定，报总经理批准后，对员工进行特别调薪，调薪范围原则上仅限于该员工所在薪档。

（三）培训成本

完善的培训体系是发展的原动力。培训是门店寻求发展的必要手段，新人入职需要岗位培训，日常工作需要业务培训，专业人才需要特殊培训，金牌店长更需要经历精英培训。

美容店需支出的员工培训费用主要包括课程学习费、食宿费、差旅补助费等。古人说：“养兵千日，方能用兵一时。”门店的员工只有经过平时的定期培训，才能在关键时

刻对门店的发展发挥出关键的作用。而由于新事物、新情况不断出现，进行及时的充电培训也很重要。因此，定期给员工必要的培训，是快速提高店员素质的最好方法。但需要注意的是合理规避培训风险。培训风险的防范措施可从以下 4 个方面入手。

1. 依法签订劳动合同　与员工建立相对稳定的劳动关系，合同中明确门店或企业为员工提供培训机会，员工利用所学为店铺的服务年限，以及与违约赔偿等有关的条约。制订相应的培训计划，做好员工个人职业生涯的规划，为每位员工提供广阔的发展平台，使每位员工的个人利益与店铺的整体利益紧密结合起来，从而实现个人与门店的“双赢”。

2. 加强企业文化建设　企业文化即门店的核心价值观，是门店的灵魂。企业文化在某种程度上替代了制度，以一种无形的力量规范、引导门店员工的行为，用高尚的目标、精神、理念、道德标尺塑造人，增强员工对企业的认同感、归属感、信任感，增强员工的活力、凝聚力，降低员工流失的风险。

3. 加强人事档案管理　人事档案管理对员工个人来讲仍具有重要的意义。现在的人事调配制度，仍然实行“档随人走”的原则，有效管理员工的档案，建立员工的业绩、诚信档案，能在一定程度上对员工起到约束作用。

4. 合理分担培训费用　一些门店之所以在员工培训方面存在短视行为，除追逐眼前利益外，还有一个重要原因，那就是培训费用的负担。员工培训费，特别是长期培训费用很高，门店经营者都不想做冤大头，为他人作嫁衣。因此，可根据不同情况，通过双方协商，本着以店铺为主、个人为辅的原则，由门店和个人共同分担培训费用。同时，应加大岗位培训，制定相关激励政策，鼓励员工自学，鼓励岗位成才，可以大大降低门店的培训成本。

（四）产品成本、产品的包装成本

产品成本主要与产品的进销存有关。门店主营的产品品牌加盟费及产品的每月进货金额，门店经营者需要根据自身的门店特色来选择品牌，还要根据自身门店的实际情况来选择订货的数量和金额。合理配置产品的进货品项及数量十分重要。此外，产品的包装选择也是相当关键，不能为了省钱而忽略了包装的精美和完整。

（五）水电费、电话费、行政管理费、卫生费

不同地段的门店每月的水电费和电话费用不同，行政管理费用（含工商注册等费用）也有所区别。另外，每月的卫生费也是需要做出预算的，卫生费用包括了日常的门店清洁和不定期的床单被褥的清洁费。

（六）办公用品费

办公用品的费用包括了日常的一些资料打印、记账本、纸、笔等文具的损耗费。另外，门店经营的日常杂费也不少，如垃圾袋、清洁剂等，也可归为日常办公用品费用。

三、成本管理计算方式

扫描二维码学习。

成本管理计算方式

任务分析

资金是门店的血液，是门店赖以生存、发展的前提。营业成本管理工作始终贯穿于门店经营过程的每个角落，因而掌握好营业成本管理，尤其是懂得管理好固定成本及可变成本对门店来说相当重要。

营业成本管理在门店运营的实际工作中是非常关键的，其产生及发挥作用的前提是作为门店的店长必须认识到其在实际经济生活中的不可忽视性。加强门店营业成本管理的措施，就是需要建立健全适合的营业成本管理系统，合理分配好资金，做好固定成本的预算；控制好可变成本的开销，加强资金周转；提升库存管理，健全内部控制制度，做好门店必备的分类账及报表的登记；还要懂得拿商品抠利润，做好门店营业成本的优化。

任务准备

财务记账的登记本（固定成本费用明细、可变成本具体细项明细）。

任务实施

一、市场调研

俗话说，知己知彼，百战不殆。门店经营同样要做到对自己和竞争对手的情况有所了解，要善于发现竞争对手的优缺点，结合自身的优缺点进行详细分析，制定更加完善的门店经营策略，这样才能更有效地提升门店的竞争力。所以，作为门店的优秀店长，需做到以下几点：①了解竞争对手的经营体系；②了解竞争对手的组织架构与经营实力；③了解竞争对手的市场情况；④了解竞争对手的产品；⑤了解竞争对手的客户分布；⑥了解竞争对手的技术；⑦留意竞争对手的领导人；⑧竞争对手在服务方面的优缺点、价格策略、门店的面积与美容床的周转率等信息。

当然，实地考察是关键。优秀的店长应亲自或者委派一名员工对竞争对手进行实地考察。通过观察、侧面询问、体验服务、咨询、结账等环节来了解对方的产品、项目、服务、价格、环境、顾客等信息，掌握竞争对手的行动。在发现对方存在不足的时候，要积极想办法改进，争取将对方失去的客源争取过来。

总之，门店店长要对竞争对手进行系统、全面的调查了解，根据调查过程中收集到的信息进行整理与分析，为每个竞争对手建立独立的电子档案，并不断加以补充完善，取长补短，不断提升自己。

二、成本分析

根据门店实际的固定成本及可变成本来进行预算，做好固定成本的资金筹备和预留出可变成本的周转金。有准备才不被动，从装修成本到产品的进销存管理成本、人员的工资以及每场促销活动的策划成本等都需要做好成本的规划预案，做到心中有全局，脑海有预见，才能有序地把控好门店营业成本的开销步骤。

三、利润核算

（一）固定成本计算

所谓固定成本，即不随着营业额的变化而变化的成本，最终的表现形式是一个具体的金额。统计方式是将各类固定支出成本相加的总和。固定成本的概念很好理解，也很好统计。但是有以下 3 种具体情况需要说明。

1. 一次性支出后平均分摊　一种情况是，很多费用并不是逐月支出的，如一些行政年检的收费、房租等，这些费用要平均分摊到每个月中。

2. 可变成本中包含的部分　对电话费、水电费要区分去看。这些费用里，有一部分是固定成本，有一部分是浮动成本。像电话费里的座机费用是固定的，然而随着业务量的变化通讯量就会变化，电话费当然也会随之变化，变化的这一部分属于浮动成本之列。

固定成本统计表

3. 投资分摊　固定成本中应当有一项内容不可忽略，就是投资分摊。例如，投资了 35 万元，分摊到 24 个月的固定成本里去，即 35 万元 ÷ 24 个月。固定成本的项目各个店不一定是一样的，罗列一些以供参考：商业用房租金、员工宿舍租金、员工保底薪金总和、员工餐费及其他固定补助、工商行政管理费、定额税务、通讯及网络基础使用费、物业管理费、卫生管理费、电费基数、水费基数、硬件损耗（即投资分摊）、员工健康证年检及会务评级费等。

（二）可变成本计算

可变成本随着营业额的变化而变化，但其支出所占营业额的比例是可控或者恒定的。所以，最终的体现是一个百分比的数据。具体核算方式是将每项可变成本的支出比例相加。

可变成本统计表

可变成本的统计相对来说复杂一些，因为需要一些计算。现在通过可变成本统计表来立体地了解一下。在表格中（见二维码）看到，可以将可变成本根据类别分为：员工、产品、顾客、运营四大类。每个类别中都有若干个小项，这些就是可变成本的组成。成本比例好算，员工的各类提成在薪资制度里肯定有，假设顾客产品卡金结算的提成比例是 3%，那么在成本比例里就填写 3%。

（三）可变成本计算案例

在不同情况下，可变成本计算的精细度是不同的（见二维码）。

可变成本计算案例

任务评价

1. 如何合理分配可变成本？

2. 员工的工资成本可以通过哪些方面合理调节以达到合理的配置？

3. 作为店长应该如何更好分配资金？固定成本和可变成本如何合理分配才能更好地做到效益最大化？

4. 某美容店为了让员工尽快上岗，要求全体员工必须无条件参与培训，并且不加选择地让员工全额交纳培训费，引起员工的反感，培训效果不佳。你作为美容店的店长，将如何调动员工培训的积极性，既保障员工利益，又不因承担过多培训费而增加美容店的支出负担？

能力拓展

美容店的员工培训费用由谁支付？以下哪种方式风险最小？

1. 美容店全部承担　考虑到美容店员工缺乏及尽快让员工优质上岗，解决员工尤其是新员工队伍的不稳定性和非专业性，很多美容店都采取全部承担培训费用的方式。这种方式能够全员培训，但缺乏针对性，老板花了钱，员工不一定领情。

2. 均摊制　员工和美容店各占50%，但大部分员工不愿意花钱培训。

3. 按比例分摊　比较常见的方法是美容店先行垫付，员工根据工作时间长短按比例承担相应的培训费用；如果员工培训后短时间内离职，要承担培训费用的一部分。这种按照比例分摊的方式较为常用，相对来说门店承担的风险最小。

4. 按培训内容分摊　与业务有关的内部技术培训，美容店承担全部费用；与员工素质、管理技能有关的培训及付费的专业培训，由员工分担。

（陈慧敏）

任务三 成本控制

学习目标

1. 掌握成本费用管理的基本要求。
2. 熟悉降低成本费用的基本途径。

情景导入

小王大学毕业后在家人的支持下筹足了资金，在自家小区开了一家300 m^2 的美容店，开业初期请了4位美容师，1位美容顾问。由于经验缺乏，没能对每项成本和支出加以记录、管理控制和精打细算，每天只注重收入而忽略了支出的管控。结果一年盘点，发现门店基本处于亏本经营中，美容师们的薪水和每个月3万多元的租金支付都成了难题，美容师们已经开始有异动了。

我们如何帮助小王控制经营成本，保障美容店正常运转呢?

学习任务

一、成本费用管理的基本要求

(一) 合理利用及分配资金

很多门店经营失败，其中原因之一是资金规划缺乏系统性思维，只是简单、粗放地规划现金流，在经营过程中错误地操作现金、成本和销售收入等项目。最终因为资金配置不合理而倒闭了。因此，要想门店的资金运转顺畅，必须合理利用及分配资金，优化使用现金流。支出中尽可能增加净现金流入的生钱资产，减少净现金流出的耗钱资产。

要想门店的资金运转顺畅，必须合理利用及分配资金，优化使用现金流。买入的资产里需要明白什么是生钱资产、耗钱资产和其他资产。

1. 生钱资产　可以实现净现金流入的资产。例如，有溢价空间的项目和产品或可以提高项目疗效的仪器设备。

2. 耗钱资产　净现金流出的资产。例如，美容服务中的耗材及辅助品。

3. 其他资产　净现金既不流入又不流出的资产。例如，摆设的古董和字画等。

（二）收支平衡

在门店经营过程中，一定要合理平衡收支，量入为出。收支平衡的管理需要做到以下几点。

（1）管理核心："收支两线管理"，即收入归收入，支出归支出，不可混淆。

（2）行政前台收银流程及规定：①现金收费；②刷卡收费。

（3）关于收费单：①收费单均为连号四联单；②收费单的填写要详细。

（4）收银人员的 3 点注意事项（详见本任务）。

（5）结账时的 6 个注意点（详见本任务）。

二、降低成本费的基本途径

（一）提高劳动效益

根据门店顾客数量的比例实行员工人数的配比，不要盲目增加美容师人员的数量，而要提高每个美容师的服务水平和效率，避免许多人力方面的资源浪费，从而降低门店的人力成本。

（二）注意原材料和能源消耗

建立原材料用量的定额标准，每次服务顾客的产品及耗材用量标准化，减少不必要的物资浪费。另外，水电能源消耗用量实行值日监管制，让值日监管人员进行监督管理，忘记关水电者给予警告，情节严重者甚至要缴纳一定的罚金，让大家互相监督，共同节约减少不必要的物资浪费。

（三）提高设备利用率

维护好设备，定期做好设备的检修工作，提高设备的使用寿命和运转率。增加项目和仪器设备的配合使用频率，提高设备的利用率。进行项目整合再配置，发挥设备的最大效能。

（四）搞好管理，降低各项费用的支出

作为管理者的店长，经营管理中一定要以市场为导向，有效控制人员、生产、损耗等成本。建立原料用量定额标准，建立人工耗用量定额标准，控制制造费用。最后，还要设立奖酬制度。

三、案例学习

透过美容店的成本与利润分析，懂得成本控制的合理性。美容店成本与利润常规比例分析如下：产品选购预算约占 15%，设备投入预算约占 25%，装修费用预算约占 10%，产品策划及促销预算约占 10%，人员工资约占 20%，流动资金约占 10%，店面租金约占 10%。

接下来让我们计算一下美容店营业目标和利润的情况，一般来说美容店的收入主要来源有以下两个：一个是卖美容店产品，另一个是卖美容店项目。而美容店的支出项目也不少，日常消耗品（水费、电费、产品耗材等）、店面的租金、税务、员工工资、福利、

产品购买、宣传费用、设备折旧费用等。

▶ 案例 1

A 美容店面积 300 m^2，床位 15 张，固定资产 200 万元，每月门店支出项目如下：店铺租金 12 000 元；员工工资及福利 30 000 元；宣传费用 5 000 元；产品消耗 50 000 元；日常损耗 3 000 元（即固定成本及可变成本）。

收入：假设每个月服务费用收入 300 元/次，单次成本 200 元，则每次毛利润约 100 元。则每个月所有开支总和 = 12 000 + 30 000 + 5 000 + 50 000 + 3 000 = 10 万元，则每日开支 = 100 000/30 = 3 300 元，每天服务次数 = 3 300/100 = 33 次。

营业目标的确定：在没定目标时通常以获得利润 40% 来计算，则该美容店每天做顾客的数量尽可能达到 40～50 人次方可。如果该美容店走的是高端路线，单个顾客消费肯定不止 300 元。正常来说，只要每天营业额达到 5 000 元，该美容店就是赢利赚钱的。

由此可见，如果成本太高，利润就会减少，反之，利润就会增加。实现成本控制的办法如下。

1. 严格审核，保证成本合理性。

2. 管理好库存，保证库存合理性。

3. 美容店规章制度清晰，尤其是制定出具体的节约成本的事项，形成节约意识。

4. 通过市场调查消除盲目性，尤其是店面装修和项目引进，根据顾客定位选择他们喜欢的风格和有针对性地选择产品、项目和仪器，减少资源的浪费。

5. 保持人手适度紧张可直接降低人工成本，但这需要提高员工的积极性，并考验老板的管理技能，合理安排好员工的时间会让美容店井然有序。

6. 勤加学习，提升能力。掌握一定的理财能力，懂得生钱资产和耗钱资产的区分，能更好地打理好门店的生意。

▶ 案例 2　情景导入的案例分析

小王在经营过程中因为没能对成本和支出加以管制、精打细算，过度注重经营收入的多少，对于美容店的支出则没有引起高度重视，出现支出大于收入的现象，看起来红红火火的门店，其实暗藏危机。小王如果养成坚持记账的好习惯，不仅能得知当天的收入，而且经过对一段时间内门店销售情况的总结，还可以看出哪种项目好卖、哪种项目不好卖，给他们进货提供参考。另外，还能从账本的内容中了解到哪些是必需的消费，哪些是不必要的消费，从而为下一次的预算提供依据。同时账本在手，对以往的消费状况也有一个明确的记录，不至于出现钱花完了，却不知道花在了哪里。记好每一天的账，累积下来，仔细分析，就可能创造出丰厚的财富。所以，善用资金则钱能生钱，不善用资金则现钱变死钱。

任务分析

为了进一步提升门店的效益和竞争力，让门店创造利益最大化，并在众多的同行中脱颖而出，门店店长必须在日常管理的细节上精打细算，控制投入成本。

门店之间的竞争实际上就是价格竞争、质量竞争和成本竞争。价格、质量和成本3个方面的竞争之间有着密切的联系，通常在保证项目产品或服务质量的情况下，降低项目产品或服务的成本是门店创造更多利润的有效手段。所以说有效控制成本、提高利润，是体现一个门店店长经营管理能力的重要依据和标准。

门店的成本主要包括固定成本和可变成本，所以门店前期装修的成本、产品和项目加盟的成本、人力成本以及运营中的各项成本等都要做好规划和合理安排，才能更好地控制成本。

其中，在门店经营中，门店租金及水电费、产品和项目成本等属于固定不变的，而人员的工资及手工提成、奖金等占销售管理费用较大的比例。优秀的店长可以从以下几个方面进行调控：①淡旺季人员数量的合理招聘；②从平时人员的工资及手工提成奖金等占门店毛利率的比例进行控制，一般建议控制在40%以下；③培养店员一专多能的能力，用尽量少的人做尽量多的事情；④有效节约能源的使用，如做好水电设备的启用时间、教育员工节省用量等措施，都可以降低营业成本。

总的来说，就是要加强门店的成本意识管理，减少支出，控制好成本，增加利润。

任务准备

1. 了解哪些是必须花费的成本，哪些是非必须花费的成本。
2. 了解在购置的资产中哪些是资产（生钱资产），哪些是负债（耗钱资产）。

任务实施

要想门店的资金运转顺畅，必须合理利用及分配资金，优化使用现金流。经营者应秉承充分准备、留有余地的原则，应做到以下几点。

一、熟悉成本费用管理的基本要求

1. 编制现金预算　现金流使用合理与否，关键在于各项费用的管理，而费用管理的关键又在于费用项目的划分和预算。因此，要规范和完善现金流的使用，首先要制定合理的预算。

编制现金预算可采用现金收支法，零售店通过现金预算的编制，可全面知晓现金流入、现金流出、现金多余或现金不足等情况，并针对现金不足部分制定筹措方案。对多余现金制定利用方案，从而全面审视美容店面临的风险，促进财务管理水平的提高。

2. 严格控制现金出入　对现金流入、流出的控制应当在分析现金流入、流出各环节的基础上，加强控制关键控制点或关键控制部位。现金流入、流出的控制包括不相容职务分离、文件记录、独立检查等。作为店长，必须对店铺日常现金流入、流出的全过程进行监督检查，明确每项资金的流向和目的。必要时可请专业的财务管理机构协助，保

证现金流入、流出的真实和合法。

3. 控制日常的现金流　现金流的日常控制内容很多，主要有以下几种。

（1）严格区分店铺开支和生活开支：许多门店经营者往往将生活开支与生意开支混在一起，错误地认为反正是在花自己的钱，分不分开无所谓。于是，随意挪用生意上的资金补贴家用，随意将生活费用花在生意上，无法正确核算各项费用和收益，非常不利于资金规模的控制和管理。

（2）合理分配固定成本和可变成本：一些经营者总以为开店资金无非就是房租、装修费用、工资和进货费用几大块，等实际运行起来才发现用钱的地方还非常多，水电费、物业管理费，以及门店的各种日常开支等，纷繁复杂。可变成本的范围相当广泛，只有清晰地估计可变成本的使用范围和数量，合理分配固定成本和可变成本，才能实现现金流的优化组合。

（3）经营资金要专款专用：在日常现金管理中，要确定合理专用资金，尽量做到专款专用。这样既能保证商品的正常销售，又有利于协调其他环节的资金运转。不能无计划地使用资金，拆了东墙补西墙，到头来财务管理一片混乱。

（4）加大账款回收力度：门店应加大那些时间较长、风险较高、难度大的账款的回收力度，对内积极清理内部“三角债”，以加快现金周转。

4. 商品及项目的引进投资预算　根据门店的品项需求，有目的地引进合适的商品及项目，不同品牌及品项进货价格不同，要根据自身门店的需求选购。另外，需要清晰评估自己商圈的顾客消费水平，以此来判断选择的品牌及品项每月的进货数量，根据商品进销存的预估与实际来评定，只有这样才能合理判断每月商品的进货数量的多与少，最终评估门店的利润。

5. 加盟费用的投资预算　不同品牌的商品及项目加盟费不同，选择合适的品牌相当重要，需要根据门店所在商圈顾客消费力及人群的特点进行评估。例如，顾客多为年轻的80后、90后人群，她们比较看重品牌的知名度和美誉度。顾客多为年长的60后、70后人群，则比较重视产品的抗衰老、美白等效果。所以，应根据门店所在人群特点来选择需要加盟的品牌，加盟费用也需要根据自身的经济实力进行合理的选择和匹配，切忌盲目投资。

二、收支平衡

在门店经营过程中，一定要合理平衡收支，量入为出。收支平衡的管理需要做到以下几点。

1. 管理核心　“收支两线管理”，即收入归收入，支出归支出，不可混淆。

（1）每日店内收取的现金，无论多少，均需要与收费单据一起核对无误。例如，在当日下午4点前或次日上午10点前存入公司指定银行账户，并在报表中体现数据。严禁出现挪用收入现金状况，如有特殊情况，也需要店长或老板同意方可使用。

（2）日常费用的支出采取在公司“借支报账”的方式，每月分1～2次到公司核销借支，遵循“前款不清，后款不借”的原则，并在店内建立支出明细，将有关凭证编号保存，定期整理好数据至公司核销借款；店内可开销的费用归类遵循公司财务有关制度。

（3）店内建立费用借支开支登记和报销明细登记，做到店内借支与核销有账可查，并将取得的各种凭证单据做好编号，附着在报销明细登记后，以便回公司核销。

2. 行政前台收银流程及规定

（1）现金收款：顾客提出交付现金——前台/美容师/店长开收费单——当顾客面清点现金，并确认交付的金额——前台店务助理收款找赎，并在收费单上签字确认，再由顾客、操作美容师、店长，分别在收费单上签字——交付顾客一联收费单，其中一联交易作为顾客资料留底存档粘贴在顾客资料卡上，财务联为公司财务作账用，定期核对账务时收取回公司，底联留存店内备查。

（2）刷卡收款：顾客提出刷卡——前台/美容师/店长开收费单——当顾客面刷卡，并确认刷卡金额——前台店务助理在收费单上签字确认，再由顾客、操作美容师、店长分别在收费单上签字——交付顾客一联收费单，其中一联单据作为顾客资料留底存档粘贴在顾客资料卡上，财务联为公司财务做账用，定期核对账务时收取回公司，底联留存店内备查。

3. 关于收费单

（1）收费单均为连号四联单。第一联为底联、第二联为顾客留存联、第三联为财务结算联、第四联为顾客资料卡内存档联；收费单必须为连号开具，如出现开错或重开，必须四联齐全装订一起标注“作废”字样，然后在其后紧随号码的新联单上重新开具。

（2）收费单上必须注明顾客姓名、开单时间、内容（收费内容及同期赠送或免费项目）、金额大小写、相关联的收费或免费项目所开具的单号、收款人、指导人（操作人）、客人、店长等 4 人签字必须齐全。

4. 收银人员工作注意事项

（1）现金要当顾客面清点清楚，并认真辨认真伪，计算清晰找赎，养成随手关闭好银柜的习惯，避免乱中出错。

（2）刷卡须认真辨认卡的类别，需要与身份证同时使用及需要签字的卡必须完备手续，若出现错误，务必按操作指南依据程序撤销交易。

（3）当日交易当日清点，下班时与店长核对清晰，在规定时间前存到银行，每月末最后一天，需将店面收入全部清理存入公司指定银行账户。

5. 结账时注意事项

（1）对于顾客当次做的护理项目一定要事先有所了解，清楚在顾客护理后到前台结账时是划会员卡还是需要现金消费，对顾客的会员卡一定要熟悉所剩余项目。

（2）如果顾客护理完后到前台结账，需要当次现金消费时，针对新顾客，美容师会说：“前台，请帮××小姐办理一下银卡会员手续。”

（3）前台要马上快速、熟练地填写各项会员卡。如果顾客在一旁等候，前台：“对不起，请稍等，第一次办理手续有些麻烦，马上就好，您可以先在这边付款，这样不耽误您时间。”（实际上是把握成交机会，让顾客先交钱）。

（4）前台在收银时：“您好！请问您是刷卡消费还是现金消费？是银卡会员 3 000 元对吗？”“您为什么不考虑办白金卡或金卡会员呢？我们这的会员办理金卡以上的会员比较多，享受的优惠多，您是否再考虑一下直接办一个金卡会员？”

（5）确定消费金额后，让顾客在刷卡单上签字，同时收好消费底单，再在会员卡上签字确认。

（6）前台要赞美顾客护理前、后皮肤的变化。确认护理效果（若是购产品，可说："您可以考虑购买2套，我们这个套盒卖得特别好，顾客都好几套买，库存很快没货了。"）。

（7）顾客结账时收款人员的态度及做法禁忌：①收银态度强硬，没有笑容，没使用礼貌用语，姿态不优美；②没有和顾客确认收到多少现金数目；③收银时间长，让顾客久等，没使用道歉语；④让顾客签字时没有说明准确位置；⑤顾客档案卡记录杂乱，不清晰；⑥收银后马上不理会顾客；⑦没有礼貌恭送顾客。

任务评价

1. 如何做好门店经营过程中的资金计划？
2. 怎样把握好收支平衡？
3. 降低成本费的基本途径有哪些？
4. 案例分析：小雅的门店300 m^2，每月固定开支2.8万元，净利润每月3万元左右，经营已经有近5年的时间了，小雅觉得业绩比较稳定，因此，日常生活上的开销月均2万多元，赚到的钱也没剩多少。随着美容行业的技术日新月异，5年时间过去了，小雅门店里的大部分仪器设备基本趋于落后，许多顾客更喜欢选择小雅对面的竞争对手新开的门店。看到顾客被竞争对手挖走，小雅想调整战略，翻新门店的装修及更换一批与时俱进的仪器设备。但小雅盘点这几年下来的存款，发现自己的开支很大，利润虽然也不少，可是大部分钱都花费在了日常的服装及旅游中了，银行卡里只剩下10万元不到。

（1）小雅目前的处境是怎么产生的？

（2）如果你是小雅，5年经营门店的过程，你会如何把握好收支平衡？

知识链接

小账本大原则

记账是一门学问，里面有很多东西值得学习。记好一门账，须做到"清、细、全"三点。"今日事，今日毕"，日积月累，对自己门店的情况心知肚明。

1. "清"　是指清楚、明了，清晰的账目是门店生存的依据，发展的基础。要想做到账本清楚明了，一目了然，关键是详细记好分类账，这样在看账本进行分析时，就可以一目了然地知道哪类项目和商品销售情况好，哪类不好，节省很多时间。

2. "细"　是指记账时要做到细致入微，不放过一丝一毫的成本付出。这就要求账本名目分得要细，不同的经营环节、不同的商品种类、不同的资金分类都要囊括在内。

3. "全"　是指账本的内容要囊括门店所有的开支，不仅包括固定支出，还要包括流动支出；不仅包括营业内收入，还要包括营业外收入。

（陈慧敏）

06

模块六 财务管理

单元二 财务报表

内容介绍

现金流量表、利润表、资产负债表是美容店务运营管理的三大财务报表。现金流量表反映门店的经营活动、投资活动及筹资活动中现金流量的来龙去脉；利润表反映本期收入、费用和应该记入当期利润的得失金额和结构情况；资产负债表反映门店资产、负债及资本的期末状况，即长期偿债能力、短期偿债能力和利润分配能力等。

学习导航

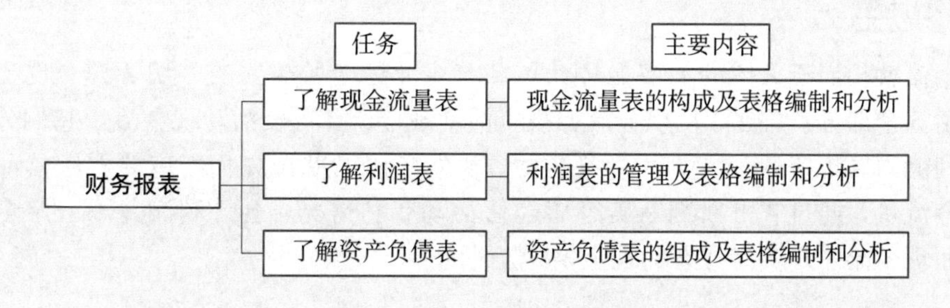

任务一 了解现金流量表

学习目标

1. 掌握现金流量表的概念和作用。
2. 了解现金流量表的构成，能看懂现金流量表。

情景导入

小丽在学校学的是美容专业，婚后几年在家做全职太太。如今考虑和同学小美一起投资50万元开美容店。小丽出30万元（其中从亲朋好友处借了20万元），小美出资20万元。资金凑齐后两人就把设备购进准备开业了。由于两个人不懂经营，不懂财务，会员办完卡，就急着进新的美容产品。没几个月后，50万元付了房租、购买设备、工商税务、还本付息、广告宣传等，两人手上的钱就几乎耗尽，产品积压不少，但顾客来时，又要开始借钱买产品。为什么会出现这样的问题？让我们一起了解一下现金流量表的构成及其在经营中的重要性。

学习任务

现金流就相当于人体的血液循环，承载着企业运转所需要的一切资源。现金流量表主要包括3个部分：经营活动现金流、投资活动现金流、筹资活动现金流，它们分别代表企业盈利能力、投资获利能力、筹资能力。美容店经营状况如何，主要看经营活动所产生的现金流量，通过它可以判断美容店经营活动获利情况。会计利润并不一定全部都能实现，而现金流才是实实在在的现金增减。

一、现金流量表的概念和作用

1. 概念　现金流量表反映了固定时间内，通常是一个月或一年的现金流水账，它可以用来监控现金流状况。美容店的现金业绩来源包括：会员卡业绩及部分顾客购买疗程、产品及单次护理所支付的现金。

2. 作用　现金流量表存在的必要性，在于它能弥补资产负债表和利润表提供信息的不足，资产负债表虽然反映了一定日期美容店的财务状况，但没有说明其财务变化的原因。利润表虽然反映了美容店在一定会计期间取得的财务成果，但由于利润表是按照权责发生制确认、计量收入和费用的，它没有提供经营活动引起的现金流入和现金流出的

信息，也没能反映对外投资的规模和投向及筹集资金的规模和具体来源。为了全面反映一个美容店经营活动和财务活动对财务状况变动的影响，揭示财务状况变动的原因，就需要编制现金流量表，以反映经营活动、投资活动和筹资活动引起的现金流量的变化。

编制现金流量表的主要作用在于为会计报表使用者提供一定会计期间内现金及现金等价物流入和流出的信息，以便于会计报表使用者评价美容店支付能力、偿债能力和周转能力、预测美容店未来现金流量，分析美容店收益质量及影响现金流量的因素，为会计报表使用者得出正确结论提供充分的依据。

二、现金流量表的构成

1. *现金*　财务强调的是现金从哪里来和到哪里去。这里现金的含义是广义的，既包括库存现金，还包括银行存款和其他货币资金以及现金等价物。

(1) 库存现金：是指美容店持有可以随时用于支付的现金。

(2) 银行存款：是指美容店存放在银行或其他金融机构随时可以用于支付的存款。

(3) 其他货币资金：是指美容店存放在银行有特定用途的资金，包括外埠存款、银行汇票存款、银行本票存款、存出投资款等。

银行存款和其他货币资金中有些不能随时用于支付的存款，如不能随时支取的定期存款等，不应作为现金，而应列作流动资产。提前通知便可支取的定期存款，则应包括在现金范围内。

(4) 现金等价物：是指美容店持有的期限短、流动性强、易于转换为已知金额的现金、价值变动风险很小的流动资产。如美容店购入的证券市场上流通的3个月内到期的短期债券投资等。

2. *现金流量*　美容店在一定会计期间按照现金收付实现制，通过一定经济活动（包括经营活动、投资活动、筹资活动和非经常性项目）而产生的现金流入、现金流出及其总量情况的总称，即美容店一定时期的现金和现金等价物的流入和流出的数量。例如，销售美容产品、提供服务、出售固定资产、收回投资、借入资金等，形成美容店的现金流入；购买美容产品、接受服务、购建固定资产、现金投资、偿还债务等，形成美容店的现金流出。

3. *现金流量表*　是以现金为基础编制的财务状况变动表，反映了会计主体一定期间内现金的流入和流出，表明会计主体获得现金和现金等价物的能力（图6－2－1－1）。

三、现金流量分析

1. *现金流量构成分析*　首先，分别计算经营活动现金流入、投资活动现金流入和筹资活动现金流入占现金总流入的比例，了解现金的主要来源。一般来说，经营活动现金流入占现金总流入比例大，经营状况较好，财务风险较低，现金流入结构较为合理。其次，分别计算经营活动现金支出、投资活动现金支出和筹资活动现金支出占现金总流出的比例，它能具体反映现金用于哪些方面。一般来说，经营活动现金支出比例大，其生产经营状况正常，现金支出结构较为合理。

2. *筹资活动产生的现金流量分析*　筹资活动产生的现金净流量越大，美容店面临的

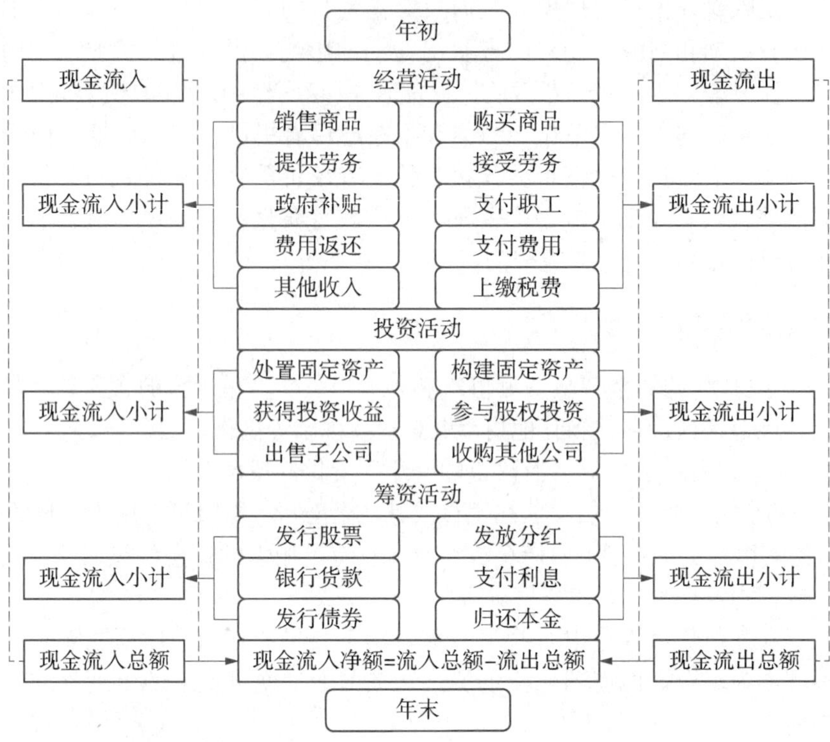

图 6－2－1－1　现金流量构成

偿债压力也越大。但如果现金净流入量主要来自美容店吸收的权益性资本，则不仅不会面临偿债压力，资金实力反而增强。因此，在分析时，可将吸收权益性资本收到的现金与筹资活动现金总流入比较，所占比例大，说明美容店资金实力增强，财务风险降低。

3. *投资活动产生的现金流量分析*　当美容店扩大规模或开发新的利润增长点时，需要大量的现金投入，投资活动产生的现金流入量补偿不了流出量，投资活动的现金净流量为负数。但如果美容店投资有效，将会在未来产生现金净流入用于偿还债务，创造收益，美容店不会有偿债困难。因此，分析投资活动现金流量，应结合企业的投资项目进行，不能简单地以现金净流入还是净流出来论优劣。

任务分析

现金流量表可以告诉我们美容店经营活动、投资活动和筹资活动所产生的现金收支活动，以及现金流量净增加额，从而有助于我们分析美容店的变现能力和支付能力，进而把握其生存能力、发展能力和适应市场变化的能力。本任务的重点是做好现金流量构成分析、筹资活动产生的现金流量分析及投资活动产生的现金流量分析。

值得注意的是，会计科目与报表项目是不同的概念，数字也不完全相等，因为有些报表项目是根据总账科目余额或明细科目余额计算填列，有些是根据总账科目和明细科目余额分析计算填列，在编制现金流量表时应当注意区分。

任务准备

明确与现金流量表中各个项目相关的会计科目或报表项目。例如，与销售商品、提供劳务相关的经济业务主要涉及的会计科目有主营业务收入、其他业务收入、应收账款、应收票据、预收账款、应交税金——应交增值税（销项税额）、坏账准备和票据贴现息。

任务实施

一、经营活动产生的现金流量表编制

（一）收到现金

1. 销售商品、提供劳务　依据：主营业务收入、其他业务收入、应收账款、应收票据、预收账款、现金、银行存款。

计算项目：主营业务收入＋销项税金＋其他业务收入（不含租金）＋应收账款（初－末）＋应收票据（初－末）＋预收账款（末－初）＋本期收回前期核销坏账（本收本销不考虑）－本期计提的坏账准备－本期核销坏账－现金折扣－票据贴现利息支出－视同销售的销项税－以物抵债的减少＋收到的补价。

2. 税费返还　依据：主营业务税金及附加、补贴收入、应收补贴款、现金、银行存款。

3. 收到其他经营活动　依据：营业外收入、其他业务收入、现金、银行存款。

（二）支付现金

1. 购买商品、接受劳务　依据：主营业务成本、存货、应付账款、应付票据、预付账款。

计算项目：主营业务成本＋进项税金＋其他业务支出（不含租金）＋存货（末－初）＋应付账款（初－末）＋应付票据（初－末）＋预付账款（末－初）＋存货损耗＋工程领用、投资、赞助的存货－收到非现金抵债的存货－成本中非物料消耗（人工、水电、折旧）－接受投资、捐赠的存货－视同购货的进项税＋支付的补价。

2. 支付职工的现金　依据：应付工资、应付福利费、现金、银行存款。

计算项目：成本、制造费用、管理费用中工资及福利费＋应付工资减少（初－末）＋应付福利费减少（初－末）。

3. 支付的各项税费　依据：应交税金、管理费用（印花税）、现金、银行存款。

计算项目：所得税＋主营业务税金及附加＋已交增值税等。

4. 支付其他经营活动　依据：制造费用、营业费用、管理费用、营业外支出。

二、投资活动产生的现金流量表编制

（一）收到现金

1. 收回投资　依据：短期投资、长期股权投资、长期债权投资、现金、银行存款。

2. 投资收益　依据：投资收益、现金、银行存款。

3. 处置长期资产　依据：固定资产清理、现金、银行存款。

4. 收到其他投资活动　依据：应收股利、应收利息、现金、银行存款。

（二）支付现金

1. 购建长期资产　依据：固定资产、在建工程、无形资产。
2. 支付投资　依据：短期投资、长期股权投资、长期债权投资、现金、银行存款。
3. 支付其他投资活动　依据：应收股利、应收利息。

三、筹资活动产生的现金流量表

（一）收到现金

1. 吸收投资　依据：实收资本、应付债券、现金、银行存款。
2. 收到借款　依据：短期借款、长期借款、现金、银行存款。
3. 收到其他筹资活动　内容：接受现金捐赠等。依据：资本公积、现金、银行存款。

（二）支付现金

1. 偿还债务　依据：短期借款、长期借款、应付债券、现金、银行存款。
2. 支付股利、利息、利润　依据：应付股利、长期借款、财务费用、现金、银行存款。
3. 支付其他筹资活动　依据：捐赠支出、融资租赁支出、企业直接支付的发行股票债券的审计、咨询等费用等（表6－2－1－1）。

表6－2－1－1　现金流量表范例

编制单位：某美容店　　20××年　　单位：万元

项　目	本期金额	上期金额
一、经营活动产生的现金流量		
销售商品、提供劳务收到的现金		
收到的税费返还		
收到其他与经营活动有关的现金		
经营活动现金流入小计		
购买商品、接受劳务支付的现金		
支付给职工以及为职工支付的现金		
支付的各项税费		
支付其他与经营活动有关的现金		
经营活动现金流出小计		
经营活动产生的现金流量净额		
二、投资活动产生的现金流量		
收回投资收到的现金		
取得投资收益收到的现金		

续　表

项　　目	本期金额	上期金额
处置固定资产、无形资产和其他长期资产收回的现金净额		
处置子美容店及其他营业单位收到的现金净额		
收到其他与投资活动有关的现金		
投资活动现金流入小计		
购建固定资产、无形资产和其他长期资产支付的现金		
投资支付的现金		
取得子美容店及其他营业单位支付的现金净额		
支付其他与投资活动有关的现金		
投资活动现金流出小计		
投资活动产生的现金流量净额		
三、筹资活动产生的现金流量		
吸收投资收到的现金		
取得借款收到的现金		
收到其他与筹资活动有关的现金		
筹资活动现金流入小计		
偿还债务支付的现金		
分配股利、利润或偿付利息支付的现金		
支付其他与筹资活动有关的现金		
筹资活动现金流出小计		
筹资活动产生的现金流量净额		
四、汇率变动对现金及现金等价物的影响		
五、现金及现金等价物净增加额		
加：期初现金及现金等价物余额		
六、期末现金及现金等价物余额		

任务评价

想一想：“情景导入”中小丽和小美投资50万元，看似手上钱不少，但是在具体经营中，为什么会出现入不敷出的情况？有不少产品积压，而顾客到店还是没有适合的产品，还要进货。

如何做好现金流量表，主要内容包括哪些？怎样才能及时掌握经营活动中资金的使用情况，运用好手上的资金？

资金周转率

资金周转率是反映资金流转速度的指标。

美容店资金（包括固定资金和流动资金）在生产经营过程中不间断地循环周转，从而使美容店取得销售收入。美容店用尽可能少的资金占用，取得尽可能多的销售收入，说明资金周转速度快，资金利用效果好。

资金周转速度可以用资金在一定时期内的周转次数表示，也可以用资金周转一次所需天数表示。计算公式如下：

资金周转率＝本期主营业务收入/［（期初占用资金＋期末占用资金）/2］

（花　婷）

任务二 了解利润表

学习目标

1. 掌握利润表的构成要素。
2. 会填报利润表，能看懂利润表反映的经营状况。

情景导入

小丽和小美的美容店开起来了，刚开业，生意还不错，有闺蜜带上朋友来捧场。有些朋友办张年卡，只是先付点定金，小丽和小美认为定金已付肯定没问题，所以美容产品按开卡的人数进货，其中有些是付了全款，有些只付了定金。到了年底结算时，她们把没收到的钱也计入收入，而不是放在应收款里，这样计算会出现什么结果？

学习任务

一、了解利润表的构成

(一) 收入

美容店的主营业务收入是指美容店经营主要业务所取得的收入。它是指美容店按照营业执照上规定的主营业务内容所发生的营业收入。就是今天美容店卖了多少东西，卖了多少金额，一般是单价乘以数量。

营业外收入是指与美容店生产经营无直接关系的各项收入。这种收入不经常发生，有时候发生，有时候不发生。例如，美容店现在这个门店，原来买的时候是 20 万元，现在卖了 30 万元，那多出的 10 万元记入营业外收入。有很多美容店用营业外收入来调报表、调利润（不是经常性的）。

(二) 成本费用

营业费用是指美容店产品销售过程中发生的费用，包括广告费、展览费、保险费、运输费、装卸费、包装费以及福利费、业务费。

1. 管理费用　是指美容店为组织和管理美容店生产经营所发生的各种费用。包括管理部门经费，如职工工资、修理费、材料消耗、低值易耗品摊销、办公费和差旅费等；工会经费；劳动保险费；职工教育经费；研究与开发费；存货盘亏或盘盈（不包括应计入营业外支出的存货损失）；计提的坏账准备和存货跌价准备等。管理费用是个筐，什么东西都能往里装。另外还有印花税，也可以放在管理费用里，所以这项费用很杂。

2. 财务费用　是指财务部门产生的费用，财务费用主要是利息、汇兑损益。

3. 销售费用　包括销售人员的工资、提成、差旅费、车费、做促销活动的费用等。

4. 营业税金及附加费用　是指与营业有关，美容属于服务业，只向地税申报缴纳税款。

（三）利润额

美容店利润总额包括营业利润、投资净收益和营业外收支净额。其计算公式如下：

利润总额 = 营业利润 + 投资净收益 + 营业外收入 − 营业外支出

营业利润 = 主营业务利润 + 其他业务利润 − 营业费用 − 管理费用 − 财务费

（四）利润结构

主营业务利润 = 主营业务收入 − 主营业务成本 − 主营业务税金及附加

其他业务利润 = 其他业务收入 − 其他业务成本 − 其他业务税金及附加

主营业务利润，是指美容店经营主要业务所取得的利润（图 6−2−2−1）。

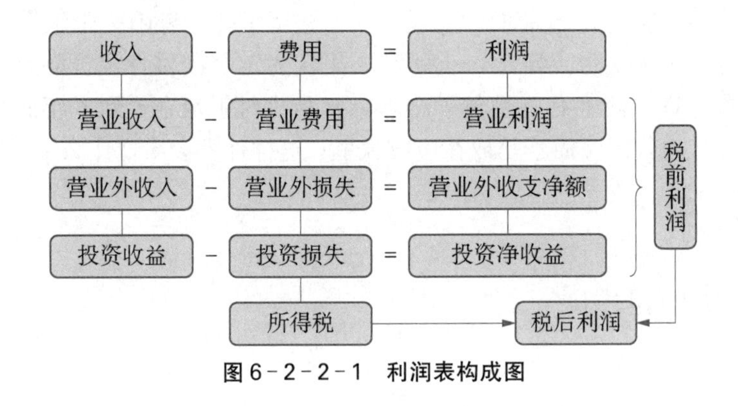

图 6−2−2−1　利润表构成图

二、利润分配及管理

（一）利润分配

我国的利润分配程序为：美容店的利润总额首先要缴纳所得税，税后剩余部分的利润为可供分配的利润。可供分配利润再按如下顺序进行分配。

1. 支付违约损失　支付被没收的财物损失，违反税收规定支付的滞纳金和罚款。

2. 弥补以前年度亏损　弥补亏损可以划分为两种情况：《财务通则》规定："美容店发生年度亏损，可以用下一年度的利润弥补；下一年度不足弥补的，可以在 5 年内用所得税前利润延续弥补，延续 5 年未弥补完的亏损，用交纳所得税后的利润弥补。"税前弥补和税后弥补以 5 年为界限。亏损延续未超过 5 年的，用税前利润弥补，弥补亏损后有剩余的，才缴纳所得税；延续期限超过 5 年的，只能用税后利润弥补。

3. 提取盈余公积金　根据《公司法》规定，盈余公积金分为法定盈余公积金和任意

盈余公积金。法定盈余公积金是国家统一规定必须提取的公积金，它的提取顺序在弥补亏损之后，按当年税后利润的10%提取。盈余公积金已达到注册资本50%时不再提取。任意盈余公积金由美容店自行决定是否提取以及提取比例。任意盈余公积金的提取顺序在支付优先股股利之后。法定盈余公积金和任意盈余公积金可以统筹使用。

4. *向投资者分配利润* 美容店以前年度未分配的利润，可以并入本年度向投资者分配，本年度的利润也可以留一部分用于次年分配。股份制美容店提取公益金后，按照下列顺序分配。

（1）支付优先股股利。

（2）提取任意公积金，任意公积金按公司章程或股东大会决议提取和使用。

（3）支付普通股股利。美容店当年无利润时，不得分配股利，当在用盈余公积金弥补亏损后，经股东会特别决议，可以按照股票面值6%的比率用盈余公积金分配股利。在分配股利后，美容店法定盈余公积金不得低于注册资金的25%。

（二）利润管理

这是美容店目标管理的重要组成部分。它的行为结果会直接或间接地影响到经济主体的利益。适度的利润管理对美容店的不断成长起着举足轻重的作用，过度的利润管理也会给美容店带来一些不利的影响，不利于美容店的经营决策。

任务分析

利润是美容店在一定时期内所取得的收入减去其所发生费用之后的余额。作为美容店的经营管理者，你是否清楚你赚了多少钱？你可以计算项目的利润率。每个项目的利润值可通过简单的计算方式算出，即项目单价×利润率=项目的利润值。在利润表中，有很多指标都可以看出一家门店盈利能力的强弱，其中最关键的一项便是主营业务。但是单一的主营业务收入并不能看出盈利能力的强弱。一般情况下，我们用所得的利润，减掉应缴纳的税额，再除以主营业务收入净额，就可以得出一项指标数据，我们称它为主营业务净利润率。它的数值越高，说明美容店从主营业务所获取的利润越大，这样可以适当加大主营业务的扩展。反之，这个数据越小，说明该美容店从主营业务中获得利润越小，美容店就该思考是否缩小主营业务，另辟蹊径以谋出路。

任务准备

1. 根据原始凭证编制记账凭证，登记总账及明细账，并进行账账核对、账实核对及账证核对。

2. 保证所有会计业务均入账的前提下，编制试算平衡表，检查会计账户的正确性，为编制会计报表作准备。

3. 依据试算平衡表损益类账户的发生额，结合有关明细账户的发生额，计算并填列利润表的各项目。

4. 计算营业利润。以营业收入为基础，减去营业成本、营业税金及附加、销售费用、管理费用、财务费用、资产减值损失，加上公允价值变动收益（减去公允价值损益）和投资收益（减去投资损失）计算出营业利润。

5. 计算利润总额。以营业利润为基础，加上营业外收入，减去营业外支出，计算出利润总额。

6. 计算净利润（或净亏损）。以利润总额为基础，减去所得税费用，计算出净利润。

7. 检验利润表的完整性及正确性，包括表头部分的填制是否齐全、各项目的填列是否正确、各种利润的计算是否正确。

任务实施

企业初始获利能力，可以用毛利率来体现。用主营业务收入减去主营业务成本，再除以主营业务收入就可以得到毛利率的数据，它也可以间接反映出美容店的持续竞争优势。一般毛利率数据较高时，竞争优势就比较大；而数据很低时，说明竞争能力较弱。

案例 1

某美容店某年度有关损益账户的发生额如表 6-2-2-1。

表 6-2-2-1　某年度损益类账户发生额

科目名称	借方发生额（元）	贷方发生额（元）	科目名称	借方发生额（元）	贷方发生额（元）
主营业务收入		1 400 000	财务费用	95 000	
主营业务成本	650 000		投资收益		43 000
税金及附加	5 000		资产处置损益		100 000
销售费用	25 000		营业外收入		10 000
管理费用	152 800		营业外支出	99 000	
资产减值损失	37 000		所得税费用	63 360	

根据上述资料，编制利润表如表 6-2-2-2。

表 6-2-2-2　利润表

编制单位：某美容店　　××××年　　单位：元

项　　目	本期金额（元）	上期金额（略）
一、营业收入	1 400 000	
减：营业成本	650 000	
税金及附加	5 000	
销售费用	25 000	
管理费用	152 800	
研发费用		

续　表

项　　目	本期金额（元）	上期金额（略）
财务费用	95 000	
其中：利息费用	95 000	
利息收入		
资产减值损失	37 000	
加：其他收益		
投资收益（损失以“－”号填列）	43 000	
其中：对联营美容店和合营美容店的投资收益		
公允价值变动收益（损失以“－”号填列）		
资产处置收益（损失以“－”号填列）	100 000	
二、营业利润（亏损以“－”号填列）	578 200	
加：营业外收入	10 000	
减：营业外支出	99 000	
三、利润总额（亏损总额以“－”号填列）	489 200	
减：所得税费用	63 360	
四、净利润（净亏损以“－”号填列）	425 840	
（一）持续经营净利润（净亏损以“－”号填列）	425 840	
（二）终止经营净利润（净亏损以“－”号填列）		

该美容店当年的主营业务利润率为：主营业务利润率＝主营业务利润÷主营业务收入×100%＝578 200÷1 400 000×100%＝41.3%。由此可以看出，当年该美容店的主营业务率为41.3%，可以理解为100万元的营业收入，有58.7万元是成本。便于经营者判断美容店未来的发展趋势，作出经营决策。

任务评价

利润是美容店在一定时期内所取得的收入减去其所发生费用之后的余额。作为美容店的经营管理者，你是否清楚赚了多少钱？你将如何计算项目的利润率？

知识链接

美容店降低成本的办法

第 1 种办法是与供应商砍价，控制仪器设备成本和美容护肤品进价，把原材料降下来达到降价目的。

第 2 种办法是节约运营成本。如水电费，在没有顾客的时候关了空调，节约下来的费用可以当作奖金发给员工。

第 3 种办法是科学分配美容师时间，如在美容师闲余时间可以做回访工作、预约顾客，练习美容手法、沟通技巧等工作。

（花　婷）

任务三 了解资产负债表

学习目标

1. 掌握资产、负债、所有者权益的概念。
2. 能看懂资产负债表，根据资产负债表了解美容店经营状况。

情景导入

小丽和朋友的美容店越开越大，将产品和技术以加盟形式向下级县级市扩展。但是经营中发现一个问题，有些美容店赊账现象严重，催账难，自己美容店的进货资金往往出现断裂现象。

对于目前美容店应收账款出现的问题，应如何加强应收账款管理，减少坏账损失？通过对顾客进行信用评估，将顾客分为不同的信用等级，相应的等级给予不同的信用额度是否可行？如何做好应收账款管理的日常监控工作？让我们一起学习资产负债表相关知识。

学习任务

资产负债表是反映美容店在某一特定日期财务状况的会计报表。它反映的是美容店某一时点的资产、负债和所有者权益的情况。

一、资产负债表

一般情况，资产负债表告诉我们拥有的东西总价值多少钱。这里涉及 3 个概念，资产、负债和所有者权益。他们的关系为：资产 = 负债 + 所有者权益。例如，开美容店需要投入 100 万元，自己的加上亲朋好友借的共 70 万元，从银行贷款 30 万元，最后把各项设备引进。其中资产就是这个美容店的现有设备等，负债就是银行借来的 30 万元，所有者权益就是自己的和亲朋好友借的 70 万元。这就解释了资产是从哪儿来，钱到哪儿去了。

（一）资产

美容店的资产包括以下 3 种。

1. 货币资金　指现金和银行存款。
2. 存货　包括家居产品、院用产品、易耗品及赠品。

3. 固定资产　价值2000元以上的称为固定资产，包括设备设施、仪器和装修等。

（二）负债

负债是美容店的一种融资方式，利用债务资本可以降低美容店的自有资金成本。因此，美容店采用负债筹资总是有利的，因为它可以增加美容店的总价值。简单地说，用别人的钱成就了自己的事业。这是美容店惯用的方法，先借钱进货，3个月后再偿付货款，而这时，卖出的货品已足以付清货款，而无需再从公司的资金账户中拨出这笔款项。

（三）所有者权益

所有者权益分为实收资本、资本公积、其他综合收益、盈余公积和未分配利润。

资产负债表作为主要的会计报表，其作用是非常大的，它有助于解释、评价、预测美容店的短期偿债能力、资本结构、长期偿债能力、财务弹性以及经营绩效等。因此，编制资产负债表之前熟悉并掌握资产负债表的相关内容是非常有必要的（图6-2-3-1）。

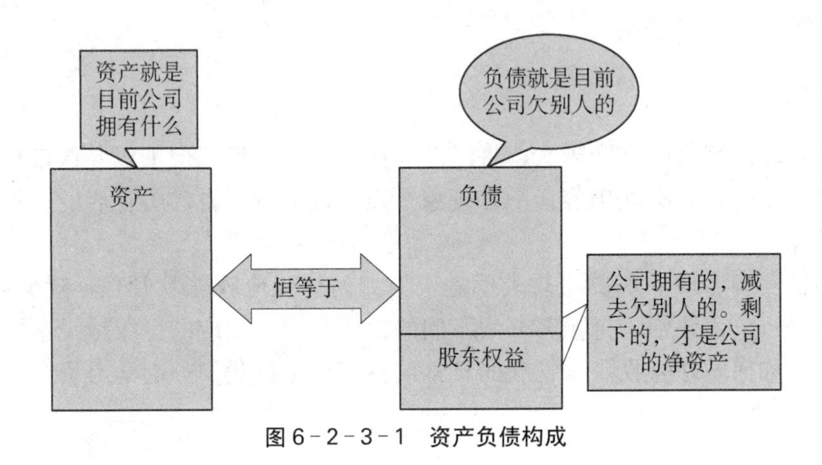

图6-2-3-1　资产负债构成

二、资产负债表分析

（一）资产负债结构

整体上看，如果负债占资产的比率较低，代表美容店的财务结构较合理，美容店较有活力，可持续经营能力较强。如果负债占资产的比例太高，美容店的活力较差，持续经营能力有问题。

（二）流动资产内部结构

特别是货币资金占流动资产的比例。如果货币资金比例较大，美容店产品较有竞争力，说明美容店处在良好阶段，否则美容店活力较差。

（三）往来款项

如果美容店在资金相对宽裕的情况下，应付账款和预收账款比较多，则代表美容店的销售方面和供应商方面都有较强的谈判能力，这说明美容店在市场中处于一个较有利的位置。如果美容店资金相对宽裕，应付账款和预收账款比较少，代表美容店的钱花不

出去，或产品不受市场欢迎，产品滞销，美容店会在不久的将来出现问题。如果美容店在资金相对宽裕的情况下，美容店应付账款较多，预收账款较少，应关注美容店产品质量的提升等。如果美容店在资金相对不足的情况下，应付账款和预收账款比较多，应关注美容店行政开销、财务费用。

总之，关注美容店的钱花到哪里去了。如果美容店在资金相对不足的情况下，应付账款多和预收账款比较少，说明美容店产品不能适销对路，美容店可能出现了问题。如果美容店在资金相对不足的情况下，应付账款少和预收账款比较多，应关注美容店的原材料供应问题。如果美容店在资金相对不足的情况下，应付账款少和预收账款比较少，美容店在行业中的位置岌岌可危。这些可反映美容店的活力，日常管理水平、战略、行业特征等。

任务分析

编制会计报表前，要认真清查财产物资，核对账簿记录，调整和结转有关的账项，做到账账相符和账实相符，才能保证会计报表的质量。

对于资产发生了盘盈盘亏的，要及时清理，一方面调整账实相符，另一方面及时将待处理项目按原因结转。还有对已到期不能收回的应收票据，一要结转到应收账款，二是要将其连同应收账款、其他应收款一起计提坏账准备。然而，对长期投资、固定资产、在建工程、无形资产和委托贷款等长期资产，如已发生重大贬值，编表前应先计提减值准备；此外编表前，对于本期应进行摊提的各项目均应按规定比例、规定计提基数、规定期限计算摊提，如职工福利费的计提、待摊费用的摊销、借款利息费用的预提等。对于一些往来账款，如果已是长期呆账的，应积极进行处理，或是进行债务重组，或是报经批准后核销。

任务准备

1. 各个时期的资产负债表、账簿记录。
2. 财产物资清查。

任务实施

所有的资产负债表项目都列有“年初数”和“期末数”两栏，相当于两期的比较资产负债表。该表“年初数”栏内各项数字，应根据上年末资产负债表“期末数”栏内所列数字填列。如果本年度资产负债表规定的各个项目的名称和内容与上年不相一致，应对上年年末资产负债表各项目的名称和数字按照本年度的规定进行调整，填入本表“年初数”栏内。表中的“期末数”，指月末、季末或年末数字，它们是根据各项目有关总账科目或明细科目的期末余额直接填列或计算分析填列。

▶案例

1. 资产负债表各项目的内容填列方法

（1）货币资金＝（库存现金＋银行存款＋其他货币资金）总账余额

(2) 应收账款=“应收账款”明细账借方余额+“预收账款”明细账借方余额-“坏账准备”余额

(3) 预收款项=“预收账款”明细账贷方余额+“应收账款”明细账贷方余额

(4) 应付账款=“应付账款”明细账贷方余额+“预付账款”明细账贷方余额

(5) 预付账款=“预付账款”明细账借方余额+“应付账款”明细账借方余额

(6) 存货=所有存货类总账余额合计+“生产成本”总账余额-“存货跌价准备”总账余额

(7) 固定资产=“固定资产”总账余额-“累计折旧”总账余额-“固定资产减值准备”总账余额

(8) 无形资产=“无形资产”总账余额-“累计摊销”总账余额-“无形资产减值准备”总账余额

(9) 长期股权投资=“长期股权投资”总账余额-“长期股权投资减值准备”总账余额

(10) 长期借款=“长期借款”总账余额-明细账中1年内到期的“长期借款”

(11) 长期待摊费用=“长期待摊费用”总账余额-明细账中1年内“长期待摊费用”

资产负债表样例

(12) 未分配利润=(本年利润+利润分配)总账余额

2. 评价资产负债表,主要看以下这几个指标

(1) 资产负债表=负债总额/总资产,标准50%左右。

(2) 流动比率=流动资产/流动负债,标准2∶1。

(3) 速动比率=(流动资产-存货)/流动负债,标准1∶1。

3. 遇到资产负债表不平衡,可以从以下几个方面进行检查

(1) 检查报表当期是否有凭证未过账。

(2) 进行报表重算。

(3) 检查是否未结转损益。

(4) 检查是否有手工新增的一级会计科目未在资产负债表中添加项目或公式。

(5) 检查是否由于制造费用未结转到生产成本科目。

(6) 检查往来科目的特殊公式设置。

(7) 与科目余额表核对,找出错误的项目检查公式设置。

任务评价

1. 如何看资产负债表?(扫描上面二维码)

2. 1年里的管理费用1 822.72元,财务费用232.52元,实收资本10 000元,余额7 944.76元。请填写一下现金流量、负债和利润表。

(花　婷)

参考文献

1. 梁娟．美容业经营管理学．第 2 版．北京：人民卫生出版社，2017.
2. 申芳芳．美容业经营与管理．第 3 版．北京．人民卫生出版社，2019.
3. 崔亮．客户异议与投诉．北京：高等教育出版社，2010.
4. 覃安迪．客户投诉管理与实战技巧．北京：中国财富出版社，2019.
5. 董亮．客户服务与投诉处理实务手册．北京：企业管理出版社，2020.
6. 符蕾．门店运营与管理．北京：化学工业出版社，2017.
7. 刘晓冰．运营管理．大连：大连理工大学出版社，2006.
8. 刘卉．美容企业管理与营销．北京：化学工业出版社，2018.
9. 马风才．运营管理．第 3 版．北京：机械工业出版社，2016.
10. 邓华．运营管理．第 2 版．北京：人民邮电出版社，2017.
11. 陈杏头．门店运营与管理实务．北京：中国人民大学出版社，2017.
12. 段庆民．物料过程控制．广州：广东经济出版社，2014.

课程标准

一、课程名称

美容店务运营管理实务。

二、适用专业及面向岗位

既适用于高职医学美容技术专业、美容化妆品经营与管理专业，又适用于中职美容美体艺术专业及企业培训。主要面向美容门店技术岗位、销售岗位及管理岗位，如美容师、美容顾问、技术主管、店长等。

三、课程性质

本课程是一门实践性较强的专业技术技能课程，主要与美容门店管理及销售岗位典型工作任务对接，是培养具备美容门店经营与基本管理实践能力的院校及企业课程，以项目教学、案例（情景）教学、实战演练、岗位培养为主要教学方式，课程内容涵盖管理、技术服务和销售岗位的知识、能力及素质，并融入岗位考核内容与要求，是企业考核员工岗位能力的重要依据之一。

四、课程设计

（一）设计思路

本课程以美容门店日常运营状态下，美容师、美容顾问、店长等技术岗位及管理岗位典型工作任务的能力要求确定课程目标，以突出培养学生具备美容门店经营与管理的基本职业能力为核心，依据美容企业标准化、规范化、专业化运营所必需的知识以及具备的职业能力要求设置课程内容。

（二）内容组织

基于美容门店顾客服务流程及典型工作任务，并结合员工岗位能力培养的认知规律，以项目导向、任务驱动知识和技能的学习来组织课程内容。内容包括美容门店形象与安全管理、员工管理、顾客管理、店务运营管理、物料耗材管理、财务管理6个模块及若干个学习任务。通过每一个任务的学习和实践，让学习者熟悉美容门店的工作流程、项目服务流程、服务规范、标准化管理及注意事项，熟悉企业经营的日常工作内容及管理制度，具备门店运营与管理的基本素质及能力。

五、课程教学目标

本课程总目标是了解美容门店运营的各项目标准及服务，能够按门店工作流程、项目操作流程、服务流程、服务跟进等日常经营与管理标准化、规范化要求，完成岗位工作任务。

（一）认知目标

1. 了解国家对美容行业管理的法律法规。
2. 熟悉国家对公共场所卫生管理、美容项目管理的规范要求。
3. 熟悉美容行业服务规范、经营规范、技术规范要求。
4. 熟悉地方执法部门的管理规定。
5. 了解化妆品安全管理要求。

（二）能力目标

1. 严格执行美容门店经营管理的各项规章制度。
2. 按美容门店工作流程及服务规范服务顾客。
3. 掌握美容门店运营系统操作，根据日常经营数据进行业绩分析。
4. 根据美容门店服务规范及卫生标准，做好卫生与安全管理。
5. 能够与顾客进行有效沟通，建立并完善顾客档案。
6. 能有效控制成本，避免不必要的浪费。

（三）情感目标

1. 有良好的职业道德和诚信服务意识。
2. 尊重顾客隐私，妥善保管顾客资料，不泄漏顾客信息。
3. 有产品使用、仪器操作、消毒卫生等责任安全意识。
4. 爱岗敬业，关心体贴顾客。

六、参考学时与学分

参考学时：三年制，72 学时，4 学分。
参考学时：二年制，36 学时，2 学分。

七、课程结构及内容分析

序号	学习任务（模块、单元）	对接典型工作任务及职业能力要求	知识、技能、态度要求	教学活动设计	学时三年制/二年制
1	美容门店形象与安全管理	美容门店形象管理	1. 了解店面区域、公共区域、功能区域的主要功能及物品摆放要求 2. 掌握相关区域卫生标准及设施设备使用标准 3. 具备随时保持相关区域整洁、卫生的能力和习惯	1. 案例教学：参观营业环境、整理清洁卫生区域 2. 讲授结合讨论 3. 岗位培养：物品整理、氛围营造	10/6

续　表

<table>
<tr><th>序号</th><th>学习任务（模块、单元）</th><th>对接典型工作任务及职业能力要求</th><th>知识、技能、态度要求</th><th>教学活动设计</th><th>学时三年制/二年制</th></tr>
<tr><td></td><td></td><td>安全管理</td><td>1. 熟悉美容门店仪器设备、化妆品安全管理的规章制度
2. 掌握美容门店安全管理措施、美容常用仪器设备的分类及安全管理要求、熟悉化妆品经营管理规范及安全管理制度、存储要求
3. 具有产品质量意识和安全意识。能够按门店仪器设备及化妆品安全管理要求进行产品的存放及仪器设备维护与保养</td><td></td><td></td></tr>
<tr><td rowspan="3">2</td><td rowspan="3">员工管理</td><td>职业形象</td><td>1. 熟悉员工良好心态、健康身体、服务意识、责任意识等基本素质要求
2. 掌握员工行为规范、工作纪律、仪容仪表等规范要求
3. 能保持健康的心态
4. 言行举止能代表美容的职业形象</td><td rowspan="3">1. 案例教学：通过视频、图片等了解职业形象及岗位职责
2. 讲授及小组讨论
3. 岗位培养：员工新知识、新技能培训及团队精神培养
4. 总结分析</td><td rowspan="3">12/6</td></tr>
<tr><td>组织架构</td><td>1. 了解美容门店的组织架构、主要岗位人员配置
2. 掌握美容师、技术主管、美容顾问、店长等主要岗位的岗位职责及考核内容
3. 能根据不同岗位的岗位职责及考核内容制订工作计划及业绩目标</td></tr>
<tr><td>团队打造</td><td>1. 了解企业文化的内涵、组成及企业文化培训对企业发展的意义
2. 掌握打造高效团队的方法及新员工培训的内容
3. 能清楚团队中的角色分工，懂得运用企业文化激励团队，提高团队凝聚力
4. 能融入团队、与团队合作做好顾客服务</td></tr>
</table>

续 表

序号	学习任务（模块、单元）	对接典型工作任务及职业能力要求	知识、技能、态度要求	教学活动设计	学时三年制/二年制
3	顾客管理	建立顾客档案	1. 了解美容店进行顾客分类管理的目的和意义 2. 熟悉顾客分类方法、顾客管理规范及管理要点 3. 能通过有效的方法收集顾客相关信息并建立顾客档案 4. 能熟练操作顾客信息管理系统并将获取的顾客信息准确录入、及时补充并更新	1. 案例教学：通过视频、图片等了解邀约、接待等流程 2. 情景模拟：进行顾客邀约、接待及顾客异议处理的模拟练习 3. 小组讨论与评价 4. 总结分析	20/10
		客情管理	1. 熟悉顾客邀约方式及流程 2. 熟悉顾客接待与跟进过程 3. 掌握电话、微信等邀约方法及技巧 4. 能够熟练运用电话、微信等进行顾客邀约 5. 能够按接待与服务跟进的要求完成顾客接待及服务后跟进		
		顾客异议及投诉处理	1. 了解常见顾客异议、顾客投诉的类别 2. 掌握处理顾客异议和顾客投诉的原则及方法 3. 掌握顾客异议及顾客投诉的处理流程 4. 能处理简单的顾客异议及顾客投诉		
4	店务运营管理	服务规范	1. 了解美容店会议的作用与意义 2. 掌握日常例会管理的执行流程 3. 掌握美容门店管理运营系统的功能模块 4. 能借助美容门店运营系统进行有效管理	1. 案例教学：通过视频、图片等了解美容店会议、服务操作流程 2. 讲授及小组讨论 3. 岗位培养：预约、待客准备及护理流程的演示 4. 总结归纳	10/6
		服务流程	1. 掌握美容门店顾客预约流程和注意事项 2. 熟知美容门店待客准备的内容与要求 3. 掌握美容门店的护理操作流程及服务规范 4. 能够运用灵活的预约方法成功预约顾客，根据预约安排准备项目所需物料及仪器设备并按照护理操作流程及规范为顾客服务		

续　表

序号	学习任务（模块、单元）	对接典型工作任务及职业能力要求	知识、技能、态度要求	教学活动设计	学时三年制/二年制
5	物料耗材管理	物料进货管理	1. 了解耗材类别、采购原则及风险防范 2. 了解物料入库程序及入库管理要求 3. 掌握物料耗材申购流程、注意事项及入库管理制度 4. 能完成物料的申购、入库及管理	1. 案例教学：通过视频、图片学习物料管理 2. 讲授结合小组讨论 3. 岗位培养：进行物料摆放及盘点操作 4. 总结分析	8/4
		物料消耗管理	1. 了解日常消耗管理与成本之间、产品销售与库存管理之间的关系 2. 掌握日常消耗品领用与归还流程及相关管理制度 3. 掌握产品销售管理的内容与要求 4. 按物料管理制度进行产品的退换服务 5. 能合理规划、控制成本，实现经营利润最大化和服务质量最优化		
		库存管理	1. 熟悉库存物品摆放原则、标准及注意事项 2. 熟悉盘点结果出现差异的常见原因 3. 掌握库存盘点方法及一般流程 4. 能够按产品摆放标准进行产品陈列和库存产品摆放 5. 能够按要求进行库存盘点，并对盘点中出现的特殊情况或差异进行处理		
6	财务管理	项目成本管理	1. 了解各种类型会员卡及会员管理 2. 熟悉美容门店收入管理的类型及管理系统 3. 掌握成本费用管理的基本要求 4. 掌握降低成本费用的基本途径 5. 能使用运营管理系统及时查看门店运营数据	1. 案例教学：通过视频、图片等了解各类会员卡及财务报表 2. 讲授及小组讨论 3. 岗位培养：进行现金流量表、利润表及资产负债表的分析 4. 总结归纳	8/2

续　表

序号	学习任务（模块、单元）	对接典型工作任务及职业能力要求	知识、技能、态度要求	教学活动设计	学时三年制/二年制
6	财务管理	财务报表	1. 了解现金流量表、利润表、资产负债表的构成、概念和作用 2. 能看懂现金流量表、利润表、资产负债表，并根据表中数据了解美容店经营状况		
机动					4/2
合计					72/36

八、资源开发与利用

（一）教材编写与使用

教材编写突破传统教材的知识系统性结构，突出美容相关专业目标岗位的典型工作任务要求，课程内容与岗位标准对接，教学过程与工作过程对接，体现基于工作的学习，使学习内容与实际工作任务有机衔接。选择行业中品牌企业直营门店运营的成功案例作为教材编写素材，理论知识以够用为度，教材编写内容以任务实训、案例分享、知识链接、能力拓展等形式多样、内容丰富的体例呈现，增加教材的可读性和趣味性。教材既能满足学生或员工的学习需求，又符合教师教学要求。

（二）数字化资源开发与利用

通过网络教学平台共享教学课件、微课、视频等教学资源，链接行业企业相关信息平台，通过在线学习，学习新知识、新技术，学习内容与行业发展相适应。校企共同开发体现双元育人特征在线交流互动平台，用手机移动端进行在线交流互动、答疑、知识考核评价等。

（三）企业岗位培养资源的开发与利用

具有实际经营与管理工作经验，又具备较强培训带教能力的美容顾问、店长是企业岗位培养的重要资源，美容企业门店良好的运营与管理模式、顾客资源充足与可观的经营业绩形成良性循环。标准化经营管理的美容门店等作为现场教学、案例教学的宝贵资源。根据教学需要，将美容门店的典型案例进行整理制作成 PPT、教学视频等教学资源，并以二维码形式在教材中呈现。尽可能让多家企业参与，最终建成一个丰富的可循环利用的资源库，方便学生随时搜索和查阅，也方便教学资源共享。

九、教学建议

本课程教学手段主要采用案例教学、现场教学、任务训练、岗位实践等形式，突出学生岗位综合能力和职业素质的培养。任务训练突出实践能力培养，案例分析深入浅出，教学设计以店务日常运营工作过程中的典型工作任务为主线，教学任务体现教、学、做一体化。校企共同培养，共同制定考核评价方案，共同实施考核评价。

十、课程实施条件

教学团队应熟悉门店运营管理，有丰富的员工入职培训经验，能按人才培养方案要求，运用现代化教学工具、教学方式制作教学课件实施教学。

十一、教学评价

教学评价采用多元评价方式，评价标准和评价内容体现岗位培养、在岗成才基本特征，坚持过程性评价与终结性评价有机结合。过程评价包括考勤、学习态度、课堂提问、阶段性评价、任务训练完成情况等；终结性评价包括日常工作规范、营业环境维护、顾客满意度、业绩目标达成率、服务细节、心态等。成绩评定采用优秀、良好、合格、不合格或百分制，各部分成绩所占比例结合课程目标确定。

（迟淑清，周晓宏，王　卓）

了解如何经营美容门店

具备美容门店日常经营管理的基本知识和技能

美容门店形象与安全管理

1. 了解门店不同区域功能及物品摆放要求
2. 掌握相关区域卫生标准及设施设备使用标准
3. 了解门店、仪器设备、化妆品安全管理的规章制度

1. 有随时保持相关区域整洁、卫生的能力和习惯
2. 进行美容常用仪器设备的分类及安全管理
3. 能进行化妆品安全管理
4. 能及时发现并处理门店、仪器设备及化妆品安全隐患

员工管理

1. 熟悉员工基本素质要求、组织架构
2. 掌握主要岗位的岗位职责及考核内容
3. 了解企业文化及新员工培训内容

1. 能保持健康的心态、及时调整不良情绪
2. 根据不同岗位的岗位职责及考核内容指导自己的工作
3. 能运用企业文化激励团队，提高团队凝聚力

顾客管理

1. 了解美容院进行顾客分类管理的目的
2. 熟悉顾客分类方法及各种邀约方法
3. 了解常见顾客异议、顾客投诉的类别
4. 掌握处理顾客异议和顾客投诉的原则、方法及流程

1. 建立顾客档案并将顾客信息准确录入
2. 能够运用有效方式进行顾客邀约与跟进
3. 与顾客建立良好的客情关系，能处理简单的顾客异议及顾客投诉

店务运营管理

1. 掌握日常例会管理制度及会议流程
2. 掌握门店管理运营系统的功能模块
3. 掌握美容店顾客预约流程和注意事项
4. 掌握美容店待客准备的内容及服务流程

1. 能借助门店运营系统进行有效的管理
2. 能按规范要求，提前预约顾客、确认项目、安排服务、接待顾客
3. 以电话、短信等方式进行效果跟进

物料耗材管理

1. 了解耗材类别、物料入库管理要求
2. 掌握物料耗材申购流程、领用及归还程序
3. 熟悉库存物品摆放原则、标准及注意事项
4. 掌握库存盘点方法及一般流程

1. 能完成物料的申购、入库及管理
2. 能合理规划、控制成本
3. 能够按产品摆放标准进行产品陈列和库存产品摆放
4. 能够进行库存盘点并对盘点中出现的情况进行处理

财务管理

1. 了解各种类型的会员卡及会员管理
2. 熟悉门店收入管理的类型及管理系统
3. 掌握降低成本费用的基本途径
4. 了解现金流量表、利润表、资产负债表的构成

1. 会使用运营管理系统及时查看门店运营数据
2. 能看懂现金流量表、利润表、资产负债表的数据
3. 能根据各项数据，总结业绩完成情况及店务运营情况

美容店务运营管理实务课程内容结构图

图书在版编目(CIP)数据

美容店务运营管理实务/迟淑清,周晓宏,王卓主编. —上海: 复旦大学出版社, 2021. 7
(2024. 1 重印)
ISBN 978-7-309-15652-2

Ⅰ. ①美… Ⅱ. ①迟… ②周… ③王… Ⅲ. ①美容院-经营管理 Ⅳ. ①F719. 9

中国版本图书馆 CIP 数据核字(2021)第 107600 号

美容店务运营管理实务
迟淑清 周晓宏 王 卓 主编
责任编辑/傅淑娟

复旦大学出版社有限公司出版发行
上海市国权路 579 号 邮编: 200433
网址: fupnet@fudanpress. com http://www. fudanpress. com
门市零售: 86-21-65102580 团体订购: 86-21-65104505
出版部电话: 86-21-65642845
上海四维数字图文有限公司

开本 787 毫米×1092 毫米 1/16 印张 18 字数 404 千字
2024 年 1 月第 1 版第 3 次印刷

ISBN 978-7-309-15652-2/F · 2797
定价: 48. 00 元

如有印装质量问题,请向复旦大学出版社有限公司出版部调换。
版权所有 侵权必究

FUDAN UNIVERSITY PRESS
复旦大学出版社

关注“卓越读书”微信公众号，让学习更简单

扫码搜索购买“活页笔记纸”

FUDAN UNIVERSITY PRESS
复旦大学出版社

扫码搜索购买
“活页笔记纸”

关注“卓越读书”微信
公众号，让学习更简单

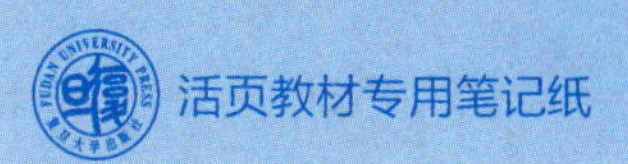

复旦大学出版社
FUDAN UNIVERSITY PRESS

FUDAN UNIVERSITY PRESS
复旦大学出版社

扫码搜索购买
“活页笔记纸”
关注“卓越读书”微信
公众号，让学习更简单

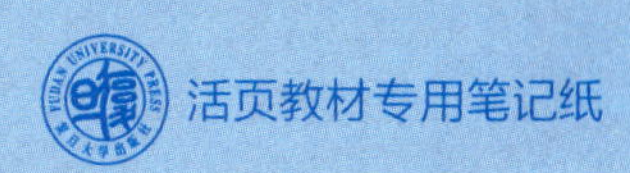

FUDAN UNIVERSITY PRESS
复旦大学出版社

关注“卓越读书”微信
公众号，让学习更简单

扫码搜索购买
“活页笔记纸”

FUDAN UNIVERSITY PRESS
复旦大学出版社

扫码搜索购买
“活页笔记纸”

关注“卓越读书”微信
公众号，让学习更简单

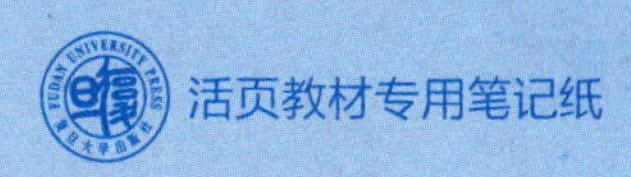
活页教材专用笔记纸

关注“卓越读书”微信
公众号，让学习更简单
扫码搜索购买
“活页笔记纸”

FUDAN UNIVERSITY PRESS
复旦大学出版社

扫码搜索购买
“活页笔记纸”
关注“卓越读书”微信
公众号，让学习更简单

FUDAN UNIVERSITY PRESS
复旦大学出版社

关注“卓越读书”微信
公众号，让学习更简单
扫码搜索购买
“活页笔记纸”

FUDAN UNIVERSITY PRESS
复旦大学出版社

扫码搜索购买
“活页笔记纸”

关注“卓越读书”微信
公众号，让学习更简单

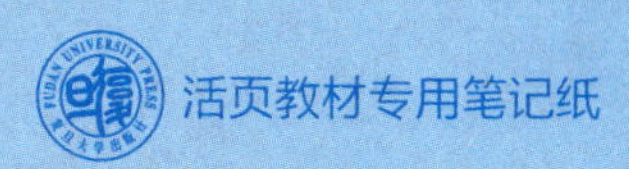

FUDAN UNIVERSITY PRESS
复旦大学出版社

关注“卓越读书”微信
公众号，让学习更简单

扫码搜索购买
“活页笔记纸”

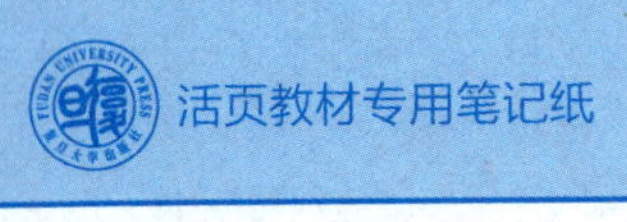

扫码搜索购买
“活页笔记纸”

关注“卓越读书”微信
公众号，让学习更简单